Fünf Minuten Mathematik

Ehrhard Behrends

Fünf Minuten Mathematik

100 Beiträge der
Mathematik-Kolumne der Zeitung
DIE WELT

Mit einem Geleitwort von Norbert Lossau

3., aktualisierte Auflage

 Springer Spektrum

Prof. Dr. Ehrhard Behrends
Freie Universität Berlin, Deutschland
behrends@math.fu-berlin.de

ISBN 978-3-658-00997-7   ISBN 978-3-658-00998-4 (eBook)
DOI 10.1007/978-3-658-00998-4

Die Deutsche Nationalbibliothek verzeichnet diese Publikation in der Deutschen Nationalbi-
bliografie; detaillierte bibliografische Daten sind im Internet über http://dnb.d-nb.de abruf-
bar.

Springer Spektrum
© Springer FachmedienWiesbaden 2006, 2008, 2013

Planung und Lektorat: Ulrike Schmickler-Hirzebruch | Barbara Gerlach

Gedruckt auf säurefreiem und chlorfrei gebleichtem Papier.

Springer Spektrum ist eine Marke von Springer DE. Springer DE ist Teil der Fachverlagsgrup-
pe Springer Science+Business Media
www.springer-spektrum.de

Vorwort

In den Jahren 2003 und 2004 erschien die erste und bisher einzige regelmäßige Kolumne zur Mathematik in einer überregionalen Zeitung. Die „Fünf Minuten Mathematik" gab es jeweils am Montag in der „WELT", die „Berliner Morgenpost" veröffentlichte einen Nachdruck mit einer Zeitverzögerung von einigen Wochen.

Nach zwei Jahren waren 100 Beiträge zu den unterschiedlichsten Themen veröffentlicht worden. Wer wollte, konnte sich einen Überblick über viele Aspekte der Mathematik verschaffen: Kryptographie und Codierungstheorie, die Faszination der Primzahlen und der Unendlichkeit, Mathematik im CD-Player und in der Computertomographie, das Ziegenproblem und andere Mysterien der Wahrscheinlichkeitsrechnung usw.

Das vorliegende Buch enthält sämtliche Beiträge der Kolumne. Alle sind sorgfältig überarbeitet und durch erläuternde Texte, Bilder und Illustrationen ergänzt worden. Der Umfang hat sich dadurch mehr als verdoppelt.

Zur Lektüre eingeladen sind alle, die sich über diejenigen Aspekte der zeitgenössischen Mathematik informieren wollen, die man auch ohne Spezialkenntnisse verstehen kann. Der Autor hofft natürlich auch, Leserinnen und Leser mit einem Mathematik-Schultrauma davon zu überzeugen, dass das Fach eher faszinierend und spannend als staubtrocken und langweilig ist.

Ehrhard Behrends,
Berlin, Juli 2006

Vorwort zur zweiten Auflage

Das Interesse an den „Fünf Minuten Mathematik" hat sich sehr erfreulich entwickelt. Inzwischen gibt es auch eine japanische und eine englische Übersetzung.

Mit dem Übersetzer der englischen Version, David Kramer, gab es eine besonders fruchtbare Korrespondenz. Er wies auf Tippfehler hin, die allen bisher entgangen waren, und an einigen Stellen des Buches führten seine Nachfragen zu Ergänzungen, um mathematisch nicht vorgebildeten Lesern das Verständnis zu erleichtern.

Diese Verbesserungen sind in die zweite Auflage ebenso eingearbeitet worden wie die zahlreichen Hinweise, die mich von Lesern erreichten.

Es sollte noch erwähnt werden, dass die Kolumne „Fünf Minuten Mathematik" im „Jahr der Mathematik 2008" in der WELT fortgesetzt wird. Diesmal schreiben 12 Autoren jeweils einen Monat, ich selbst bin nur der Koordinator.

Ehrhard Behrends,
Berlin, Mai 2008

Vorwort zur dritten Auflage

Für die vorliegende dritte Auflage ist eine Reihe von Ergänzungen vorbereitet worden. Besonders hinzuweisen ist auf kurze *Filme* zu den Themen Lotto, exponentielles Wachstum und Dimension, die man bei Youtube findet und die unter Verwendung des QR-Codes im Buch leicht abgerufen werden können.

Es hat mich auch sehr gefreut, dass der Erfolg des Buches nicht auf Deutschland beschränkt ist. Mittlerweile gibt es Übersetzungen ins Japanische (2006), ins Englische (2008) und ins Französische (2012), und die italienische, die russische und die türkische Version sind in Vorbereitung.

Überzeugen Sie sich, liebe Leserinnen und Leser, dass Mathematik viele interessante Facetten hat, einen wichtigen Teil unserer Kultur bildet und dass man sich davon auch ohne fachliche Spezialausbildung ein Bild machen kann.

Ehrhard Behrends
Berlin, Oktober 2012

„Fünf Minuten Mathematik" in der WELT
Von Norbert Lossau

Mathematik ist bei den meisten Zeitgenossen nicht besonders beliebt. Schwierig, unverständlich, abstrakt und vor allem lebensfremd erscheint ihnen der Umgang mit Zahlen und Formeln. Und vielleicht braucht man ja wirklich eine gewisse Veranlagung – ähnlich der Musikalität – um sich leidenschaftlich für Mathematik zu interessieren.

Doch ich bin davon überzeugt, dass sich sehr viele gerne auf die Königin der Wissenschaften einlassen würden, wenn ihnen nur eine Brücke in das faszinierende Reich der Mathematik gebaut würde. Lehrer können solche Brücken bauen, indem sie den Schulstoff der Mathematik geschickt in spannende Geschichten „aus dem richtigen Leben" verpacken. Wie wäre es etwa, wenn die abstrakte Kurvendiskussion dadurch motiviert wäre, dass man die optimalen Vertragsparameter für ein Hypothekendarlehen berechnet? Oder dass man Geometrie dazu nutzt, die genaue Quadratmeterzahl einer kompliziert geschnittenen Wohnung zu berechnen und die Zahl der Rauhfaserrollen, die zum Tapezieren eines Zimmers benötigt werden? Und wenn es um Primzahlen geht, würde eine Story über Geheimdienstcodes und das Dechiffrieren von Texten sicher manchen Schüler aufhorchen lassen.

Die Schlüsselwissenschaft Mathematik wird überall in unserem Leben gebraucht: Von der Scannerkasse über die Zinseszinsrechnung, dem PIN-Code auf der Bankkarte bis zur Entwicklung von neuen Autos und Flugzeugen oder einem Röntgen-Computer-Tomographen in der Medzin. Mathematik lässt Raumsonden zu fernen Planeten fliegen und erweckt Roboter zum Leben. Sie ist der Schrittmacher des technischen Fortschritts und – wenn man sich wirklich auf sie einlässt – einfach unglaublich spannend.

Auch wenn die Brücke hin zur Mathematik nicht in der Schulzeit gebaut wurde, so gibt es auch für den Erwachsenen noch Möglichkeiten, sich diesem Fach anzunähern. In den Medien hat zwar der Stellenwert der Wissenschaftsberichterstattung in den vergangenen Jahren deutlich zugenommen. Doch leider gilt dies nicht für die Mathematik. Nur wenige Zeitungen und Sender berichten regelmäßig oder zumindest sporadisch über mathematische Themen – obwohl sie es sicher verdienen, stärker beachtet zu werden. Für viele Redakteure scheint die Mathematik geradezu tabu zu sein.

DIE WELT ist frei von diesen Berührungsängsten und scheut sich beispielsweise nicht, auch mal eine Doppelseite über die Eigenschaften der Kreiszahl Pi zu veröffentlichen (25. 2. 2006).

Mit der wöchentlichen Kolumne „Fünf Minuten Mathematik" aus der Feder von Professor Ehrhard Behrends bot die Zeitung sogar über 100 Wochen hinweg mathematischen Themen einen festen redaktionellen Platz. Aus zahlreichen Zuschriften wissen wir, dass sich die Leser außerordentlich stark für diese Kolumne interessiert haben. Dort wurde Mathematik – in motivierende Geschichten verpackt – kurz und knapp, verständlich und kompetent vermittelt. Und siehe da, auf einmal schmeckt die sonst so gescholtene Mathematik offenbar doch recht vielen.

Die WELT-Kolumne „Fünf Minuten Mathematik" hat es verdient, mehr Leser zu erreichen als nur die Abonnenten dieser Zeitung. Daher freuen wir uns, dass der Vieweg Verlag mit diesem Buch die 100 Folgen einem hoffentlich breiten Interessentenkreis zugänglich macht.

Professor Behrends ist ein Brückenbauer in die Welt der Mathematik. Er hat das Talent, mathematische Inhalte so geschickt zu verpacken, dass man gar nichts von einer trockenen Abstraktion spürt. Wenn der Stellenwert und das Ansehen der Mathematik langfristig wachsen sollen, dann brauchen wir noch mehr Autoren wie ihn – und natürlich mehr Medien, die diesen Autoren Raum geben.

Dr. Norbert Lossau
DIE WELT
Ressortleiter Wissenschaft und Autor der Kolumne „Fünf Minuten Physik"

Einleitung

Die Vorgeschichte der Entstehung dieses Buches beginnt am 25. 1. 2002. Die Deutsche Mathematiker-Vereinigung (DMV) hatte nämlich beschlossen, an diesem Tag ein gemeinsames Essen des Vorstands mit Journalisten zu veranstalten. Dabei sollte über das Bild der Mathematik in der Öffentlichkeit geredet werden. Einer der Teilnehmer war Dr. Norbert Lossau von der Wissenschaftsredaktion der „WELT", mit dem ich mich dann einige Monate später noch einmal traf. Bei diesem Gespräch kam die Idee einer regelmäßigen Mathematikkolumne auf.

Ich erstellte ein ausführliches Exposé, in dem ich etwa 150 Themen skizzierte, zu denen es Beiträge geben könnte. Mein Vorschlag „Fünf Minuten Mathematik" für den Namen der Kolumne wurde akzeptiert, die Grafiker entwarfen ein Kolumnen-Logo, und im Mai 2003 war es dann so weit: Der erste Beitrag erschien in der Montagsausgabe der „WELT" vom 12. 5. 2003. So ging es dann Woche für Woche, der Rhythmus wurde nur dann unterbrochen, wenn der Montag ein Feiertag war und deswegen keine „WELT" erschien. Nach zwei Jahren und 100 Beiträgen wurden die „Fünf Minuten Mathematik" dann von einer anderen Kolumne abgelöst.

Bei der Auswahl der Themen habe ich versucht, auch an die Leser zu denken, deren Schulzeit schon eine Weile zurückliegt, die nicht viele konkrete Erinnerungen an dieses Fach haben, aber trotzdem erfahren wollen, was es darüber zu berichten gibt. Nur die p-q-Formel und Kurvendiskussion? Ist denn alles schon bekannt, was man über Mathematik wissen kann? Wo findet man Mathematik im „wirklichen Leben"? ...

Im Lauf der zwei Jahre konnte ein breites Spektrum behandelt werden, die Themen finden sich im Inhaltsverzeichnis auf den folgenden Seiten. Es gibt Aktuelles und Klassisches, leichter und etwas schwerer Verdauliches, und man kann an vielen Stellen erfahren, wie Mathematik unser Leben durchdringt, etwa beim Lotto, in der Kryptographie, im Computertomographen und bei der Bewertung von Bankgeschäften.

Noch vor dem Ende der Kolumne wurde mir vom Vieweg Verlag vorgeschlagen, doch alle Beiträge dort als Buch zu veröffentlichen. Es gab mehrere gute Gründe, sofort darauf einzugehen. Erstens hatten schon zahlreiche regelmäßige Leser von sich aus nach so einer Publikation gefragt. Zweitens ist eine „Kolumne" dadurch definiert, dass die Beiträge stets in etwa den gleichen Umfang haben müssen[1]. Das war bei manchen Themen nur mit schlechtem Gewissen möglich, und deswegen freute ich mich auf die Möglichkeit, bei der Buchform auf diese Einschränkungen

---

[1] Das ist jedenfalls die Vorgabe an den Autor. Hin und wieder kam es auch vor, dass die Kolumne beim Seitenlayout aufgrund nicht ausreichenden Platzes noch einige Federn lassen musste.

keine Rücksicht nehmen zu müssen. Und drittens hat man – anders als in einer Kolumne mit einem vorgegebenem Platzvolumen – in einem Buch die Möglichkeit, dem Auge mehr zu bieten als nur Worte: Fotos, Zeichnungen, Funktionsskizzen, Tabellen, ...

Ich habe versucht, die neuen Möglichkeiten zu nutzen. Der Umfang ist dadurch im Vergleich zur „Roh-Kolumne" auf das Zweieinhalbfache angewachsen. Manche Beiträge sind sehr stark erweitert worden. Zum Beispiel der zum Ziegenproblem (Beitrag 14): Da wollte ich mir die Chance nicht entgehen lassen, den mathematischen Hintergrund endlich einmal in angemessener Ausführlichkeit zu schildern. Andere sind im Wesentlichen so geblieben wie vorher, etwa der zu „mathematics go cinema" (Beitrag 87). Es wäre zwar sehr verführerisch gewesen, ihn durch viele Bilder aus aktuellen Filmen zu illustrieren, doch wären die Nachdruck-Rechte ein zu ungewisser Kostenfaktor für die Kalkulation gewesen.

Es gibt *drei Aspekte*, die mir beim Schreiben der Kolumne wichtig waren:

Mathematik ist nützlich. Es sollte klar werden, warum unsere gegenwärtige technisch-wissenschaftliche Welt ohne Mathematik nicht funktionieren würde. Das Gütesiegel `mathematics inside` könnte auf immer mehr Produkten stehen.

Mathematik ist faszinierend. Neben der Nützlichkeit bietet die Mathematik auch eine ganz besondere intellektuelle Faszination. Der unstillbare Drang, ein vorgelegtes Problem lösen zu wollen, kann ungeahnte Energien frei setzen.

Ohne Mathematik kann die Welt nicht verstanden werden. Nach Galilei ist „Das Buch der Natur in der Sprache der Mathematik geschrieben". Zu seiner Zeit war es nicht viel mehr als eine Vision. Heute weiß man, dass Mathematik die Brücke ist, die uns in Bereiche führt, die weit jenseits der menschlichen Vorstellungskraft liegen. Ohne Mathematik hat heute niemand mehr die Möglichkeit, „zu erkennen, was die Welt im Innersten zusammenhält".

Ich möchte an dieser Stelle Herrn Lossau für die Möglichkeit danken, den WELT-Lesern zwei Jahre lang mathematische Themen präsentieren zu können. Unsere Zusammenarbeit habe ich in bester Erinnerung.

Mein Dank geht auch an Elke Behrends für viele Fotos, ganz besonders aber für die Fotomontagen zu den Beiträgen 6, 10 und 15. Ich freue mich auch darüber, dass die Kollegen Vagn Hansen (Kopenhagen) und Robin Wilson (Oxford) Bilder zur Verfügung gestellt haben (Beiträge 53 und 89). Schließlich wollte ich mich auch bei Tina Scherer und Albrecht Weis bedanken, die beim Korrekturlesen all die Tippfehler gefunden haben, über die Sie, liebe Leserinnen und Leser, sich nun nicht mehr zu ärgern brauchen.

Ehrhard Behrends

Inhalt

1. Der Zufall lässt sich nicht überlisten

Mal angenommen, Sie wohnen in einer Großstadt wie Berlin oder Hamburg. Sie sitzen gerade im Bus, jemand steigt aus und vergisst seinen Schirm. Den nehmen Sie an sich. Sie haben folgenden Plan: Sie wollen am Abend sieben zufällige Ziffern in Ihr Telefon eingeben und hoffen, auf diese Weise den Schirmbesitzer zu erreichen.

Die Geschichte ist natürlich erfunden, so ein Verhalten würde als extrem naiv belächelt werden. Doch sollte man nicht zu früh mitlächeln, denn Millionen Bundesbürger hoffen an jedem Sonnabend, sechs Richtige im Lotto zu haben. Und dafür ist die Chance für einen Gewinn 1 zu 13 983 816: Das ist noch deutlich schlechter als in dem Schirm-Beispiel, denn da gibt es „nur" 10 000 000 Möglichkeiten.

Manche Lottospieler glauben, den Zufall dadurch überlisten zu können, dass sie Zahlen ankreuzen, die in der Vergangenheit eher selten gezogen wurden. Das ist leider völlig nutzlos, denn der Zufall ist gedächtnislos. Auch wenn, zum Beispiel, die „13" lange nicht dran war, so wird sie heute haargenau die gleichen Chancen haben wie alle anderen Zahlen auch. Andere schwören auf ausgeklügelte Spielsysteme, um ihre Chancen zu verbessern. Auch diese Mühe ist vergeudet, schon vor vielen Jahrzehnten wurde mathematisch exakt bewiesen, dass man den Zufall durch kein System austricksen kann.

Am Ende noch ein Ratschlag, etwas Positives lässt sich doch sagen: Er besteht darin, eine Zahlenkombination anzukreuzen, die von nur wenigen anderen ebenfalls gewählt wurde, denn dann muss man im Fall eines Gewinns nicht auch noch mit vielen anderen teilen. Das ist allerdings leichter gesagt als getan. So gab es etwa vor einiger Zeit viele lange Gesichter, als sich herausstellte, dass das „richtige" kreuzförmige Muster auf überraschend vielen abgegebenen Scheinen zu finden war.

Mathematik hin oder her: Es gibt keine Formeln für das schöne Gefühl der Erwartung, was man mit dem Gewinn denn nun alles anstellen könnte. Ich drücke Ihnen die Daumen.

Warum ausgerechnet 13 983 816 ?

Wie kommen Mathematiker eigentlich auf die 13 983 816 Möglichkeiten beim Lotto? Man denke sich zwei Zahlen, nennen wir sie n und k; die Zahl n soll dabei die größere sein. Wie viele k-elementige Teilmengen kann man aus einer n-elementigen Menge auswählen?

Das scheint eine sehr abstrakte Fragestellung zu sein, die Antwort ist aber im hier besprochenen Zusammenhang von Interesse. Ein Lottotipp ist ja nichts weiter als die Festlegung von 6 Zahlen aus den 49 möglichen, in diesem Fall geht es also um die konkreten Zahlen $n = 49$ und $k = 6$.

Weitere Beispiele „aus dem Leben" sind schnell gefunden:

- Ist $n = 32$ und $k = 10$, so fragt man nach der Anzahl der möglichen Skatblätter.

- Verabschieden sich nach einem Fest 14 Leute voneinander und möchte man wissen, wie oft es zu einem Händedruck kommt, so wird man auf $n = 14$ und $k = 2$ geführt.

Zurück zum allgemeinen Problem, hier ist die gesuchte Formel: Die Anzahl ist ein Quotient, bei dem im Zähler die Zahl $n \cdot (n-1) \cdots (n-k+1)$ und im Nenner die Zahl $1 \cdot 2 \cdots k$ steht. Der Zähler sieht ein bisschen Furcht erregend aus. Es sind aber einfach die ab n jeweils um 1 fallenden Zahlen, und zwar so viele, bis man k Faktoren hat.
(Wer genauer wissen möchte, wie man zu dieser Formel kommt, findet die Herleitung in Beitrag 29.)
Für unsere Beispiele ergibt sich:

- Beim Lotto-Problem muss man $49 \cdot 48 \cdot 47 \cdot 46 \cdot 45 \cdot 44$ durch $1 \cdot 2 \cdot 3 \cdot 4 \cdot 5 \cdot 6$ teilen. So kommt die im Beitrag angegebene Zahl 13 983 816 zustande.

- Für das Skatproblem ist der Quotient aus $32 \cdot 31 \cdots 23$ und $1 \cdot 2 \cdots 10$ zu berechnen. Es kommt 64 512 240 heraus, so viele verschiedene Skatblätter könnte ein Skatspieler ausgeteilt bekommen. (Die Anzahl der möglichen Ausgangssituationen für Skatspiele ist noch wesentlich größer, da es ja auch auf die Karten der anderen Mitspieler, den Skat und die Position des Spielers ankommt.)

- Das Händedrücken-Problem kann man sogar im Kopf lösen: $14 \cdot 13$ geteilt durch $1 \cdot 2$ ist gleich 91.

Ein 4.37 Kilometer langer Skatstapel

Die hier vorgeschlagene Möglichkeit, sich durch das Telefonbeispiel eine Vorstellung von der Winzigkeit der Wahrscheinlichkeit für sechs Richtige zu verschaffen, ist nicht die einzige. Es folgt ein weiterer Vorschlag[2].

Ausgangspunkt ist die Beobachtung, dass ein Skatspiel etwa einen Zentimeter dick ist. Eine einfache Dreisatzrechnung ergibt, dass man etwa 437 000 Skatspiele braucht, um sich einen Vorrat von 13 983 816 Karten zu verschaffen und dass diese Skatstapel, senkrecht stehend aneinander gelegt, 4.37 Kilometer lang wären. Nun zur Lottowahrscheinlichkeit. Eine von diesen Skatkarten bekommt ein Kreuzchen, und wenn man die beim ersten zufälligen Ziehen aus dem 4.37 Kilometer langen Stapel zieht, hätte man mit gleicher Wahrscheinlichkeit auch einen Sechser im Lotto erzielen können. Das gleiche Beispiel für den Supergewinn benötigt einen Stapel von 43.7 Kilometer Länge.

Lotto in Italien

Lotto wird in fast allen Ländern gespielt, die Regeln sind allerdings sehr unterschiedlich. Als Beispiel sei auf *Lotto in Italien* hingewiesen. Da gibt es sogar zwei Varianten. Beim „gewöhnlichen" Lotto kreuzt man 2, 3, 4 oder 5 Zahlen auf einem Feld mit 90 Zahlen an. Es werden 5 Zahlen ausgespielt, und der Gewinn richtet sich danach, wie viele man richtig angekreuzt hat. Hat man sich etwa für die Variante mit 5 Kreuzen entschieden, ist die Analyse ähnlich wie im deutschen Lotto, nur dass es diesmal um „5 aus 90" geht. Es gibt $90 \cdot 89 \cdots 86/1 \cdot 2 \cdots 5 = 43949268$ Tippmöglichkeiten, die Wahrscheinlichkeit für fünf Richtige ist damit $1/43949268$ und folglich noch wesentlich geringer als bei uns.

Und dann gibt es noch das SuperEnaLotto, das ist einfach die Variante „6 aus 90". Es gibt $622.614.630$ Millionen Tippmöglichkeiten, entsprechend winzig ist die Wahrscheinlichkeit für einen Supergewinn.

Bemerkenswert ist noch, dass es – anders als in Deutschland – keine Regel gibt, nach der nicht ausgespielte Hauptgewinne irgendwann auf die niedrigeren Gewinnklassen umgelegt werden müssen. Deswegen kann es vorkommen, dass sich einiges ansammelt und man für 6 Richtige aberwitzig hohe Auszahlungen (über 100 Millionen Euro) bekommt. Dann gibt es ganze Buskarawanen aus den Nachbarländern zu den italienischen Annahmestellen . . .

---

[2] Eine weitere Variante zur Veranschaulichung dieser kleinen Wahrscheinlichkeit wird in Beitrag 83 auf Seite 198 beschrieben.

Ein Film zum Thema

Einen Film, in dem die (erfundene) Geschichte mit dem Regenschirm illustriert wird, findet man in Youtube unter

<http://www.youtube.com/watch?v=KA-gN1h15Ko>

oder direkt mit Hilfe des nachstehenden QR-Codes. (Für eine weitere Veranschaulichung siehe Beitrag 87.)

2. Bezaubernde Mathematik: Zahlen

Ich möchte Ihnen ein kleines Gewinnspiel vorstellen. Suchen Sie sich irgendeine dreistellige Zahl aus und schreiben Sie die zweimal hintereinander auf. Wenn also etwa 761 die Zahl Ihrer Wahl war, so sollte jetzt 761 761 auf dem Zettel stehen. Das Spiel beginnt: Sie sollen Ihre sechsstellige Zahl durch Sieben teilen, der Rest, der beim Teilen übrig bleibt, ist Ihre Glückszahl. Das wird eine der Zahlen 0, 1, 2, 3, 4, 5, 6 sein, nur die können als Rest herauskommen. Und nun schreiben Sie noch Ihre Zahl und den Rest auf eine Postkarte. Die schicken Sie an die Redaktion der „WELT", Sie erhalten postwendend so viele 100-Euro-Scheine zugeschickt, wie Ihre Glückszahl angibt.

```
761761 : 7
7
06
0
61
56
57
56
16
14
21
21
0
```

Haben Sie zufällig Null als Glückszahl herausbekommen, ging es beim Teilen also auf? Dann sind Sie in guter Gesellschaft, das wird allen Mitspielern so gegangen sein (und andernfalls hätte die Redaktion dem Abdruck dieses Artikel sicher auch nicht zugestimmt).

Die Begründung für dieses Phänomen liegt in einer gut versteckten zahlentheoretischen Eigenschaft. Das zweimalige Hintereinanderschreiben einer dreistelligen Zahl ist nämlich gleichwertig zur Multiplikation dieser Zahl mit 1001, und da 1001 durch sieben teilbar ist, wird es auch die sechsstellige Zahl sein.

Diese Idee kann man natürlich auch als kleinen Zaubertrick für den Privatgebrauch verpacken, als Variante kann man das Versprechen, 100-Euro-Scheine zu verschenken, durch eine Voraussage des Rests ersetzen.

Es ist übrigens gar nicht so selten, dass eine mathematische Tatsache ihren Weg in die Zauberei findet. Man muss nur Ergebnisse finden, die der allgemeinen Erwartung zuwiderlaufen und für die eine Begründung in den Tiefen irgendwelcher Theorien verborgen ist.

Noch ein Ratschlag: Mit der Zauberei ist es wie mit Parfüm, die Verpackung ist mindestens genau so wichtig wie der Inhalt. Niemand sollte also bei der Vorführung sagen, dass die gewählte dreistellige Zahl mit 1001 malzunehmen ist; das ist zwar gleichwertig zum Nebeneinanderschreiben, aber die Pointe würde mit Sicherheit verpuffen. Wer eine Variante zum Teilen durch 7 sucht, kann auf 11 oder 13 ausweichen, denn 1001 hat auch diese Zahlen als Faktoren. Das wird beim Ausrechnen des Rests dann allerdings schon etwas anstrengender.

Die Fortgeschrittenen-Variante: 10001, 100001, . . .

Warum sollten gerade *drei* Ziffern aufgeschrieben werden? Klappt es auch mit zwei- oder vierstelligen Zahlen?

Betrachten wir etwa eine zweistellige Zahl n, die als xy geschrieben ist. Schreibt man sie noch einmal daneben, geht also von xy zu $xyxy$ über, so ist das gleichwertig zur Multiplikation von n mit 101. Die Zahl 101 ist aber eine Primzahl, und deswegen sind die Teiler von $xyxy$ die Teiler von xy und 101. Da man bei diesem Zaubertrick über xy nichts weiß, kann man nur voraussagen, dass beim Teilen durch 101 kein Rest bleiben wird. Dann ist der Trick aber leicht zu durchschauen, außerdem könnte das Teilen durch 101 die Mitspieler überfordern. Kurz: Zweistellige Zahlen sind als Ausgangspunkt nicht besonders geeignet.

Bei vierstelligen Zahlen kommt die Multiplikation mit 10001 ins Spiel. Das ist zwar keine Primzahl, es ist $10001 = 73 \cdot 137$, wobei 73 und 137 Primzahlen sind. Wenn man also eine vierstellige Zahl durch Nebeneinanderschreiben zu einer achtstelligen macht, so sind garantiert die Zahlen 73 und 137 Teiler. Doch wer teilt schon gern durch 73?

Da die Zahl 100 001 nur die fürs Rechnen unbequemen Primteiler 11 und 9091 hat, sind auch fünfstellige Zahlen als Ausgangspunkt nicht optimal. So geht das immer weiter, kleine Teiler gibt es erst wieder bei 1 000 000 001 (diese Zahl ist durch 7 teilbar). Doch wollen Sie wirklich Ihre kleine Zaubervorführung mit den Worten beginnen: „Suchen Sie sich eine beliebige neunstellige Zahl und schreiben Sie die zweimal nebeneinander"? Meine Empfehlung: Bleiben Sie beim Originaltrick!

Hier ist eine vollständige Tabelle der Primzahlfaktoren für die ersten Zahlen der Form $10\cdots01$:

Zahl	Primfaktorzerlegung
101	101
1001	$7 \cdot 11 \cdot 13$
10001	$73 \cdot 137$
100001	$11 \cdot 9091$
1000001	$101 \cdot 9901$
10000001	$11 \cdot 909091$
100000001	$17 \cdot 5882353$
1000000001	$7 \cdot 11 \cdot 13 \cdot 19 \cdot 52579$
100000000001	$101 \cdot 3541 \cdot 27961$
100000000000 1	$11 \cdot 11 \cdot 23 \cdot 8779 \cdot 4093$
1000000000001	$73 \cdot 137 \cdot 99990001$

Wer sich genauer über den Zusammenhang von Mathematik und Zaubern informieren möchte, sollte sich das zu diesem Thema sehr empfehlenswerte Buch „Mathematische Zaubereien" von Martin Gardner besorgen (Dumont Literatur und Kunst Verlag, September 2004). Weitere Zaubertricks mit mathematischer Grundlage werden in den Beiträgen 24 und 86 vorgestellt werden.

3. Wie alt ist der Kapitän?

Mathematik gilt – sicher zu Recht – als besonders exakte Wissenschaft. Der strenge logische Aufbau hatte Vorbildfunktion für viele andere Bereiche in den Natur- und Geisteswissenschaften. Ein berühmtes Beispiel dafür ist Newtons Hauptwerk, die Philosophiae Naturalis Principia Mathematica. Es beginnt mit grundlegenden Begriffen und Annahmen über die Welt (Was ist Kraft, was ist Masse, wie lauten die Newtonschen Grundgesetze der Mechanik?), und dann wird daraus streng deduktiv ein Modell der Welt hergeleitet, das die Wissenschaft revolutioniert hat.

Nach Newton gab es eine Fortschrittsgläubigkeit, die uns heute etwas naiv vorkommt: Alles sollte auf möglichst einfache mechanische Modelle zurückgeführt werden. Geblieben ist bei vielen Mitbürgern die Tendenz, Aussagen dann für besonders fundiert zu halten, wenn mathematische Termini verwendet werden und alles vielleicht sogar noch mit einer Formel dekoriert ist. Skepsis ist da in vielen Fällen angebracht, denn verwertbare Ergebnisse sind nur dann zu erwarten, wenn mit klaren Begriffen gearbeitet wird. So kann man sich sicher auf eine Definition von „Geschwindigkeit" einigen, die alle akzeptieren, eine „gefühlte Temperatur" dagegen ist eine sehr subjektive Angelegenheit. Und deswegen bleibt die Windchill-Formel eine Spielerei, die man ganz nach Geschmack unterhaltsam oder ärgerlich finden kann.

In diesem Zusammenhang ist auch an die natürlichen Grenzen der Mathematik zu erinnern. Mit noch so viel Intelligenz können keine Ergebnisse gefunden werden, wenn die Informationen unzureichend sind. Manchmal wird diese „Erkenntnis" in die – scherzhaft gemeinte – Aufgabe verpackt: „Das Schiff ist 45 Meter lang und 3 Meter breit. Wie alt ist der Kapitän?"

In dieser Verkleidung fällt allen auf, dass derartige Fragen Unsinn sind. Trotzdem gibt es immer einmal wieder Anfragen des Typs „Mit welcher Wahrscheinlichkeit wird Deutschland Weltmeister?". Und wie soll man sinnvoll etwas zu den Chancen bei einem Gewinnspiel einer Bierbrauerei sagen, wenn keiner weiß, wie viele Preise vergeben werden und wie viele Teilnehmer es geben wird?

Windchill und Verwandtes

Windchill

$$T_{WC} = (0.478 + 0.237\sqrt{v} - 0.0124v)(T - 33).$$

Dabei sind T_{WC} bzw. T die „gefühlte" bzw. die wahre Temperatur (in Fahrenheit), und v bezeichnet die Windgeschwindigkeit.

Die Windchill-Formel ist ein schönes Beispiel für falsch verstandene Exaktheit. Niemand zweifelt natürlich daran, dass es sich noch kälter anfühlt, als es ohnehin schon ist, wenn ein starker Wind weht. Doch dürfte es schon schwierig sein, zwei Personen zu finden, für die die „gefühlte Temperatur" bei minus fünf Grad Celsius und einer für beide gleichen Windstärke übereinstimmt. Es wird von der Konstitution, der Kleidung und anderen Faktoren abhängen, welcher Wert „gefühlt" wird. Die Windchill-Rechner wissen es jedoch ganz genau, sie präsentieren sogar eine Formel, in der die relevanten Parameter irgendwie zusammengestoppelt sind, trotzdem aber auf drei gültige Stellen angegeben werden. Natürlich hat man auf eine gewisse Monotonie geachtet: Wenn der Wind stärker wird, fühlt es sich noch kälter an. Alles in allem wäre aber eine sehr grobe Tabelle vorzuziehen, denn durch die Formel gewinnt das Ganze ungerechtfertigter Weise die Weihen einer exakten Wissenschaft.

Mittlerweile hat es eine Reihe von „Nachahmungstätern" gegeben. Es wurde zum Beispiel von Formeln für die Höhe von Stöckelabsätzen und die durch einen Kriminalroman erzielbare Spannung berichtet. Derartige Versuche schaffen es als Meldung auch oft auf die Seite „Vermischtes" der Zeitungen. Und dann kann man sich am Frühstückstisch darüber wundern, zu welchem Unsinn die Mathematik angeblich ernst zu nehmende Beiträge leistet.

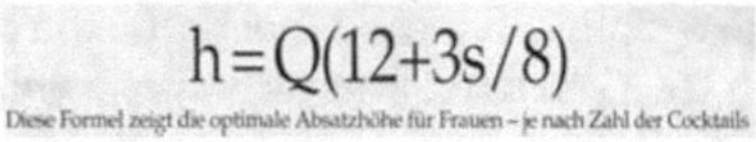

$$h = Q(12 + 3s/8)$$

Diese Formel zeigt die optimale Absatzhöhe für Frauen – je nach Zahl der Cocktails

Abbildung 1: Eine Fundstelle zur Absatzhöhe vom Sommer 2004

4. Schwindelerregend große Primzahlen

Die einfachsten Zahlen sind sicher die so genannten natürlichen Zahlen, also die, die alle zum Zählen brauchen: 1, 2, 3, ... Einige sind etwas Besonderes, man kann sie nicht als Produkt kleinerer Zahlen schreiben. Das ist zum Beispiel für 2, 3 und 5 der Fall, aber auch für 101 und 1 234 271. Man spricht dann von *Primzahlen*, sie haben schon in den frühesten Anfängen der Mathematik eine große Faszination ausgeübt.

Wie groß können denn Primzahlen sein? Schon vor über 2000 Jahren gab Euklid einen berühmten Beweis dafür, dass es beliebig viele Primzahlen gibt und dass deswegen auch beliebig große darunter sein müssen[3]. Die Idee ist die folgende: Euklid gibt eine Art Maschine an, in die man irgendwelche Primzahlen eingeben kann; die Maschine produziert dann eine Primzahl, die von allen eingegebenen verschieden ist. Folglich ist es nicht möglich, dass es nur einen begrenzten Vorrat gibt.

Die Konsequenzen dieses Ergebnisses sind bemerkenswert, manchen wird ein bisschen schwindelig dabei. Euklids Ergebnis garantiert zum Beispiel, dass eine Primzahl existiert, für deren Ausdruck man mehr als die gesamte jemals produzierte Druckerschwärze verbrauchen würde; wir werden so ein Ungetüm deswegen niemals konkret zu Gesicht bekommen. Die größte zurzeit wirklich identifizierte Primzahl hat immerhin an die vier Millionen Stellen, dieser Rekord ist erst ein gutes Jahr alt. (Um eine Vorstellung von der Größe zu bekommen: Würde man den Rekordhalter in einem Buch veröffentlichen, so müsste das schon ein Wälzer von 800 Seiten sein.) Große Primzahlen sind auch für die Kryptographie interessant, da reichen allerdings „Winzlinge" von einigen hundert Stellen.

Für Zahlentheoretiker ist es weiterhin eine große Herausforderung, immer neue Geheimnisse der Primzahlen aufzudecken, schon Gauß nannte das Gebiet die „Königin der Mathematik".

Die Primzahl-Maschine

Hier eine Funktionsbeschreibung von Euklids „Primzahl-Maschine". Gegeben seien n Primzahlen, wir nennen sie $p_1, p_2, \ldots, p_n$. Wenn Ihnen das zu abstrakt ist, denken Sie an die vier Primzahlen $7, 11, 13, 29$; für Sie ist also $n = 4$ und $p_1 = 7, p_2 = 11, p_3 = 13, p_4 = 29$.

Nun wird das Produkt dieser Primzahlen gebildet und 1 addiert. Das Ergebnis soll m heißen, also

$$m = p_1 \cdot p_2 \cdots p_n + 1;$$

in unserem speziellen Beispiel ist $m = 7 \cdot 11 \cdot 13 \cdot 29 + 1 = 29\,030$.

Jede Zahl, also auch m, hat einen Teiler, der Primzahl ist, nennen wir ihn p. Bemerkenswerterweise muss p von allen $p_1, p_2, \ldots, p_n$ verschieden sein, denn wenn man m durch p_1 oder p_2 oder ... p_n teilt, bleibt der Rest 1. (In unserem Beispiel

---

[3] Wie man heute „sehr große" Primzahlen findet, wird in Beitrag 54 beschrieben.

könnten wir $p = 5$ wählen, das ist ein Primteiler von $29\,030$; die Zahl 5 kommt wirklich unter den Zahlen $7, 11, 13, 29$ nicht vor.)

Zusammen: Bei beliebigen vorgegebenen Primzahlen $p_1, p_2, \ldots, p_n$ wird eine neue produziert, die in der „Eingabe" nicht vorkam. Dann kann es natürlich nicht sein, dass der Vorrat der Primzahlen endlich ist, denn die Maschine liefert ja immer neue Kandidaten.

Es folgen weitere Beispiele, da sind in der Ausgabe *alle* Primteiler der Zahl $p_1 \cdot p_2 \cdots p_n + 1$ aufgeführt. Man beachte insbesondere das zweite und dritte: Die Primzahlen, die eingegeben werden, müssen nicht einmal verschieden sein.

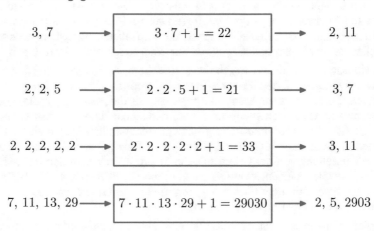

Abbildung 2: Euklids Primzahlmaschine in Aktion

Erzeugt Euklids Maschine *alle* Primzahlen? Das soll folgendes bedeuten. Wir nehmen einmal an, dass wir nur wissen, dass 2 eine Primzahl ist. Die geben wir in die Maschine ein und erzeugen die Primzahl 3. Nun können wir die Maschine schon mit 2 und 3 füttern. Sie liefert uns die 7, und danach können wir mit 2, 3 und 7 arbeiten. Diese Primzahlen sind also mögliche Eingaben, wobei nicht alle drei Zahlen auftreten müssen und manche mehrfach verwendet werden dürfen. Entsteht dann *jede* Primzahl irgendwann einmal als Ausgabe aus Euklids Maschine?

Die Antwort ist „ja", denn für jede Primzahl p ist $p-1$ das Produkt aus gewissen (nicht notwendig verschiedenen) Primzahlen $p_1, \ldots, p_r$. Damit würde bei Eingabe von $p_1, \ldots, p_r$ die Primzahl p entstehen, denn $p_1 \cdot p_2 \cdots p_r + 1 = p$. Dieses Argument kann man dazu verwenden, um die Aussage „Alle Primzahlen, die kleiner als die Zahl n sind, entstehen mit Euklids Maschine" durch Induktion nach n streng zu beweisen.

5. Verlust plus Verlust gleich Gewinn: das paradoxe Glücksspiel des Physikers Juan Parrondo

Die Mathematik, besonders die Wahrscheinlichkeitsrechnung, ist reich an überraschenden Phänomenen. Wenn ein Ergebnis in besonders krassem Widerspruch zur allgemeinen Erwartung steht, nennt man so etwas eine Paradoxie. Vor einiger Zeit hat ein Spanier, der Physiker Juan Parrondo, den Zoo solcher Paradoxien um ein neues Exemplar bereichert.

Ausgangspunkt sind zwei Glücksspiele gegen die Spielbank, bei denen der Spieler im Mittel einen leichten Verlust machen wird. Beim ersten zahlt man eine Spielgebühr und gewinnt oder verliert dann mit Wahrscheinlichkeit 0.5 einen Euro. Beim zweiten hängen die Chancen vom bisherigen Spielverlauf ab, es gibt für den Spieler günstige und weniger günstige Spielrunden, die Chancen gleichen sich im Mittel aber aus.

Und nun die Überraschung: Wenn man vor jeder Spielrunde eine Münze wirft, um zu entscheiden, ob die nächste Spielrunde mit dem einen oder anderen Spiel gespielt werden soll, so ergibt sich für den Spieler ein Gewinnspiel. Wenn die Bank mitmacht und man nur lange genug durchhält, kann man beliebig reich werden. Nach Parrondos Entdeckung konnte man an verschiedenen Stellen lesen, dass nun eine mathematische Theorie für sämtliche Situationen zur Verfügung stünde, bei denen aus einem scheinbaren Verlust am Ende ein Gewinn wird. Erfahrungen aus dem Leben hat jeder: Man kann zum Beispiel beim Schach fast alles opfern und am Ende doch noch gewinnen.

So eine Theorie liegt damit natürlich nicht vor. Interessant ist aber, dass es zu mathematischen Ergebnissen, die ihren Weg aus dem Elfenbeinturm bis in die Zeitungen finden, fast immer weitreichende Erwartungen gibt, die sie beim besten Willen nicht erfüllen können. Es war – einige werden sich erinnern – bei den Fraktalen und der Chaostheorie ganz genau so. Trotzdem: Mittlerweile gibt es eine Reihe von interessanten Anwendungen von Parrondos Paradoxie. Bei geeigneter Übersetzung erklärt es zum Beispiel, wie es Mikroorganismen durch Wechseln zwischen chemischen Reaktionen fertig bringen, gegen den Strom zu schwimmen.

Die genauen Spielregeln für Spiel 2

Die Spielregeln für das erste Parrondospiel sind schon beschrieben worden, für das zweite sind sie etwas komplizierter:

Falls der bisher angesammelte Gewinn des Spielers durch Drei teilbar ist, sind die Chancen für ihn ungünstig: Mit Wahrscheinlichkeit $9/10$ verliert er einen Euro, nur mit Wahrscheinlichkeit $1/10$ ist er um einen Euro reicher[4].

Besser sieht es aus, wenn der Gewinn *nicht* durch Drei teilbar ist. Dann gewinnt der Spieler mit $3/4$ Wahrscheinlichkeit und verliert mit $1/4$ Wahrscheinlichkeit.

Damit gibt es für den Spieler ungünstige und günstige Situationen, je nachdem, wie es mit der Teilbarkeit seines gegenwärtigen Gewinns durch Drei steht. Es lässt sich zeigen, dass das perfekt ausgewogen ist. Aufgrund der Spielgebühr liegt aber, langfristig gesehen, ein Verlustspiel vor.

Paradox!

Paradoxien gibt es in verschiedenen Teilbereichen der Mathematik. Sie sind immer dann zu erwarten, wenn es um Phänomene geht, die unserer direkten Erfahrung nicht zugänglich sind: sehr große oder sehr kleine Zahlen, unendliche Mengen usw.[5]

Es ist ein bisschen überraschend, dass Paradoxien in der Wahrscheinlichkeitstheorie gehäuft auftreten, denn für viele Aspekte des Zufalls haben wir durch die Evolution ein sehr sicheres Gefühl bekommen. Wir können zum Beispiel ziemlich zuverlässig aus dem Gesichtsausdruck unseres Gegenübers auf seine Stimmung schließen oder einfache Risiken abschätzen.

Bekannt ist das *Geburtstagsparadoxon*, das hier im Beitrag 11 ausführlich beschrieben wird. Ein weiterer prominenter Vertreter ist das *Permutationsparadoxon*: Man schreibe zehn Briefe und die zugehörigen zehn Briefumschläge. Nun bringe man die Briefumschläge auf irgendeine Weise durcheinander und stecke dann die Briefe in die frisch „gemischten" Umschläge. Wird nun wenigstens ein Brief im richtigen Umschlag stecken? Naiv könnte man meinen, dass das so gut wie ausgeschlossen ist. Die Wahrscheinlichkeitstheorie sagt jedoch voraus, dass es mit einer Wahrscheinlichkeit von etwa 63 Prozent zu erwarten ist. Probieren Sie es aus! (In der Verkleidung „Spielpartnerin sucht Spielpartner" wird dieses Paradoxon auch in Beitrag 29 erwähnt.)

---

[4] Das kann man zum Beispiel so realisieren, dass er eine aus 10 Karten zieht: Auf neun Karten steht „Ein Euro verloren!" und auf einer steht „Ein Euro gewonnen!".

[5] Einige Paradoxien zur Unendlichkeit sind in den Beiträgen 15 und 70 beschrieben.

6. Bei großen Zahlen versagt die Vorstellung

Der Mensch wurde in seiner Entwicklungsgeschichte auf physikalische und mathematische Wahrheiten nur unzulänglich vorbereitet. Für die Zwecke der Fortpflanzung und des Überlebens ist wirklich nur ein kleiner Ausschnitt von Bedeutung: mittlere Geschwindigkeiten, Längen, die nicht zu groß und nicht zu klein sind, mäßig große Zahlen usw. So, wie man das heute als wahr angesehene Bild der Welt nur schwer verstehen kann, weil bei großen Geschwindigkeiten sehr merkwürdige Phänomene auftreten, so gibt es auch eine quasi eingebaute Sperre zum Begreifen gewisser mathematischer Sachverhalte.

Reden wir zum Beispiel über große Zahlen. In der Physik gibt es wenigstens die Möglichkeit, Entfernungen außerhalb unserer Erfahrung durch die Darstellung in einem geeigneten Maßstab zu veranschaulichen. So kann man etwa das Sonnensystem in einem geschrumpften Modell erklären, in dem die Sonne zu einer Apfelsine verkleinert ist. Bei Zahlen geht das nur sehr eingeschränkt, unser Vorstellungsvermögen kann nicht lange mithalten.

Besonders deutlich wird das bei der Unfähigkeit, exponentielles Wachstum zu verstehen. Die meisten kennen die Parabel vom Reiskorn: Der Erfinder des Schachspiels äußerte seinem Herrscher gegenüber eine vermeintlich bescheidene Bitte. Er wollte etwas Reis, und zwar sollte auf das erste Feld eines Schachbretts ein Reiskorn gelegt werden, auf das nächste zwei, dann vier und so weiter. Die Anzahlen sollten für jedes noch freie Feld jeweils verdoppelt werden.  Nach 64 Schritten ist man überraschender Weise bei einer Anzahl von Reiskörnern angelangt, die die Welt-Jahresproduktion weit übersteigt.

Das hört sich sehr realitätsfern an, in der Form von Kettenbriefen kommen aber die meisten Zeitgenossen in regelmäßigen Abständen mit dem Phänomen in Berührung. Man erhält z.B. einen Brief, der schon einige Stationen hinter sich hat, und soll 10 Kopien an gute Freunde schicken, die das Spiel fortsetzen. Und alle, für die sich das Spiel über 5 Generationen erhalten hat, bekommen von den dann aktiven Schreibern eine Ansichtskarte (oder 100 Euro oder sonst etwas). Das klingt verlockend, naiv gesehen ist es ein tolles Geschäft: Man schreibt eine Postkarte und hält das System am Leben, und nach einiger Zeit bekommt man einen Waschkorb voll Post. (Ein Waschkorb reicht sicher nicht: Wenn alle Mitspieler pflichtbewusst sind, kann man mit 100 000 Karten rechnen.) So ein Spiel bricht regelmäßig früh zusammen, weil zu viele Leute von zu vielen Freunden aufgefordert werden, doch mal schnell 10 Briefe zu schreiben.

Übrigens: Auch Mathematiker haben Respekt vor exponentiellem Wachstum. Probleme, deren Schwierigkeitsgrad exponentiell mit der Eingabe zunimmt, gelten als wirklich schwierig. Man versucht, die Sicherheit von Verschlüsselungsverfahren auf solche Situationen zurückzuführen.

Exponentielles Wachstum I: Die Reisflut

Um wie viele Reiskörner geht es bei der Reiskorn-Parabel eigentlich genau? Man muss doch $1 + 2 + 4 + \cdots + 2^{63}$ (das sind 64 Summanden) bestimmen. Solche Summen kann man aber leicht auswerten, die zugehörige Formel ist die *Formel von der geometrischen Reihe:*

$$1 + q + q^2 + \cdots + q^n = \frac{q^{n+1} - 1}{q - 1} \text{ für } q \neq 1 \text{ und } n = 1, 2, \ldots$$

In unserem Fall ergibt sich

$$\frac{2^{64} - 1}{2 - 1} = 18\,446\,744\,073\,709\,551\,615 \approx 18 \cdot 10^{18},$$

so viele Reiskörner werden benötigt.

Für so große Zahlen haben wir kein Gefühl, schon die 14 Millionen Möglichkeiten im Lotto sind ja nicht leicht vorstellbar. Versuchen wir wenigstens eine Schätzung. Ein Reiskorn ist doch, ganz grob approximiert, ein Zylinder mit Durchmesser 1 mm und Höhe 5 mm. Damit würden so etwa 200 Reiskörner in einem Kubikzentimeter (= 1000 Kubikmillimeter) Platz haben[6].

Nun kann endlich gerechnet werden. Wenn 200 in einen Kubikzentimeter passen, braucht man $200 \cdot 100^3$ für einen Kubikmeter und $200 \cdot 100^3 \cdot 1000^3$ für einen Kubikkilometer. Die obige Anzahl ist also durch $2 \cdot 10^{17}$ zu teilen, um das Reiskorngebirge in Kubikkilometern zu erhalten: 92 Kubikkilometer.

Auch das ist nicht recht fassbar. Wenn man aber noch bemerkt, dass die Bundesrepublik Deutschland eine Fläche von etwa 360 000 Quadratkilometern hat, so kann man die unschuldige Reiskornbitte wie folgt umformulieren: Die gewünschte Menge würde ausreichen, ganz Deutschland unter einer 25 Zentimeter hohen Reisschicht verschwinden zu lassen. (Denn 25 Zentimeter entsprechen 1/4000 Kilometer, und $360\,000/4000 = 90$.)

Sie glauben es nicht? Ich wollte es auch nicht einsehen, deswegen habe ich es ausprobiert. Sehen Sie hier das Ergebnis:

Abbildung 3: Es fing ganz harmlos an ...

---

[6] Wenn man sie optimal packen könnte, sogar mehr, aber sie liegen ja kreuz und quer.

Abbildung 4: ... dann ging es schneller, als ich erwartet hatte ...

Abbildung 5: ... und bald danach habe ich aufgegeben.

Exponentielles Wachstum II: Wie oft kann man falten?

Bevor Sie weiterlesen: Wie oft, meinen Sie, kann man einen Bogen Papier immer wieder in der Mitte falten? Die meisten verschätzen sich dabei, sie stellen sich eine viel zu große Zahl vor.

Beim Falten sind zwei Aspekte zu berücksichtigen. Erstens wächst die Dicke des gefalteten Papiers exponentiell, nach jedem Falten verdoppelt sie sich. Nach fünf Durchgängen ist schon die 32-fache Papierstärke erreicht, denn $2 \cdot 2 \cdot 2 \cdot 2 \cdot 2 = 32$. Das ist schon etwa ein Zentimeter, und wenn man es weitere fünfmal schaffen würde, wäre man bei 32 Zentimeter.

Das klappt aber nicht: Wenn mehrere Lagen übereinander liegen und schon die Dicke d erreicht ist, so ist die Situation für die obere − nach dem Falten innere − Lage anders als für die untere. Die untere muss sich nämlich dehnen, und zwar so viel, wie es einem Halbkreis mit dem Radius d entspricht. Der Kreisumfang ist $2\pi d$, hier geht es also um die Länge πd. Ein Beispiel: Hat man nach fünfmaligem Falten ein einen Zentimeter dickes Paket vor sich, so muss die untere Lage beim sechsten Falten irgendwo 3.14 Zentimeter durch Dehnen oder Verzerren des Haufens ausgleichen.

Nach wenigen Wiederholungen ist dann endgültig Schluss, der Erfahrungswert liegt bei acht Faltungen. (Ein Berliner Radiosender wollte es genauer wissen. Am

12. 9. 2005 wurde es öffentlich mit einem zehn mal fünfzehn Meter großen Papier-
bogen ausprobiert. Aber auch in diesem Fall war die Zahl Acht nicht zu übertreffen.)

Ein Film zum Thema

2008 war das „Jahr der Mathematik" in Deutschland. Aus diesem Anlass gab es
die große Mathematikausstellung „Mathema" im Deutschen Technikmuseum Berlin.
Es wurde auch ein Exponat zur Reiskornparabel präsentiert, und es wurde ein Film
hergestellt, der als Endlossschleife lief: Wie viele Reiskörner sind erforderlich?

Sie finden diesen Film in Youtube unter

<http://www.youtube.com/watch?v=KnQZ3Mg6upg>

oder oder direkt mit Hilfe des nachstehenden QR-Codes.

7. Das Codewort zum Verschlüsseln steht im Telefonbuch

Es ist ein alter Traum, Möglichkeiten dafür zu finden, dass geheime Nachrichten auch wirklich geheim bleiben. Unter dem Namen Kryptographie ist die Verwirklichung des Traums mittlerweile auch ein Teilgebiet der Mathematik geworden, in dem sehr intensiv geforscht wird.

 Bemerkenswerterweise führte die Entwicklung kryptographischer Methoden dazu, dass einige mathematische Gebiete ihren Elfenbeinturm verlassen haben. Nehmen wir etwa die Zahlentheorie, das ist eine altehrwürdige Teildisziplin der Mathematik, in der Eigenschaften der allen geläufigen Zahlen 1, 2, 3, ... untersucht werden. Seit einigen Jahrzehnten ist es plötzlich wichtig, so viel wie möglich über Primzahlen zu wissen, neue Ergebnisse können für die Sicherheit von vertraulichen Datenübertragungen entscheidend sein.

Die Kryptographie war schon immer gut für spektakuläre Überraschungen. Es fing damit an, dass es plötzlich nicht mehr notwendig war, die für das Verschlüsseln notwendigen Informationen geheim zu halten. Unter dem Namen *public-key cryptography* revolutionierte diese Idee das Gebiet. Die Sicherheit hängt allerdings von einem speziellen, mit Primzahlen zusammenhängenden Problem ab: Wer in der Lage ist, aus einem Produkt von zwei Primzahlen die Faktoren herauszubekommen, für den sind geheime Nachrichten leicht zu lesen. Jeder kann zwar sehen, dass zum Beispiel 35 aus den Faktoren 5 und 7 aufgebaut ist, schwieriger ist es schon bei $49\,402\,601$ (diese Zahl entsteht aus $33\,223$ und 1487), bei der Kryptographie geht es aber um Zahlen mit einigen hundert Stellen. Inzwischen wird allgemein angenommen, dass es kein Verfahren gibt, das für die Anwendungen schnell genug ist. Deswegen schlug es wie eine Bombe ein, als vor einigen Jahren gezeigt wurde, dass Quantencomputer genau das könnten, wenn es sie irgendwann einmal geben sollte. Vorläufig können Kryptographen allerdings noch ruhig schlafen. Noch besser ginge es ihnen allerdings, wenn man streng beweisen könnte, dass die jetzt verwendeten Systeme sicher sind. Das ist trotz aller Anstrengungen bisher nicht gelungen.

Zufallsschlüssel sind sicher!

Wie der Zusammenhang zwischen Kryptographie und Primzahlen genau ist, wird in den Erläuterungen zu Beitrag 23 ausführlich erklärt werden.

Auch ohne Primzahlen kann man sich – wenn man von einem kleinen Schönheitsfehler absieht – wirklich absolut sichere Verfahren ausdenken. Das bekannteste geht so. Man werfe etwa $10\,000$ Mal eine Münze und notiere die Ergebnisse als 0-1-Folge. (Statt selber zu werfen, kann man sich das auch von einem Computer abnehmen lassen.) Der Beginn könnte etwa so aussehen:

00101111011011100000...

Damit soll nun eine Nachricht verschlüsselt werden, die der Einfachheit halber schon als Folge von Nullen und Einsen vorliegt[7]. Mal angenommen, die Nachricht geht so los:

10111001100000011000...

Zum *Verschlüsseln* wird nun so verfahren. Als Erstes schreibe man die Zufallsfolge und die Nachricht untereinander:

00101111011011100000...

10111001100000011000...

Jedesmal, wenn zwei *gleiche* Symbole übereinander stehen (beide Eins oder beide Null) notiere man eine Null, und sonst eine Eins. In unserem Fall sieht das Ergebnis so aus:

10010110111011111000...

Das kann nun weitergegeben werden, niemand kann damit etwas anfangen. Für einen Empfänger, der den geheimen Schlüssel hat (also die Zufallsfolge), ist das Entschlüsseln kein Problem. Steht zum Beispiel im Schlüssel an der ersten Stelle eine Null und in der verschlüsselten Nachricht eine Eins, so muss im Klartext dort eine Eins gestanden haben (eine Null hätte ja zu „0" geführt).

Dieses Verfahren ist absolut sicher. Das liegt daran, dass alle Texte aus $10\,000$ Zeichen die gleiche Wahrscheinlichkeit haben, als verschlüsselter Text erzeugt zu werden. Leider gibt es zwei gravierende Schönheitsfehler. Der erste: Der Empfänger muss ja den Schlüssel haben, und jeder Übertragungskanal kann vom Gegner abgefangen werden. Ein zweiter Nachteil ist das Problem, dass man den Schlüssel nur ein einziges Mal verwenden darf. Benutzt man ihn für mehrere Verschlüsselungsaktionen, so kann er durch eine Häufigkeitsanalyse geknackt werden.

Die mathematischen public-key-Verfahren haben diese Nachteile nicht, und deswegen sind sie heute auch sehr weit verbreitet.

Kryptographie: eine Geheimwissenschaft

Kryptographie ist ein Teil der Mathematik, in dem längst nicht alle Ergebnisse publik gemacht werden. Ein wichtiger Aspekt der Forschungen widmet sich der Frage, wie man aus einem Produkt von Primzahlen die Faktoren zurückgewinnen kann. Damit steht und fällt ja die Sicherheit vieler Verschlüsselungstechniken.

---

[7] Das könnte man zum Beispiel so machen, dass man die Buchstaben des Alphabets und die wichtigsten Sonderzeichen jeweils als Fünferpäckchen aus Nullen und Einsen aufschreibt: A=00000, $B = 00001$, ... Da $2^5 = 32$ ist, können auf diese Weise 32 Zeichen codiert werden.

Bemerkenswerterweise ist es nämlich manchmal recht einfach. Aber da nicht öffentlich bekannt ist, in welchen Fällen die aktuelle Forschung schon zur Zerlegung in der Lage ist, bleibt für alle, die sich große Primzahlen zum Verschlüsseln aussuchen, immer ein Rest Ungewissheit.

Ein Beispiel soll das näher erklären, die Idee geht auf Descartes zurück. Mal angenommen, wir haben uns eine große Primzahl p ausgesucht. Von p ausgehend, suchen wir unter den nächsten Zahlen nach einer weiteren Primzahl q. Es ist also $q = p + k$ mit einem „kleinen" k.

Als Illustration betrachten wir den Fall $p = 23\,421\,113$, $q = 23\,421\,131$; es ist also $k = 18$.

In den wirklichen Anwendungen haben die Zahlen mehrere hundert Stellen, aber die Descartes-Idee ist auch in der Größenordnung unseres Beispiels schon eindrucksvoll. Es wird $n = p \cdot q$ berechnet: $n = 548\,548\,955\,738\,803$. Ist es möglich, p und q aus n zu rekonstruieren? Wenn man vermutet, dass $q = p + k$ mit einem nicht zu großen k ist, kann es klappen. Hier die Idee.

Zunächst ist klar, dass k eine gerade Zahl sein wird, denn p und q sind beide ungerade. Wir schreiben versuchsweise $k = 2 \cdot l$. Eine wichtige Rolle wird die Zahl $p+l$ spielen, die genau in der Mitte zwischen p und q liegt. Wir wollen sie r nennen. Es ist dann $p = r - l$ und $q = r + l$. Folglich ist $n = (r - l) \cdot (r + l) = r^2 - l^2$ und damit $n + l^2 = r^2$. Anders ausgedrückt: n ist so beschaffen, dass durch Addition einer kleinen Quadratzahl eine Quadratzahl entsteht. Das führt zu der folgenden Strategie:

- Addiere zu n nach und nach die Quadratzahlen $l^2 = 1^2, 2^2, 3^2, \ldots$ und prüfe jeweils nach, ob $n + l^2$ eine Quadratzahl ist. Das ist für Computer kein Problem.

- Wenn die Antwort das erste Mal positiv ist, schreibe $n + l^2$ exakt als r^2.

- Die gesuchten Faktoren p und q sind dann durch $p = r - l$ und $q = r + l$ gegeben.

In unserem konkreten Zahlenbeispiel ist also zu untersuchen, ob eine der Zahlen $548\,548\,955\,738\,803 + 1$, oder $548\,548\,955\,738\,803 + 4$, oder $548\,548\,955\,738\,803 + 9$, oder ... eine Quadratzahl ist. Im 9-ten Versuch – also nach wenigen Millisekunden – werden wir fündig: Es ist

$$548\,548\,955\,738\,803 + 9^2 = 23\,421\,122^2.$$

Wir müssen nur noch die 9 zu $23\,421\,122$ addieren bzw. davon subtrahieren, und schon sind die Faktoren ermittelt.

8. Vom Dorfbarbier, der sich selbst rasiert

Es gibt nicht allzu viele deutsche Mathematiker, die auch über die Fachgrenzen hinaus bekannt sind. Cantor, der Erfinder der Mengenlehre, gehört sicher dazu. Warum ist Mengenlehre eigentlich wichtig, warum wurde sogar von einem „Paradies der Mengenlehre" gesprochen, das für die Mathematik unverzichtbar ist[8]? Der Grund besteht darin, dass sich mit Hilfe dieser Theorie sämtliche Teilgebiete der Mathematik wunderbar streng deduktiv entwickeln lassen.

Abbildung 6: Georg Cantor und Bertrand Russell

Naiv gesehen, ist die Mengenlehre ganz harmlos. Man fasst einfach gewisse Objekte, die einen gerade interessieren, zu einem neuen Objekt zusammen. Das kennt man aus dem täglichen Leben, da weiß ja auch jeder, was unter dem „HSV" oder der „Bundesregierung" zu verstehen ist. Leider gibt es aber einen Pferdefuß, wenn man dieses Erzeugen neuer Objekte ohne Einschränkung erlaubt. Dann kann Unsinn herauskommen, wie schon vor hundert Jahren von dem englischen Philosophen Russell aufgedeckt wurde. Sein Argument beruht auf einem logischen Paradoxon, das schon im alten Griechenland bekannt war: Wenn sich Aussagen auf sich selbst beziehen können, bricht die Logik zusammen. Für eine bekannte Verkleidung des Paradoxons muss man sich einen Dorfbarbier vorstellen, der sich auf das Rasieren derjenigen Männer spezialisiert hat, die sich nicht selbst rasieren. Und was ist mit ihm selber? Rasiert er sich nicht selber? Dann ist er sein eigener Kunde und rasiert sich doch. Und wenn nicht? Dann muss er sich doch rasieren, weil er zu seinem Kundenkreis gehört. Kurz: Man kann es drehen wie man will, die Frage ist nicht logisch schlüssig zu beantworten.

Die Mengenlehre hat sich von dem Russellschock ganz gut erholt, heute ist sie das unbestrittene Fundament der Mathematik.

Die Mengenlehre im Kindergarten

Ältere Leser werden sich noch daran erinnern, dass es so um 1960 in Deutschland einen richtigen Mengenlehre-Boom gab. Anlass war der Sputnikschock: 1957 hatten die Sowjets dieses piepende Etwas ins All geschossen. Der Westen reagierte

---

[8] So hat es der berühmte Mathematiker David Hilbert formuliert.

mit massiven Bemühungen, die Ausbildung auf allen Bereichen zu verbessern, vom Kindergarten bis zur Universität. Unglücklicherweise ließen sich Bildungspolitiker davon überzeugen, dass Grundfertigkeiten in Mengenlehre eine wesentliche Voraussetzung für das Verständnis von Mathematik sind. Konsequenterweise wurde schon im Kindergarten die „Schnittmenge aus den grünen und den eckigen Klötzchen" gebildet. Auch ohne die Sprache der Mengenlehre hätten die meisten Kinder wohl gewusst, dass die „grünen eckigen Klötzchen" gemeint sind.

Die Mengenlehre blieb nur eine kurze Episode. Man sucht allerdings immer noch nach einer Möglichkeit, die Mathematik in der Schule besser aufzubauen, denn zurzeit ist das Fach am Ende der Schulzeit bei den meisten herzlich unbeliebt, und eigentlich weiß keiner so recht, was das Ganze soll.

Sherlock Holmes ist verwirrt

Um das Russellsche Paradoxon zu verstehen, muss man nur wissen, was man unter der Aussage „x ist ein Element von M" versteht, wenn M eine Menge ist. Es soll einfach bedeuten, dass x zur Menge M gehört. Damit sind zum Beispiel „14 ist Element der Menge der geraden Zahlen" und „11 ist Element der Menge der Primzahlen" richtige Feststellungen, aber „$3/14$ gehört zur Menge der ganzen Zahlen" ist falsch.

Russell betrachtet nun die Menge derjenigen Mengen, die nicht Element von sich selber sind. Wenn man dieses Gebilde $\mathcal{M}$ nennt, so passieren merkwürdige Dinge. Man kann sich nämlich die naive Frage stellen, ob $\mathcal{M}$ selber in $\mathcal{M}$ liegt. Für die Antwort gibt es zwei Möglichkeiten:

- Mal angenommen, die Antwort, wäre „ja". Dann heißt das doch, dass $\mathcal{M}$ die Eigenschaft hat, durch die die Elemente aus $\mathcal{M}$ charakterisiert sind: Sie ist nicht Element von sich, also „ja" impliziert „nein".

- Versuchen wir es mit der Antwort „nein". Das bedeutet, dass $\mathcal{M}$ die für $\mathcal{M}$ charakteristische Eigenschaft (nämlich nicht Element von sich selber zu sein) nicht hat. Oder anders ausgedrückt: $\mathcal{M}$ ist *doch* Element von sich, und die Antwort hätte „ja" sein müssen.

Das ist äußerst verwirrend, diese Schlussweise setzt die Logik im Bereich der Mengen außer Kraft. Es wäre ungefähr so, als wenn Sherlock Holmes bei einem Kriminalfall mit den einzigen für die Tat in Frage kommenden Personen A und B aus den Indizien die folgenden Schlüsse ziehen könnte: Wenn man annimmt, dass A der Täter ist, so muss es B gewesen sein, und wenn es – hypothetisch – B gewesen wäre, so ist A eindeutig überführt. Und so etwas kann es doch nicht geben!

Für die Mathematiker war Russells Argument ein schwerer Schock. Der heute – nach über hundert Jahren Erfahrung – übliche und erfolgreiche Weg zur Vermeidung solcher Widersprüche besteht darin, Mengenbildungen nicht zuzulassen, bei denen die Definition „selbstbezüglich" ist, bei der man also, um die Menge zu definieren, sie eigentlich schon kennen muss.

9. Aufhören, wenn es am schönsten ist?

Stellen Sie sich ein Spiel vor, bei dem Sie mit Wahrscheinlichkeit 0.5 Ihren Einsatz verlieren und mit Wahrscheinlichkeit 0.5 den doppelten Einsatz ausgezahlt bekommen. (Man könnte eine Münze werfen: Bei „Kopf" ist das Geld weg, und bei „Zahl" wird ein Gewinn gemacht.) Das ist sicher ein faires Spiel, aber kann man vielleicht den Zufall überlisten, kann man mit diesem Spiel reich werden? Im Prinzip ja, es gibt sogar mehrere Möglichkeiten. Die erste scheidet für uns Sterbliche leider aus: Wer in die Zukunft sehen und das Ergebnis des Münzwurfs voraussagen könnte, müsste nur die Spielrunden auswählen, die zum Gewinn führen. Das ist im Mittel jede zweite, in einer Nacht kommt da eine Menge zusammen.

Das zweite Verfahren ist anstrengender und weit weniger ergiebig, es ist unter Spielern wohlbekannt. Die Idee ist einfach. Man setze zunächst einen Euro. Gewinnt man, ist man um einen Euro reicher, andernfalls setzt man in der nächsten Spielrunde zwei Euro. Ist jetzt das Glück günstig, hat man insgesamt einen Euro gewonnen (nämlich vier Euro Auszahlung in der zweiten Runde minus drei Euro Einsatz). Ging es auch beim zweiten Mal schief, setzt man vier Euro. Wieder wird man im Fall des Gewinns insgesamt um einen Euro reicher sein. Die Strategie ist also die, im Falle des Verlusts den Einsatz zu verdoppeln. Irgendwann muss auch einmal eine Gewinnrunde kommen, und dann hat man einen Nettogewinn von einem Euro erzielt.

Das Verfahren hat allerdings zwei Schönheitsfehler. Es setzt erstens voraus, dass Sie unermesslich reich sind (falls es nämlich einmal sehr lange bis zum Gewinn dauern sollte) und dass die Bank beliebig hohe Einsätze akzeptiert. Und zweitens hätten Sie ein Problem, wenn die Croupiers mitten in einer Durststrecke Feierabend machen.

Es ist möglich, das Nicht-in-die-Zukunft-sehen-können und die Fairnessbedingung mathematisch exakt zu fassen. Und dann kann man wirklich streng beweisen, dass es im Fall begrenzter Spieldauer oder bei einem festgesetzten Höchsteinsatz keine Gewinnstrategie geben kann. Alle vorgeschlagenen Spielsysteme sind also beweisbar wertlos, ohne Glück wird durch Spielen keiner reich.

„. . . ich gewinne fast immer"

Hier sollen noch einige Begriffe nachgetragen werden, die man kennen muss, um die Aussage des vorigen Absatzes, das „Stoppzeitentheorem", präzise formulieren zu können. In seiner einfachsten Variante beschäftigt es sich mit *fairen Spielen*. Das sind solche, bei denen sich Gewinn und Verlust in jeder Runde die Waage halten. Denken Sie an den Münzwurf mit einer fairen Münze: Man bekommt einen Euro bei „Kopf", und bei „Zahl" muss man einen Euro zahlen.

Weiter brauchen wir noch eine Regel, nach der wir uns richten wollen, um das Spiel abzubrechen. Beispiele für solche Regeln sind:

- Stoppe nach der zehnten Runde!
- Höre auf, wenn das erste Mal ein Gesamtgewinn von 100 Euro erreicht ist!
- Gehe nach Hause, wenn Du zum dritten Mal in die Verlustzone geraten bist!

Es sollte klar sein, dass es eine unübersehbare Vielzahl von solchen „Stoppregeln" gibt. (Mathematiker sprechen übrigens von „Stoppzeiten", es handelt sich um einen der wichtigsten Begriffe der modernen Wahrscheinlichkeitstheorie.)

Wenn man sich nun so eine Stoppregel ausgesucht hat, wird dazu ein mittlerer Gewinn gehören: Wenn man ganz oft nach dieser Regel spielt, so ist im Mittel ein gewisser Wert zu erwarten. Und das Stoppzeitentheorem besagt nun, dass dieser mittlere Gewinn immer exakt gleich Null ist, unabhängig davon, was man sich für eine noch so komplizierte Stoppregel ausgesucht hat. Jedenfalls dann, wenn man realistischer Weise annimmt, dass der Spieleinsatz nicht beliebig hoch sein darf.

Wenn auch der zu erwartende Gewinn nicht zu den eigenen Gunsten verändert werden kann, so kann man doch das „gefühlte Glück" dahingehend verändern, dass man in der Mehrzahl der Fälle als Gewinner aus dem Casino geht. Eine Spielstrategie, das zu erreichen, könnte so aussehen:

Wende die Strategie des Verdoppelns[9] so lange an, bis entweder ein Euro gewonnen oder der Höchsteinsatz der Spielbank erreicht ist. Dann soll – für heute – das Spiel beendet werden.

Um das zu analysieren, stellen wir uns als Beispiel vor, dass der Höchsteinsatz 1000 Euro beträgt. Wenn wir eine wirkliche Pechsträhne haben sollten, so setzen wir – erfolglos – einen, zwei, 4, 8, 16, 32, 64, 128, 256, 512 Euro. Das sind 10 Chancen, bei denen wir jeweils mit Wahrscheinlichkeit 50 Prozent gewinnen können. Die Wahrscheinlichkeit, dass wir 10 Mal hintereinander Pech haben, ist aber $1/2^{10}$, das ist etwa ein Promille. Anders ausgedrückt: In so gut wie allen Fällen (nämlich im Mittel in 999 von 1000 Spielen) werden wir mit einem Gewinn nach Hause gehen (der allerdings nicht besonders spektakulär ist, es handelt sich nur um einen Euro). Leider kann es aber auch vorkommen, dass wir verlieren. Das wird dann allerdings gleich sehr teuer für uns, und deswegen ist die Aussage, dass sich Gewinne und Verluste im Mittel ausgleichen, auch für diese Strategie richtig.

P.S.: Im Frühjahr 2006 hatte eine größere Fernsehöffentlichkeit Gelegenheit, die mathematischen Tatsachen rund um das Stoppzeitentheorem kennen zu lernen. In *stern-tv* mit Günther Jauch trat nämlich ein Herr G. auf, der behauptete, ein absolut sicheres Gewinnsystem zu haben. Tatsächlich hat er zehnmal das Casino mit einem Gewinn verlassen. Das beweist natürlich noch gar nichts, da die Chancen bei geschickter Spielweise nahe bei hundert Prozent liegen. Eine Wette, ob sein System einer Prüfung standhält, hat er nicht angenommen. (Es ging um das Weihnachtsgeld des Autors dieses Buches.)

---

[9] Sie ist weiter oben beschrieben worden.

10. Können auch Affen „hohe Literatur" schreiben?

Beginnen wir mit einem Gedankenexperiment. Ihre kleine Tochter hat sich an den PC gesetzt und malträtiert fröhlich die Tastatur. Wenn sie das lange genug darf, wird hin und wieder auch einmal ein sinnvolles Wort dabei sein. Kann sie deswegen schon schreiben?

Das berührt ein fast schon philosophisches Problem, das in der Frühzeit der Wahrscheinlichkeitsrechnung heiß diskutiert wurde. Damals gab es noch keine PCs, man wählte als Bild den Affen an einer Schreibmaschine. Es lässt sich mathematisch exakt beweisen, dass der Affe, wenn man ihn nur lange gewähren lässt, jedes beliebige Werk, das jemals zu Papier gebracht worden ist, auch produzieren wird. Das liegt daran, dass in einer Folge von Zufallsexperimenten alles vorkommen wird, was eine positive Wahrscheinlichkeit hat: Alles, was theoretisch möglich ist, passiert auch irgendwann einmal.

Abbildung 7: Ein Gedicht? Ein Roman? ...

Nehmen wir zum Beispiel diesen Beitrag 10, den Sie gerade lesen, auch der wird irgendwann einmal als Zufallsprodukt erscheinen. Das Problem dabei ist die Frage, ob man deswegen dem Affen eine kreative Leistung zubilligen muss. Die Antwort ist nicht ganz leicht, der Affe wird den Artikel ja wirklich produzieren, genau so wie den „Faust"und den heutigen Leitartikel Ihrer Tageszeitung.

Es gibt zwei Gründe, warum der Zufall menschliche Kreativität nicht ersetzen kann. Zunächst gibt es das Zeitargument. Was nutzt die Gewissheit, dass wunderbare Werke irgendwann entstehen können, wenn eine einfache Überschlagsrechnung zeigt, dass dafür gigantische Zeiträume notwendig sind: Auch ganze Affenarmeen hätten nicht einmal den ersten Akt des „Faust" geschafft, selbst wenn sie über mehrere tausend Jahre fleißig wären. Der zweite Grund ist überzeugender. Wer ruft denn „Halt", wenn der Zufall etwas Bleibendes geschaffen hat? Ohne intelligentes Zutun würde niemand die sinnvollen Zufallsprodukte vom Datenmüll trennen können. Auch Sie wissen ja nicht, ob Ihre Tochter gerade ein tolles Gedicht auf Kisuaheli geschrieben hat.

Wie viel Zeit braucht der Affe?

Wir wollen einmal abschätzen, wie lange man denn wohl auf etwas Sinnvolles warten muss. Dazu verwenden wir ein Resultat aus der Wahrscheinlichkeitstheorie: Wenn ein zufälliges Ergebnis bei einem Versuch mit Wahrscheinlichkeit p auftritt, so muss man im Mittel $1/p$ Versuche durchführen, um zum ersten Mal Erfolg zu haben. So ist zum Beispiel zu erwarten, dass man im Durchschnitt bei jedem sechsten Würfelwurf eine Eins würfelt, denn die Wahrscheinlichkeit für „1" ist gleich $p = 1/6$, d.h. die mittlere Wartezeit ist der Kehrwert von $1/6$, also gleich 6.

Mal angenommen, wir warten auf das Wort „WELT". Um das Rechnen etwas einfacher zu machen, lassen wir den Affen jeweils vier Zeichen tippen, prüfen nach, ob er „WELT" geschrieben hat und spannen ihm dann – bei Nichterfolg – ein neues Blatt ein. Wenn der Affe nur auf den Buchstaben herumtippt und wir den Unterschied zwischen Groß- und Kleinbuchstaben nicht berücksichtigen, gibt es bei jedem Anschlag 26 Möglichkeiten. Bei vier Anschlägen wird sich also ein ganz spezielles Wort aus $26 \cdot 26 \cdot 26 \cdot 26$ möglichen Worten ergeben. Das sind 456 976 Worte, die Wahrscheinlichkeit, dass „WELT" getippt wird, ist $p = 1/456\,976$, und die zu erwartende Versuchsanzahl ist 456 976: Das ist die Größenordnung, die man einplanen sollte[10].

Was heißt das? Wenn wir dem Affen alle 10 Sekunden ein neues Blatt einspannen, so schafft er in einer Minute 6 Versuche, in einer Stunde 360, an einem Achtstundentag also $8 \cdot 360 = 2880$. Wir müssen nun nur noch 456 976 durch 2880 teilen, um die benötigten Tage herauszubekommen. Es sind so etwa 159, auf die „WELT" wird man also fast ein halbes Jahr warten müssen.

Das war nun wirklich kein kompliziertes Wort. Wie ist es denn mit „FÜNF MINUTEN MATHEMATIK"? Das sind 23 Zeichen. Diesmal müssen wir auch die Leertaste und die Umlaute berücksichtigen, jedes einzelne Zeichen hat also eine Wahrscheinlichkeit von $1/30$, und „FÜNF MINUTEN MATHEMATIK" wird beim Tippen von 23 zufälligen Zeichen mit Wahrscheinlichkeit

$$1/30^{23} = 1/94143178827000000000000000000000000$$

erscheinen. Die zu erwartende Versuchsanzahl ist damit

$$94143178827000000000000000000000000,$$

das entspricht einer „Arbeitszeit"von etwa 10^{28} Jahren, wenn wir wieder alle 10 Sekunden einen neuen Versuch starten und einen Achtstundentag zugrunde legen. Das wird der Affe wohl nicht schaffen ...

---

[10] Wohlgemerkt, das ist ein Mittelwert. Es kann im Einzelfall viel schneller gehen oder wesentlich länger dauern.

11. Das Geburtstagsparadoxon

Es wurde in dieser Kolumne schon darauf hingewiesen, dass die menschliche Intuition nicht besonders gut auf mathematische Wahrheiten vorbereitet ist; es war entwicklungsgeschichtlich wohl nur wichtig, sehr elementare Tatsachen zu den Erfahrungsbereichen „Raum"und „Zahl" zu verinnerlichen. Ganz besonders gilt das für das Gebiet der Wahrscheinlichkeitstheorie, hier klaffen Erwartung und mathematische Wahrheit besonders oft weit auseinander.

Ein berühmtes Beispiel für dieses Phänomen ist das Geburtstagsparadoxon. Mal angenommen, auf einem kleinen Fest treffen sich 25 Leute. Ist es eher wahrscheinlich oder unwahrscheinlich, dass zwei von ihnen am gleichen Tag Geburtstag haben? Man kann diese Wahrscheinlichkeit ohne große Mühe ausrechnen, sie ist etwa 57 Prozent.

Wenn man das für verschiedene Anzahlen n von Personen wiederholt, so stellt man fest, dass diese Wahrscheinlichkeiten schon für mäßig große Zahlen n bemerkenswert hoch sind. Die Zahl 23 spielt dabei eine besondere Rolle. Schon für 23 Personen ist nämlich die Wahrscheinlichkeit für einen Doppelgeburtstag höher als 50 Prozent. Das läuft der Intuition zuwider, die meisten hätten die 50-Prozent-Marke sicher bei 183 Personen – der aufgerundeten Hälfte von 365 – vermutet.

Alle, die der Mathematik nicht recht trauen, können sich durch Augenschein überzeugen. Wenn Sie ein Kind im Grundschul-Alter haben, brauchen Sie sich nur beim nächsten Elternabend den Geburtstagskalender „Ihrer" und der Nachbarklassen anzusehen: Es sollte dann eher die Regel als die Ausnahme sein, dass Sie ein Datum finden, für das mindestens zwei Namen verzeichnet sind.

Formal gesehen ging es beim Geburtstagsparadoxon nur darum, die Wahrscheinlichkeit auszurechnen, dass von n zufällig ausgewählten Zahlen zwischen 1 und 365 zwei übereinstimmen. Wenn man 365 durch eine andere Zahl ersetzt, ist die Rechnung ähnlich einfach, es gibt aber neue, interessante Interpretationen. Zum Beispiel ist die Wahrscheinlichkeit, dass in einer zufällig gewählten siebenstelligen Telefonnummer eine Ziffer doppelt auftritt, bemerkenswert hoch, sie ist gleich 94 Prozent. (In diesem Fall wurden sieben zufällige Ziffern aus 0, 1, ..., 9 gewählt.) Wäre das nicht ein Ausgangspunkt für eine kleine Wette? Ich wette zum Beispiel – ohne großes Risiko –, dass in Ihrer Telefonnummer mindestens eine Ziffer doppelt auftritt.

Wie bestimmt man diese Wahrscheinlichkeiten?

Der allgemeine Rahmen ist der folgende: Gegeben sind n Objekte, und daraus wird r Mal eins ausgewählt. Jedes Objekt hat die gleiche Wahrscheinlichkeit, ausgesucht zu werden, und jedes ist auch mehrfach wählbar.

- Beispiel 1, Geburtstage: Hier sind die „Objekte" mögliche Geburtstage, es ist also $n = 365$. Und r ist hier die Anzahl der Partygäste, die Geburtstagsverteilung wird als „Auswahl aus den möglichen Geburtstagen" interpretiert.

- Beispiel 2, Worte: Tippt man ein r-buchstabiges Wort zufällig in die Tastatur, so kann das als der Fall $n = 26$ des Auswahlproblems aufgefasst werden.

- Beispiel 3, Telefonnummern: Das entspricht dem Fall $n = 10$ (weil es 10 Ziffern gibt) und $r = 7$ (bei siebenstelligen Nummern).

Das Problem besteht dann darin, die Wahrscheinlichkeit auszurechnen, dass alle ausgewählten Objekte verschieden sind. Wenn man das nämlich weiß, so kennt man auch die Wahrscheinlichkeit dafür, dass mindestens zwei gleich sind, man muss nur „Eins minus ..." rechnen; ist zum Beispiel die Wahrscheinlichkeit für „alle Geburtstage sind verschieden" gleich 0.65, so ist die für „mindestens zwei Geburtstage stimmen überein" gleich $1 - 0.65 = 0.35$, also gleich 35 Prozent.

Zur Lösung des Problems wendet man das folgende Prinzip an:

Wahrscheinlichkeit = günstige Fälle durch mögliche Fälle;

das kommt immer dann zum Einsatz, wenn alle Auswahlmöglichkeiten die gleiche Wahrscheinlichkeit haben. Die Anzahl der möglichen Fälle, also die Anzahl aller Auswahlen, ist gleich n^r, das ist das Produkt n mal n mal n ..., insgesamt r Mal. (Begründung: Bei jeder der r Auswahlen hat man n Möglichkeiten.)

Nun zu den „günstigen" Fällen: Wie viele Auswahlen gibt es, bei denen alle Objekte verschieden sind? Bei der ersten Auswahl kann noch nicht viel passieren, da gibt es n Möglichkeiten. Bei der zweiten muss man schon vermeiden, das zuerst gewählte Objekt noch einmal auszusuchen, deswegen gibt es nur $n-1$ Möglichkeiten für das zweite und damit $n \cdot (n - 1)$ für die Wahl der ersten beiden. Bei der dritten Auswahl sind schon 2 Elemente tabu, wir kommen auf $n(n-1)(n-2)$ Möglichkeiten, drei Objekte ohne Wiederholung auszusuchen.

So geht das immer weiter, bei r Auswahlen ergibt sich die Anzahl

$$n(n - 1)(n - 2) \cdots (n - r + 1).$$

Folglich müssen wir, um den Quotienten „günstige Fälle durch mögliche Fälle" zu bilden, den Bruch

$$\frac{n(n - 1)(n - 2) \cdots (n - r + 1)}{n^r}$$

berechnen, den man noch als

$$1 \cdot \left(1 - \frac{1}{n}\right)\left(1 - \frac{2}{n}\right) \cdots \left(1 - \frac{r - 1}{n}\right)$$

umschreiben kann[11].

---

[11] Der Trick besteht im Umsortieren: Man schreibt den Bruch als

$$\frac{n}{n} \cdot \frac{n - 1}{n} \cdots \frac{n - r + 1}{n},$$

und wenn man diese r Brüche durch Kürzen vereinfacht, ergibt sich wirklich das behauptete Ergebnis.

Nun kann man einsehen, wie die obigen Ergebnisse zustande kamen. Die Zahl 23 kam deswegen heraus, weil die Wahrscheinlichkeiten für „keine Übereinstimmung bei r Geburstagen" erstmals bei $r = 23$ unter die 0.5-Schranke rutscht: Es ist wirklich $(1 - 1/365)(1 - 2/365) \cdots (1 - 22/365) = 0.493$ kleiner als 0.5, und der zugehörige Wert für $r = 22$, also $(1 - 1/365)(1 - 2/365) \cdots (1 - 21/365)$, ist gleich 0.524.

Da $1 - 0.493 = 0.507$ gilt, ist die Wahrscheinlichkeit für „Bei 23 Partygästen stimmen mindestens zwei Geburtstage überein" gleich 50.7%. (Übrigens: Bei 30 Gästen liegt die Wahrscheinlichkeit schon bei 71%, bei 40 Gästen bei 89% und bei 50 Gästen bei 97%.)

Die Übereinstimmungswahrscheinlichkeiten wachsen schneller, als man es naiv erwarten würde. Zur Illustration dieses Phänomens folgen *zwei Tabellen*.

In der ersten Tabelle geht es um die *Übereinstimmung von Ziffern*: Wie wahrscheinlich ist es, dass sich bei r zufällig ausgewählten Ziffern mindestens zwei gleiche finden lassen? Aufgeführt sind in Zeile 1 die Zahl r, in Zeile 2 die Wahrscheinlichkeit, dass bei r zufällig ausgesuchten Ziffern alle verschieden sind und schließlich – in Zeile 3 – die Wahrscheinlichkeit für Übereinstimmung:

1	2	3	4	5	6	7	8	9	10
1.000	0.900	0.720	0.504	0.302	0.151	0.060	0.018	0.004	0.0004
0.000	0.100	0.280	0.496	0.698	0.849	0.940	0.982	0.9964	0.9996

Möchte man zum Beispiel wissen, wie groß die Wahrscheinlichkeit ist, dass bei einer zufälligen siebenstelligen Telefonnummer zwei Ziffern übereinstimmen, so muss man bei $r = 7$ nachsehen: Die Wahrscheinlichkeit ist überraschend hoch, nämlich gleich 0.94.

Hier folgt noch die Tabelle, die zum Geburtstagsparadoxon gehört. Sie enthält in der jeweils ersten Zeile die Anzahl der Personen, in der zweiten die Wahrscheinlichkeit, dass alle an verschiedenen Tagen Geburtstag haben und in der dritten die Komplementärwahrscheinlichkeit (wie wahrscheinlich ist es, dass mindestens zwei Personen am gleichen Tag Geburtstag haben?).

1	2	3	4	5	6	7	8
1.000	0.997	0.992	0.984	0.973	0.960	0.944	0.926
0.000	0.003	0.008	0.016	0.027	0.040	0.056	0.074

9	10	11	12	13	14	15	16
0.905	0.883	0.859	0.833	0.806	0.777	0.747	0.716
0.095	0.117	0.141	0.167	0.194	0.223	0.253	0.284

17	18	19	20	21	22	23	24
0.685	0.653	0.621	0.589	0.556	0.524	0.493	0.462
0.315	0.347	0.379	0.411	0.444	0.476	0.507	0.538

Sind alle Augenzahlen verschieden?

Es soll noch auf einen Spezialfall des Geburtstagsparadoxons hingewiesen werden: Wenn man aus einer n-elementigen Menge n mal eine Auswahl trifft, so ist die Wahrscheinlichkeit, dass *jedes* Element einmal ausgewählt wurde, gleich $n!/n^n$. (Zur Erinnerung: $n!$ ist die Abkürzung von $1 \cdot 2 \cdots n$.) Diese Zahl ergibt sich, wenn man in den vorstehenden Überlegungen $r = n$ setzt.

Beispiel 1: Wenn man neunmal eine Ziffer aus $1, 2, \ldots, 9$ auswählt, so ist die Wahrscheinlichkeit, dass alle verschieden sind, gleich

$$\frac{9!}{9^9} = \frac{362\,880}{387\,420\,489} = 0.000936\ldots,$$

also knapp ein Promille.

Beispiel 2: Werden sechs Würfel gleichzeitig geworfen, so ist die Wahrscheinlichkeit, dass die gezeigten Augenzahlen alle verschieden sind, durch

$$\frac{6!}{6^6} = \frac{720}{46\,656} = 0.0154\ldots$$

gegeben. Sie ist damit etwa so groß wie die Wahrscheinlichkeit für 3 Richtige im Lotto (vgl. Beitrag 40). Auch folgt, dass im Mittel nur in jeder 65. Würfelrunde alle sechs Würfel etwas Verschiedenes anzeigen[12].

Ein Nachtrag: Der Kader der deutschen Fußballnationalmannschaft zur Weltmeisterschaft 2006 bestand aus 23 Spielern. Es gab deswegen gute Chancen für einen Doppelgeburtstag. Und wirklich: Mike Hanke und Christoph Metzelder feiern beide am 5. November.

---

[12] Ist nämlich die Erfolgswahrscheinlichkeit für ein zufälliges Ereignis gleich p, so ist $1/p$ die zu erwartende Anzahl der Versuche, bis es zum ersten Mal klappt. Und $1/0.0154\ldots \approx 65$.

12. Horror vacui

Vor dem Nichts haben Mathematikstudenten – wenigstens am Anfang ihres Studiums – großen Respekt. Das ist nicht verwunderlich, auch für die Zahl Null mussten erst viele Jahrhunderte vergehen, bis sie genauso akzeptiert war wie die Sieben oder die Zwölf. Um das Problem zu verstehen, muss daran erinnert werden, dass die von Georg Cantor geschaffene Mengenlehre das Fundament aller zeitgenössischen Mathematik ist. Nach Cantor ist eine Menge die Zusammenfassung von gewissen wohlunterschiedenen Dingen zu einem neuen Objekt. Das gehört auch für Nichtmathematiker zur alltäglichen Erfahrung, jeder weiß doch, was „die Bundesregierung" oder „die EU" ist.

Problematisch wird es allerdings, wenn bei so einer Zusammenfassung gar nichts zum Zusammenfassen übrig bleibt. „Die Gesamtheit der Bundesbürger, die größer als 3 Meter sind" wäre so ein Beispiel. Es ist wirklich ein bisschen schwer zu verstehen, dass dadurch das gleiche Objekt definiert ist wie durch „die Gesamtheit der ukrainischen Pianisten, die den Minutenwalzer von Chopin in 20 Sekunden spielen können". Beide sind Beispiele für die so genannte „leere Menge".

Die leere Menge spielt eine ähnlich wichtige Rolle in dem Bereich „Mengenlehre" der Mathematik wie die Null für die Zahlen. Man kann sie zu einer beliebigen Menge hinzufügen, ohne diese zu verändern, und durch diese Eigenschaft ist sie auch charakterisiert. Es ist möglich, die ganze Mathematik aus der leeren Menge zu entwickeln. Zahlen entstehen z.B. dadurch, dass die leere Menge als die Null aufgefasst wird und die Eins ist diejenige Menge, die als einziges Element die leere Menge enthält; für größere Zahlen wird alles sehr schwerfällig.

Mit dem Verstehen der Frage „Was ist die leere Menge?" sind die Schwierigkeiten aber noch nicht ausgeräumt. Mathematiker studieren ja auch Aussagen über Mengen, besonders wichtig sind Ergebnisse der Form „alle Elemente der Menge haben die soundso-Eigenschaft". Es ist dann in diesem formalen Rahmen gewöhnungsbedürftig, dass solche Aussagen für die leere Menge immer wahr sind.

> Wie in fast allen Fällen ist es aber auch hier so, dass man eigentlich nur die Alltagslogik anwenden muss. Wenn sich jemand zum Beispiel vorgenommen hat, jedem Bettler, den er heute sieht, fünf Euro zu schenken, so hat er seinen guten Vorsatz auch dann gehalten, wenn er keinen Bettler treffen sollte.

Die leere Menge verhält sich wie die Null

Dass die leere Menge der Null bei den Zahlen entspricht, soll hier noch präzisiert werden. Dazu muss man wissen, dass die *Vereinigung* von zwei Mengen A, B aus all denjenigen Elementen besteht, die in A, in B oder sowohl in A als auch in B enthalten sind. Besteht etwa A aus den Zahlen $2, 5, 6$ und B aus den Zahlen $6, 8$, so wird die Vereinigung aus den Zahlen $2, 5, 6, 8$ gebildet. Oder ist A die Menge der Einwohner von Berlin-Mitte und B die Menge der blonden Berliner, so gehören zur Vereinigung auch die Rothaarigen aus Mitte.

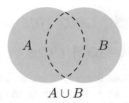

$$A \cup B$$

Abbildung 8: So kann man sich die Vereinigung vorstellen …

Für die Vereinigung schreibt man $A \cup B$ (gesprochen „A vereinigt mit B"). Und dann gilt

$$A \cup \emptyset = A$$

für jede Menge A, denn die leere Menge trägt ja nichts zur Vereinigung bei. Fasst man also die Vereinigung als Analogon zur Addition auf, so entspricht $A \cup \emptyset = A$ der Gleichung $x + 0 = x$ für Zahlen.

> Übrigens schreibt man $A \cap B$ für die Menge der Elemente, die sowohl in A als auch in B enthalten sind. (Im obigen Beispiel kämen die blonden Mitte-Einwohner heraus.)
>
> Gesprochen wird $A \cap B$ als „Durchschnitt von A mit B".

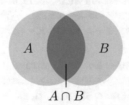

$$A \cap B$$

Abbildung 9: … und so den Durchschnitt

Da die leere Menge keine Elemente enthält, ist

$$A \cap \emptyset = \emptyset.$$

Mit der Übersetzung „Das Analogon zum Durchschnitt ist die Multiplikation" entspricht das der Gleichung $x \cdot 0 = 0$ für Zahlen.

Horror vacui ist Lateinisch, es heißt so viel wie „Abscheu vor der Leere". Der Begriff stammt aus der antiken Naturphilosophie, es soll ausgedrückt werden, dass die Natur keine leeren Räume ertragen kann. Daher haben leere Räume angeblich die Tendenz, Gase oder Flüssigkeiten anzusaugen.

13. Das hinreichende Leid mit der Logik der Mathematik ist wohl eine Notwendigkeit

Beim heutigen Thema geht es um die logische Grundausstattung des Menschen. Um etwas Ordnung in die vielen Eindrücke zu bringen, mit denen wir es täglich zu tun haben, versuchen wir, logische Beziehungen herzustellen. Betrachten wir als Beispiel den sicher richtigen Satz: „Wenn heute ein Feiertag ist, wird der Briefträger nicht kommen." Niemand käme auf die Idee, das mit der Umkehrung zu verwechseln: „Wenn der Briefträger nicht kommt, ist heute ein Feiertag." Merkwürdigerweise ist die Versuchung dennoch groß, das hin und wieder zu verwechseln. Hier könnte man an das Kleider-machen-Leute-Phänomen erinnern. Wohlhabende können sich ordentlich anziehen, man sollte aber nicht leichtfertig vom Äußeren auf den Kontostand schließen.

Besonders schwer eingängig scheint der Unterschied zu sein, wenn es etwas abstrakter wird. Da möchte ich an die Trapezkontroverse erinnern: Im Februar 2003 diskutierte die Nation im Zusammenhang mit einer Wer-wird-Millionär-Frage das Problem, ob ein Rechteck ein Trapez ist. Akzeptiert man die Definition „Ein Trapez ist ein Viereck, in dem zwei Seiten parallel sind", so sollte die Antwort „Ja" klar sein, denn man findet in einem Rechteck ohne Mühe zwei parallele Seiten. Das war vielen Mitbürgern beim besten Willen nicht klarzumachen, der Ton der Reaktionen bewegte sich zwischen hämisch und aggressiv: Wie kann man als Mathematiker nur verkünden, dass jedes Trapez ein Rechteck ist? Davon war in Wirklichkeit nie gesprochen worden . . .

Nur der Vollständigkeit halber sei nachgetragen: Gilt für zwei Aussagen p und q stets „aus p folgt q", so sagen Mathematiker, dass p *hinreichend* für q (und dass q *notwendig* für p) ist. Die Gefahr ist groß, dass man beide Begriffe verwechselt. Oder könnten Sie jetzt entscheiden, ob der folgende Satz richtig ist: „Dafür dass eine Figur ein Trapez ist, ist es hinreichend, dass sie ein Rechteck ist"? (Die richtige Antwort finden sie unten in der Fußnote[13].)

Trapez oder nicht?

Zur Ehrenrettung der Trapez-Diskutanten muss man zugeben, dass in Schulbüchern und Lexika ein ziemliches Durcheinander herrscht. Hin und wieder findet man wirklich den Zusatz, dass bei einem Trapez keine rechten Winkel auftreten dürfen.

Aus Mathematikersicht ist das wenig sinnvoll, weil es sehr unökonomisch ist. Nehmen wir als Beispiel das Ergebnis „In jedem Trapez beträgt die Winkelsumme 360 Grad". Wir nehmen einmal an, dass wir uns davon durch einen strengen Beweis überzeugt haben. Nun studieren wir die Abteilung „Rechtecke". Falls wir –

---

[13] „Die Figur ist ein Rechteck" ist *hinreichend* für die Richtigkeit der Aussage „Die Figur ist ein Trapez".

wie alle Mathematiker – Rechtecke als spezielle Beispiele von Trapezen auffassen, können wir sofort den Satz „In jedem Rechteck beträgt die Winkelsumme 360 Grad" aussprechen, denn das ist ein Spezialfall des schon bewiesenen allgemeineren Ergebnisses. Alle anderen müssen sich noch einmal anstrengen, und bei sämtlichen zukünftigen Ergebnissen über Trapeze ist es genauso.

So sieht ein Trapez in den meisten Schulbüchern aus:

Abbildung 10: Das „typische" Trapez

Aber auch das sind Trapeze:

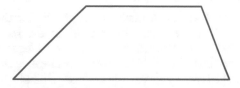

Abbildung 11: Weitere Beispiele für Trapeze

Denken Hunde logisch?

Die im nachstehenden Bild zu findende Mitteilung „Hunde, die bellen, beißen nicht. Unser Hund bellt nicht." ist sicher als witzige Warnung gemeint. Aus „p folgt q" („bellen" folgt „nicht beißen") wird „nicht p folgt nicht q" („nicht bellen" folgt „beißen") gefolgert. Logisch ist das nicht, aber das Schild erfüllt sicher trotzdem seinen Zweck.

Abbildung 12: Würden Sie da hinein gehen?

14. Wechseln oder nicht wechseln?

Das Ziegenproblem

Die Wahrscheinlichkeitsrechnung ist reich an Paradoxien, es gibt viele Aussagen, die dem „gesunden Menschenverstand" widersprechen. So wurde vor einigen Jahren einer breiteren Öffentlichkeit das so genannte Ziegenproblem bekannt.

Zur Erinnerung: Der Quizmaster lässt den in die Endrunde gekommenen Kandidaten eine von drei Türen wählen: Hinter einer ist der Hauptgewinn versteckt, hinter den anderen zwei Türen sind Nieten in Form von Ziegen. Der Kandidat wählt Tür 1, der Quizmaster öffnet Tür 3, hinter der eine Ziege zu sehen ist. Nun kommt die Pointe: Der Kandidat wird gefragt, ob er noch einmal wechseln möchte, d.h. statt Tür 1 nun Tür 2 favorisieren will. Für „Nein" spricht, dass sich ja die Position des Hauptgewinns durch die bisherigen Aktionen nicht geändert hat, für „Ja", dass durch das Öffnen von Tür 3 eine neue Situation entstanden ist. Die Frage nach der richtigen Antwort spaltete ganze mathematische Fachbereiche, das Problem fand seinen Weg in die großen Zeitschriften und wurde auch unter Nichtmathematikern intensiv diskutiert. Die Ja-Partei fand die Meinung der Nein-Partei naiv/lächerlich/vorwissenschaftlich, und umgekehrt galt das auch. Die Angelegenheit hatte auch noch einen geschlechterspezifischen Aspekt.

Eine der ersten Verfechter des „Ja" war nämlich die amerikanische Journalistin Marilyn vos Savant, eine Frau, die durch einen besonders hohen IQ berühmt geworden war. Es gab nicht wenige Stimmen aus dem Mathematikerlager, die ihr rieten, sich nicht in Sachen einzumischen, bei denen sie als Frau sowieso keinen Durchblick haben könnte.

Wer hatte nun Recht? Marilyn lag richtig, der Kandidat sollte wechseln, denn seine Gewinnchancen erhöhen sich durch das Wechseln von 1/3 auf 2/3. (Die Begründung findet man nachstehend.)

Die Analyse: Warum ist es günstiger zu wechseln?

Die Aussage „Beim Ziegenproblem ist das Wechseln zur anderen Tür günstiger" ist nur die erste Annäherung an die Wahrheit. Es folgt eine detaillierte Analyse des Problems, um diese Aussage zu verstehen und am Ende die ganze Wahrheit kennen zu lernen. Der Weg zu diesem Ziel ist nicht ganz einfach, denn es geht um ein ziemlich komplexes Phänomen.

Wahrscheinlichkeiten

Zunächst müssen wir uns ein bisschen um wahrscheinlichkeitstheoretische Grundbegriffe kümmern. Glücklicherweise ist eine philosophische Diskussion der Frage „Was ist Wahrscheinlichkeit?" hier nicht erforderlich.

Wir stellen uns ein Verfahren vor, das Zufallsergebnisse produziert. Man könnte zum Beispiel einen Würfel werfen oder eine Karte aus einem gut gemischten Skatspiel ziehen. Wenn man das sehr oft wiederholt, lassen sich gewisse „Tendenzen" beobachten: In etwa einem Sechstel der Würfelwürfe wird eine „Vier" geworfen, in etwa einem Viertel der Fälle wird „Herz" aus dem Kartenstapel gezogen usw. Man drückt das so aus, dass man sagt, dass beim Würfel die Wahrscheinlichkeit für das Werfen der Vier gleich ein Sechstel ist, und für das Ziehen einer Herz-Karte ist die Wahrscheinlichkeit ein Viertel anzusetzen. Allgemein:

Die Wahrscheinlichkeit für ein bei einer Zufallswahl mögliches Ergebnis E ist die Zahl p mit der folgenden Eigenschaft:

Wiederholt man die Zufallsauswahl sehr oft, so wird in einem Anteil p der Durchgänge das Ergebnis E erzielt werden. Wenigstens stimmt das ungefähr, und umso besser, je mehr Wiederholungen durchgeführt werden. Man schreibt dann auch $P(E) = p$, gesprochen wird das „P von E gleich p". Das große P soll dabei an „Wahrscheinlichkeit" erinnern[14].

In den Beispielen war P(Vier)$=1/6$ und P(Herz)$=1/4$.

Da Anteile immer zwischen 0 und 1 liegen, gilt das auch für Wahrscheinlichkeiten. Auch sind einige einfache Eigenschaften aufgrund des Ansatzes klar. Wenn zum Beispiel ein Ergebnis E stets insbesondere die Bedingung erfüllt, die man an ein Ergebnis F stellt, so sollte die Wahrscheinlichkeit für F eher größer als die von E sein, auf keinen Fall aber kleiner. Zum Beispiel ist die Vier eine gerade Zahl. Deswegen ist es wenig überraschend, dass die Wahrscheinlichkeit, eine gerade Zahl zu würfeln (sie ist gleich 0.5), größer ist als die, eine Vier zu erhalten.

Beim Ziegenproblem spielen viele Wahrscheinlichkeiten eine Rolle. Zum Beispiel wäre es interessant zu wissen, mit welchen Wahrscheinlichkeiten das Auto hinter den verschiedenen Türen platziert wird. Kann man für jede der drei Türen die gleiche Wahrscheinlichkeit (also $1/3$) ansetzen? Oder hat die Tür, die näher am Bühneneingang ist, bessere Chancen, gewählt zu werden? (Immerhin ist so ein Auto gar nicht so leicht zu schieben.)

Bedingte Wahrscheinlichkeiten

Als Nächstes geht es um das wichtige Prinzip „Informationen verändern Wahrscheinlichkeiten". Ein Beispiel: Die Wahrscheinlichkeit, eine Vier zu würfeln, ist ein Sechstel. Wenn man aber nach dem Würfeln (und vor dem Bekanntgeben des Ergebnisses) gesagt bekommt, dass eine gerade Zahl gewürfelt wurde, sieht das anders aus. Nun ist nämlich klar, dass es eine der Zahlen Zwei, Vier oder Sechs sein wird, und damit steigt die Wahrscheinlichkeit der Vier auf ein Drittel. Es hätte auch

---

[14] Wozu man allerdings die englische oder französische Bezeichnung für Wahrscheinlichkeit kennen muss: *probability* bzw. *probabilité*.

sein können, dass die Information lautet: „Es ist eine ungerade Zahl!". Dann ist es bestimmt keine Vier, die Wahrscheinlichkeit ist also auf Null gesunken.

Kurzum: Es kann alles Mögliche mit Wahrscheinlichkeiten passieren, wenn es Zusatzinformationen gibt. Sie können gleichbleiben, steigen oder fallen.

Das gleiche Phänomen kennen wir aus dem wirklichen Leben[15]. Angenommen etwa, Sie fahren an jedem Arbeitstag die gleiche Strecke. Auf der linken Spur fließt der Verkehr etwas weniger zäh, deswegen würden Sie gern dort fahren. Interessant wäre dann zu wissen, ob der Wagen vor Ihnen an der nächsten Kreuzung links abbiegen wird. (Falls ja, sollten Sie besser die Spur wechseln, denn Sie wollen geradeaus weiter fahren.) Das passiert selten, nur etwa  jeder zwanzigste Fahrer will nach links, und deswegen kann man die Wahrscheinlichkeit für „Abbiegen" mit $1/20$ ansetzen. Nun kann es aber doch sein, dass das Nummernschild des Vordermanns (der Vorderfrau) zu einer Stadt gehört, zu der es an genau dieser Kreuzung nach links abgeht. Und deswegen wird die Wahrscheinlichkeit für „Abbiegen" in diesem Fall sicher höher sein.

Es wird sich als günstig erweisen, das Ganze etwas formaler aufzuschreiben. Wenn E ein Ereignis ist, so bezeichnet doch $P(E)$ die Wahrscheinlichkeit für das Eintreten von E. Und wenn F irgendeine Zusatzinformation ist, so schreibt man $P(E \mid F)$ für die neue Wahrscheinlichkeit (also unter Berücksichtigung von F) für E. Man spricht das als „P von E unter F" aus, die Zahl $P(E \mid F)$ wird die *bedingte Wahrscheinlichkeit von E unter F* genannt.

Im einleitenden Beispiel war E das Ergebnis, eine Vier zu Würfeln und F die Information, dass die gewürfelte Zahl gerade ist. Wir haben uns überzeugt, dass in diesem Beispiel $P(E \mid F) = 1/3$ gilt.

Allgemein geht man so vor. Man bestimmt $P(F)$ (die Wahrscheinlichkeit für F) und $P(E \text{ und } F)$ (die Wahrscheinlichkeit, dass E und F gleichzeitig auftreten). Anschließend wird $P(E \mid F)$ wie folgt definiert:

$$P(E \mid F) := \frac{P(E \text{ und } F)}{P(F)}.$$

Testen wir das an unserem ersten Beispiel. $P(F) = 1/2$, denn die Hälfte der möglichen Ergebnisse beim Würfelwurf besteht aus geraden Zahlen. „E und F" entspricht dem Ergebnis, dass eine Zahl gewürfelt wurde, die gleichzeitig mit der Vier übereinstimmt und gerade ist. Das leistet als Einzige die Zahl Vier, und deswegen ist $P(E \text{ und } F) = 1/6$. Wir erhalten so wirklich

$$P(E \mid F) = \frac{P(E \text{ und } F)}{P(F)} = \frac{1/6}{1/2} = \frac{1}{3}.$$

---

[15] Ich wage sogar die Behauptung, dass das richtige Anpassen von Wahrscheinlichkeiten aufgrund neuer Informationen in der stammesgeschichtlichen Entwicklung des Menschen eine ganz wichtige Rolle spielte und inzwischen im Gehirn fest „verdrahtet" ist.

Als weiteres Beispiel betrachten wir ein gewöhnliches Skatspiel. Die Wahrscheinlichkeit für $E =$„Pik As" ist gleich $1/32$, denn diese Karte gibt es nur einmal. Verrät man uns aber, dass eine schwarze Karte gezogen wurde, so steigt die Wahrscheinlichkeit für „Pik As" auf $1/16$: Mit $F =$„schwarze Karte" ist doch $P(F) = 1/2$ (die Hälfte der Karten ist schwarz) und $P(E$ und $F) = 1/32$ (Pik As ist die einzige Karte, für die „E und F" gilt); so folgt

$$P(E \mid F) = \frac{P(E \text{ und } F)}{P(F)} = \frac{1/32}{1/2} = \frac{1}{16}.$$

Die Bayes-Formel

Bemerkenswerterweise lassen sich bedingte Wahrscheinlichkeiten quasi umkehren, dafür verwendet man die Bayes-Formel. Die Fragestellung ist aus dem Leben bekannt:

Angenommen, Sie stellen nach dem Besuch Ihrer Freunde fest, dass Ihre Lieblings-DVD verschwunden ist. Sie wissen, dass Ihre Freunde eine unterschiedliche Tendenz haben, Sachen ohne zu fragen einfach „auszuborgen". Wen sollten Sie nun verdächtigen?

Für unsere Zwecke ist es am günstigsten, die Bayes-Formel wie folgt zu formulieren. Wir betrachten ein Zufallsexperiment, bei dem sich jedes mögliche Ergebnis in eine von drei vorher festgelegten Klassen einordnen lässt. Wir nennen sie B_1, B_2, B_3. Wichtig ist, dass sich die Klassen nicht überlappen.

Ein Beispiel für den Würfelwurf: Man könnte

B_1 : „Es wurde eine 1 oder eine 2 gewürfelt."

B_2 : „Es wurde eine 3 oder eine 4 gewürfelt."

B_3 : „Es wurde eine 5 oder eine 6 gewürfelt."

definieren.

Nun geht es um irgendein bei diesem Experiment mögliches Ergebnis, wir nennen es A. (Etwa: „Es wurde eine Primzahl gewürfelt.") Sind dann die bedingten Wahrscheinlichkeiten $P(A \mid B_1), P(A \mid B_2), P(A \mid B_3)$ und die Wahrscheinlichkeiten $P(B_1), P(B_2), P(B_3)$ bekannt, so kann man die „umgekehrten" bedingten Wahrscheinlichkeiten, also die $P(B_1 \mid A), P(B_2 \mid A), P(B_3 \mid A)$ berechnen:

$$P(B_1 \mid A) = \frac{P(A \mid B_1)P(B_1)}{P(A \mid B_1)P(B_1) + P(A \mid B_2)P(B_2) + P(A \mid B_3)P(B_3)},$$

$$P(B_2 \mid A) = \frac{P(A \mid B_2)P(B_2)}{P(A \mid B_1)P(B_1) + P(A \mid B_2)P(B_2) + P(A \mid B_3)P(B_3)},$$

$$P(B_3 \mid A) = \frac{P(A \mid B_3)P(B_3)}{P(A \mid B_1)P(B_1) + P(A \mid B_2)P(B_2) + P(A \mid B_3)P(B_3)}.$$

Diese Formeln heißen die *Bayes-Formeln* [16].

Beweisen wollen wir die Formeln hier nicht, zur Illustration gibt es aber ein Beispiel: Die B_1, B_2, B_3 sollen wie vorstehend sein (B_1=„1 oder 2 gewürfelt", usw.). Als A betrachten wir „Die gewürfelte Zahl ist größer als 3". Mit den im vorigen Abschnitt beschriebenen Rechnungen erhält man dann

$$P(A \mid B_1) = 0,$$
$$P(A \mid B_2) = \frac{1}{2},$$
$$P(A \mid B_3) = 1,$$

auch gilt offensichtlich $P(B_1) = P(B_2) = P(B_3) = 1/3$.

Nun wird gewürfelt, und das Ergebnis liegt in A (die gewürfelte Zahl ist also größer als 3). Mit welcher Wahrscheinlichkeit liegt es – zum Beispiel – in B_2? Dazu verwenden wir die Bayes-Formel:

$$\begin{aligned} P(B_2 \mid A) &= \frac{P(A \mid B_2)P(B_2)}{P(A \mid B_1)P(B_1) + P(A \mid B_2)P(B_2) + P(A \mid B_3)P(B_3)} \\ &= \frac{(1/2) \cdot (1/3)}{0 \cdot (1/3) + (1/2) \cdot (1/3) + 1 \cdot (1/3)} \\ &= \frac{1}{3}. \end{aligned}$$

Ganz analog hätte man mit der Bayes-Formel ausrechnen können [17], dass $P(B_1 \mid A) = 0$ und $P(B_3 \mid A) = 2/3$ gilt.

Die beste Strategie beim Ziegenproblem: Standardvariante

Nach diesen Vorbereitungen können wir entscheiden, ob Wechseln günstiger ist. Wir diskutieren zunächst die Wahrscheinlichkeiten, die mit dem Verstecken des Autos zusammenhängen. Die folgenden Abkürzungen werden verwendet:

B_1 : Das Auto wird hinter Tür 1 versteckt.
B_2 : Das Auto wird hinter Tür 2 versteckt.
B_3 : Das Auto wird hinter Tür 3 versteckt.

---

[16] Hat man nicht in drei Klassen B_1, B_2, B_3, sondern allgemeiner in n Klassen $B_1, B_2, \ldots, B_n$ aufgeteilt, so lauten die Bayes-Formeln

$$P(B_i \mid A) = \frac{P(A \mid B_i)P(B_i)}{P(A \mid B_1)P(B_1) + \cdots + P(A \mid B_n)P(B_n)},$$

wobei man für die Zahl i die Zahlen $i = 1, 2, \ldots, n$ einsetzen kann.

[17] In diesem Fall ist auch eine direkte Rechnung leicht möglich; sie führt natürlich zum gleichen Ergebnis.

Wir wollen uns auf den Standpunkt stellen, dass diese drei Möglichkeiten die gleiche Wahrscheinlichkeit haben, dass also

$$P(B_1) = P(B_2) = P(B_3) = \frac{1}{3}$$

gilt. Das ist vielleicht etwas naiv, aber solange nichts Gegenteiliges bekannt ist, kann man ja einmal von dieser Annahme ausgehen.

Nun kommt der spannende Moment, wo eine Entscheidung zu treffen ist: Der Spieler hat Tür 1 gewählt, der Quizmaster zeigt die Ziege hinter Tür 3, und es ist nicht klar, ob man von Tür 1 zu Tür 2 wechseln sollte. Hier die Analyse.

Das Ereignis „Der Quizmaster zeigt die Ziege hinter Tür 3" soll mit A abgekürzt werden. Unter Verwendung dieser Information interessiert uns dann die Antwort auf die Frage: Ist das Auto eher hinter Tür 1 oder hinter Tür 2? Verwenden wir die vorstehend eingeführten Begriffe, so wollen wir wissen, wie sich die Zahlen $P(B_1 \,|\, A)$ und $P(B_2 \,|\, A)$ zueinander verhalten: Sind sie beide gleich (dann lohnt Wechseln nicht), oder ist die zweite die größere (dann ist Wechseln sinnvoll)?

Das ist ein typischer Fall für die Anwendung der Bayes-Formel. Um sie anwenden zu können, benötigen wir noch die Zahlen $P(A \,|\, B_1), P(A \,|\, B_2), P(A \,|\, B_3)$.

Wie groß ist $P(A \,|\, B_1)$? In Worten: Wenn das Auto hinter Tür 1 steht, wie groß ist dann die Wahrscheinlichkeit, dass der Quizmaster Tür 3 öffnet? Er könnte natürlich auch Tür 2 öffnen (oder gleich die Lösung verraten). Wir wollen hier annehmen, dass er sich mit gleicher Wahrscheinlichkeit für das Öffnen von Tür 2 oder Tür 3 entscheidet, und deswegen setzen wir $P(A \,|\, B_1) = 1/2$.

$P(A \,|\, B_2)$ ist leichter zu ermitteln: Das Auto steht hinter Tür 2, wie groß ist dann die Wahrscheinlichkeit, dass Tür 3 geöffnet wird? Sie ist sicher gleich Eins, denn der Quizmaster kann ja nicht Tür 2 öffnen (da steht das Auto), und Tür 1 ist auch tabu, denn die wurde vom Spieler gewählt.

Ähnlich leicht ist $P(A \,|\, B_3)$ zu behandeln: Da kommt natürlich Null heraus, denn es wird sicher nicht die Tür mit dem Auto geöffnet. Wir fassen zusammen:

$$P(A \,|\, B_1) = \frac{1}{2}, \ P(A \,|\, B_2) = 1, \ P(A \,|\, B_3) = 0.$$

Und nun kann die Bayes-Formel angewendet werden:

$$
\begin{aligned}
P(B_1 \,|\, A) &= \frac{P(A \,|\, B_1)P(B_1)}{P(A \,|\, B_1)P(B_1) + P(A \,|\, B_2)P(B_2) + P(A \,|\, B_3)P(B_3)} \\
&= \frac{(1/2) \cdot (1/3)}{(1/2) \cdot (1/3) + 1 \cdot (1/3) + 0 \cdot (1/3)} \\
&= \frac{1}{3},
\end{aligned}
$$

$$
\begin{aligned}
P(B_2 \mid A) &= \frac{P(A \mid B_2)P(B_2)}{P(A \mid B_1)P(B_1) + P(A \mid B_2)P(B_2) + P(A \mid B_3)P(B_3)} \\
&= \frac{1 \cdot (1/3)}{(1/2) \cdot (1/3) + 1 \cdot (1/3) + 0 \cdot (1/3)} \\
&= \frac{2}{3}.
\end{aligned}
$$

Fazit: Da $P(B_1 \mid A)$ (bzw. $P(B_2 \mid A)$) die Wahrscheinlichkeit ist, mit der Strategie „Nicht wechseln!" (bzw. „Wechseln!") das Auto zu gewinnen, so heißt das, dass Wechseln die Chancen verdoppelt.

Das Ziegenproblem: Die ganze Wahrheit

Wer die vorstehende Analyse aufmerksam verfolgt hat, wird bemerkt haben, dass für der Aussage „Wechseln ist besser, die Gewinnwahrscheinlichkeit wird verdoppelt!" einige Annahmen erforderlich waren. Wir haben zum Beispiel $P(A \mid B_1) = 1/2$ gesetzt. Das ist eigentlich nicht zwingend: Vielleicht öffnet der Quizmaster immer Tür 3, wenn es möglich ist (wenn also nicht gerade das Auto dahinter steht). Um das allgemein zu untersuchen, setzen wir $P(A \mid B_1) = p$, wobei p eine Zahl zwischen 0 und 1 ist. Dann ergibt unsere Analyse:

$$
P(B_1 \mid A) = \frac{p}{1+p}, \quad P(B_2 \mid A) = \frac{1}{1+p}.
$$

Es ist dann zwar immer noch so, dass Wechseln günstiger ist (denn die erste der beiden Zahlen ist nie die größere), der Unterschied kann aber wesentlich unspektakulärer sein.

Es ist auch eine *andere Herangehensweise* möglich[18]. Dabei verfolgt der Spieler eine andere Strategie, er kümmert sich nämlich überhaupt nicht um die Vorlieben des Quizmasters und *wechselt auf jeden Fall*. Man kann dann so argumentieren:

- Bei der ursprünglichen Wahl (und damit auch dann, wenn man bei der Entscheidung bleibt) wird das Auto mit $1/3$ Wahrscheinlichkeit gewonnen, denn beim Verstecken hatten alle Türen die gleiche Wahrscheinlichkeit.

- Beim Wechseln wird genau dann gewonnen, wenn die erste Wahl falsch war, also mit Wahrscheinlichkeit $2/3$.

Das kann man noch ein bisschen verfeinern. Bezeichnet man nämlich mit p_1 bzw. p_2 bzw. p_3 die Wahrscheinlichkeit, dass das Auto hinter Tür 1 bzw. Tür 2 bzw. Tür 3 versteckt wurde, so ist – bei Wahl von Tür 1 – die Wahrscheinlichkeit für „Auto gewinnen, vorher nicht wechseln" gleich p_1 und die Wahrscheinlichkeit für „Auto gewinnen, vorher wechseln" gleich $p_2 + p_3$.

---

[18] Ich danke Herrn Professor Dieter Puppe aus Heidelberg für diesen Hinweis.

Es ist nicht auszuschließen, dass manche Leser nun verwirrt sind, denn in der zweiten Analyse spielt das Verhalten des Quizmasters scheinbar keine Rolle. Man muss schon genau hinsehen, um einzusehen, dass beide Vorgehensweisen korrekt waren.

In der *ersten Analyse* war die Ausgangssituation so gegeben: Tür 1 gewählt, Tür 3 (mit Ziege) geöffnet. Und aufgrund dieser Situation sollte man die Wahrscheinlichkeiten ausrechnen.

Bei der *zweiten Analyse* war die Situation anders: Das Verhalten des Quizmasters war völlig unerheblich, gewechselt wird in jedem Fall. Trotzdem ist nur schwer intuitiv einzusehen, dass diese unterschiedliche Information für unterschiedliche Wahrscheinlichkeiten verantwortlich ist.

P.S.: Alle, die es noch genauer wissen wollen, sollten sich das sehr lesenswerte Buch „Das Ziegenproblem" von Gero von Randow besorgen (rororo Science, 7.50 Euro).

15. In Hilberts Hotel ist immer ein Zimmer frei

Mathematiker haben es oft mit der Unendlichkeit zu tun. Es ist gewöhnungsbedürftig, dass dort andere Gesetze herrschen, als wir es von unserer Lebenserfahrung her erwarten.

Es reicht für das Folgende, an die einfachste unendliche Menge zu denken, an die natürlichen Zahlen 1, 2, 3, ... Schon Galilei wunderte sich in den „Discorsi" von 1638 über merkwürdige Phänomene, die in diesem Bereich auftreten können. Salvatore stellt dort nämlich fest, dass es genauso viele Zahlen wie die Quadratzahlen, also die Zahlen 1, 4, 9, 16, ... gibt, denn man kann ja beide Reihen in Gedanken untereinander schreiben und so eine Zuordnung herstellen. Der mathematische Hintergrund: Wenn man etwas von einer unendlichen Menge weglässt, ist vielleicht noch „genauso viel" darin wie vorher.

Abbildung 13: Hilberts Hotel

Der Mathematiker Hilbert (1862 - 1943) hat eine interessante Verkleidung des Phänomens gefunden, sie ist als *Hilberts Hotel* bekannt. Dieses Hotel hat unendlich viele Zimmer, die mit 1, 2, 3, ... durchnummeriert sind. Es ist ein Ferienwochenende, das Hotel ist ausgebucht. Spät abends kommt noch ein Gast und möchte ein Zimmer. Normalerweise wäre nun nichts zu machen, in Hilberts Hotel aber gibt es eine Lösung: Der Gast aus Zimmer 1 zieht in Zimmer 2, der aus Zimmer 2 in Zimmer 3 und so weiter. Und nun ist Zimmer 1 frei, und alle können ruhig schlafen. Jedenfalls so lange, bis noch eine verspätete Reisegruppe mit acht Einzelreisenden kommt. Nun muss Zimmer 1 nach Zimmer 9 umziehen, Zimmer 2 nach Zimmer 10 usw.

Das systematische Studium unendlicher Mengen begann übrigens erst im 19. Jahrhundert, der deutsche Mathematiker Georg Cantor (1845-1918) leistete Pionierarbeit. Er wurde dafür von vielen Kollegen angefeindet, ihrer Meinung nach sollte sich die Mathematik auf Konkretes und Konstruierbares beschränken. Heute ist Cantor voll rehabilitiert, das Unendliche gehört zum täglichen Handwerkszeug, genauso wie Zahlen, geometrische Objekte und Wahrscheinlichkeiten.

... es wird aber keine ruhige Nacht!

Die Ereignisse in der turbulenten Nacht sind übrigens noch nicht zu Ende erzählt. Am nahe gelegenen Bahnhof trifft nämlich noch ein Zug mit *unendlich vielen* Reisenden ein. Sie sind müde und hatten eigentlich in Hilberts Hotel reserviert. Doch das Hotel ist voll, muss die Rezeption nun passen? Nein, der Telefoncomputer ruft überall an und veranlasst noch einmal eine Umzugsaktion: Der Gast aus Zimmer 1 zieht in Zimmer 2, der aus Zimmer 2 in Zimmer 4, der aus Zimmer 3 in Zimmer 6 usw. (die Zimmernummer wird also immer verdoppelt). Dadurch sind alle Zimmer mit einer ungeraden Nummer frei geworden, sie werden umgehend an die müden Ankömmlinge vergeben.

Obwohl es sich hier um eine Gedankenspielerei zur Veranschaulichung von Phänomenen in der Unendlichkeit handelt, soll hier auf einen eher praktischen Einwand gegen dieses Verfahren eingegangen werden. Gast n – zurzeit noch in Zimmer n – soll doch nach Zimmer $2n$ umziehen. Für kleine n mag das ja noch zügig zu schaffen sein, bei gigantisch großen Zahlen jedoch wird der Weg zwischen dem jetzigen und dem neuen Zimmer erheblich sein. Wenn man also einmal unterstellt, dass auch für Hilberts Gäste die Geschwindigkeit, mit der sie sich bewegen können, nicht beliebig hoch sein kann, so folgt, dass die Umzugsaktion in endlicher Zeit gar nicht abgeschlossen werden kann.

Bei den Ausgangsproblemen gab es diese Schwierigkeit im Grunde auch schon. Wenn alle Gäste gleichzeitig über die Umzugsaktion informiert werden könnten, würde es natürlich klappen: Alle ziehen zum gleichen Zeitpunkt um, und nach zehn Minuten kehrt Ruhe ein. Da aber keine Nachricht schneller als die Lichtgeschwindigkeit übermittelt werden kann, werden die weit entfernten Zimmer erst sehr spät Bescheid wissen.

16. Viel mehr als Pi mal Daumen: die Faszination einer Zahl

Die Kreiszahl π (gesprochen: „Pi") hätte gute Chancen, bei einer Umfrage unter Mathematikern nach der wichtigsten Zahl auf dem ersten Platz zu landen. Die Bedeutung für die Geometrie ist allgemein bekannt, Formeln wie „Kreisumfang $= \pi$ mal Durchmesser" spielten ja schon in der Schulzeit eine wichtige Rolle.

Die „Kreiszahl" ist aber in quasi allen Gebieten der Mathematik anzutreffen, auch da, wo beim besten Willen keine Kreise zu entdecken sind. Dass sie für die Wahrscheinlichkeitstheorie wichtig ist, hätte man vor einigen Jahren noch auf jedem Zehnmarkschein bestätigt finden können. Dort tauchte sie nämlich in der Formel der Glockenkurve auf, die als Illustration für die Bedeutung des berühmten Mathematikers Gauß gewählt wurde[19].

π ist auch als Zahl etwas Besonderes. Wenn man sie in eine Formel konkret einsetzen möchte, um zum Beispiel das benötigte Saatgut für ein kreisförmiges Beet zu berechnen, darf man sie durch einige wenige Dezimalstellen annähern: $\pi = 3.14$. Man kann aber beweisen, dass noch so viele Stellen nach dem Komma die Zahl niemals exakt beschreiben können, man braucht schon unendlich viele. Es handelt sich sogar um eine so genannte transzendente Zahl, also um eine, die in der Hierarchie der Zahlen zu den kompliziertesten gehört. Diese Tatsache wurde schon im 19. Jahrhundert bewiesen, nebenbei erledigte sich damit das 2000 Jahre offene Problem von der „Quadratur des Kreises". (Mehr dazu findet man in Beitrag 33.)

Wenn man schon nicht alle Stellen nach dem Komma ermitteln kann, so doch wenigstens möglichst viele. Es gibt so etwas wie einen sportlichen Wettkampf, mit Hilfe von Computern unter Zuhilfenahme raffinierter theoretischer Ergebnisse immer neue Rekorde aufzustellen; zurzeit kennt man viele Milliarden Stellen. Der Hintergrund: π birgt noch viele Geheimnisse, und man hofft, durch Rechnung Ideen zur Lösung zu bekommen.

Schließlich ist noch zu erwähnen, dass π auch auf Nichtmathematiker eine gewisse Faszination ausübt. Es gibt π-Fanclubs, und vor einigen Jahren konnte man einen π-Film sehen. Auf den konnte man sich mit dem Parfüm „π" von Givenchy einstimmen.

π in der Bibel

Wer zwischen den Zeilen lesen kann, findet π schon in der Bibel:

> „Und er machte das Meer, ..., zehn Ellen weit rundherum, und eine Schnur von dreißig Ellen war das Maß ringsherum."
> (1. Könige, Vers 7.23)

---

[19] Vgl. Beitrag 25.

Dabei ist das „Meer" so eine Art Weihwasserbecken, das vor dem Tempel Salomons aufgestellt war. Man hat es sich kreisrund vorzustellen, und aus dem Bibeltext können wir die Information entnehmen:

Kreisumfang geteilt durch Durchmesser gleich Drei.

Das ist eine bemerkenswert schlechte Näherung für π, die Babylonier und Ägypter arbeiteten schon mit der viel besseren Approximation $\pi \approx 22/7 = 3.142\ldots$ Die Ungenauigkeit könnte aber leicht dadurch erklärt werden, dass der Beckenumfang nicht oben am Rand, sondern etwas tiefer gemessen wurde.

π : einige Abschätzungen

Einige Sachverhalte, die die Kreiszahl π betreffen, kann man sich auch fast ohne Mathematikkenntnisse klarmachen. Stellen wir uns etwa vor, dass ein Kreis in ein Quadrat eingezeichnet ist (Abbildung, links):

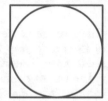 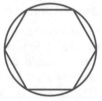

Abbildung 14: π ist kleiner als Vier und größer als Drei

Wenn wir dann auf dem Kreis von einem Berührungspunkt mit dem Quadrat zum gegenüberliegenden laufen wollen, so haben wir eine Strecke zurückzulegen, die dem halben Kreisumfang entspricht: Sie wird deswegen die Länge $2 \cdot \pi \cdot r/2 = \pi \cdot r$ haben, wobei wir mit r den Kreisradius bezeichnet haben.

Sicher ist es weiter, wenn wir den Weg auf dem Rand des Quadrats zurücklegen, der hat die Länge $4 \cdot r$. Zusammen: $\pi \cdot r$ ist kleiner als $4 \cdot r$, und wenn wir diese Ungleichung noch durch r teilen, erhalten wir das Ergebnis, dass π kleiner als 4 ist. Ganz ähnlich kann man sich davon überzeugen, dass π größer als 3 sein muss. Diesmal zeichnen wir den Kreis um ein Sechseck (vgl. Abbildung, rechts): Jetzt ist der Weg zwischen zwei Berührpunkten *kürzer*, wenn wir über die Sechseckkanten laufen. Wir haben drei Kanten vor uns, jede hat die Länge r (Kreisradius), und das führt zu der Information, dass $3 \cdot r$ kleiner als $\pi \cdot r$ ist. Deswegen muss 3 kleiner als π sein.

Die Bilder enthalten sogar etwas mehr, sie liefern uns noch eine weitere qualitative Information. Der Weg über das Quadrat ist nämlich *viel* weiter als über den Kreis, dagegen ist der Weg über das Sechseck nur *ein bisschen* kürzer. Das bedeutet, dass π viel näher an 3 als an 4 liegen muss.

17. Wie unsichere Zufälle zu berechenbaren Größen werden

Das Glück gilt als unberechenbar: Es ist auch für den klügsten Mathematiker unmöglich, mehr als Gewinn- und Verlustwahrscheinlichkeiten auszurechnen.

Das ist allerdings nur ein Teil der Wahrheit, denn die Ungewissheit wird umso geringer, je mehr zufällige Einflüsse beteiligt sind. Stellen wir uns zum Beispiel eine Münze vor, die mit gleicher Wahrscheinlichkeit – also mit jeweils 50 Prozent – „Kopf" oder „Zahl" anzeigt. Man kann sie dann für faire Entscheidungen benutzen, eine Voraussage ist unmöglich. Wenn man sie zehnmal wirft und die Anzahl des Ergebnisses „Kopf" zählt, gibt es aber schon eine deutliche Bevorzugung „mittlerer" Werte. Es ist viel wahrscheinlicher, dass das fünf Mal passiert (etwa 25 Prozent) als 10 Mal (1 Promille). Das wird bei noch mehr Versuchen noch viel spektakulärer, die „Kopf"-Anzahl wird sich mit überwältigender Sicherheit nur ganz wenig von der Hälfte der Versuchsanzahl unterscheiden.

Der Hintergrund ist einer der wichtigsten Grenzwertsätze der Wahrscheinlichkeitsrechnung, durch solche Ergebnisse wird der Übergang vom Unvorhersehbaren zum Deterministischen beschrieben. Diese Tatsache ist nicht nur aus theoretischen Gründen interessant. In diesem Zusammenhang kann etwa daran erinnert werden, dass die Welt im Kleinen vom Zufall regiert wird, das lehrt die Quantenmechanik. Nur die Überlagerung unglaublich vieler Zufallsprozesse erlaubt uns die Illusion, in einer deterministischen Welt zu leben. Auf dem gleichen Prinzip beruhen die Vorhersagen am Abend eines Wahlsonntags: Die noch unbekannte „Wahrscheinlichkeit" (z.B. der Stimmenanteil für die SPD) kann schon dadurch recht genau prognostiziert werden, dass man die entsprechenden Werte in einer ausgewählten Stichprobe kennt.

Schließlich können sich auch die Einkäuferin im Supermarkt und der Planer der Verkehrsbetriebe darauf verlassen: Es ist wirklich extrem unwahrscheinlich, dass plötzlich alle Kunden Backpulver kaufen oder alle Bewohner in Bahnhofsnähe die Bahn um 8.50 Uhr nehmen wollen.

Eine Ich-AG

Es gibt einen ganzen Zoo von Grenzwertsätzen. Alle besagen, dass der Zufall immer mehr verschwindet, je mehr zufällige Einflüsse sich überlagern.

Angenommen etwa, Sie tragen sich mit dem Gedanken, eine Würfelbude auf dem Rummel zu eröffnen. Um die Rechnung nicht zu kompliziert werden zu lassen, nehmen wir an, dass Ihre Kunden nur einmal würfeln sollen: Wird eine Sechs gewürfelt, bekommen sie dreißig Euro ausgezahlt, andernfalls gibt es gar nichts. Für jedes einzelne Spiel sind dann mit Wahrscheinlichkeit $1/6$ dreißig Euro fällig, man sollte also mit einer Auszahlung von $(1/6) \cdot 30 = 5$ Euro rechnen.

So teuer sollte es also mindestens sein, bei Ihnen spielen zu dürfen, Sie wollen ja keinen Verlust machen. Mal angenommen, Sie setzen den Einsatz auf sieben Euro fest. Was ist Ihnen dann ein Kunde Wert? Mit $1/6$ Wahrscheinlichkeit machen Sie einen Verlust von 23 Euro (dreißig Euro Auszahlung minus sieben Euro Einsatz), und mit $5/6$ Wahrscheinlichkeit dürfen Sie die sieben Euro Einsatz behalten: Ein Kunde bringt also im Mittel

$$-\frac{1}{6} \cdot 23 + \frac{5}{6} \cdot 7 = \frac{-23 + 35}{6} = 2$$

Euro ein.

Wenn nun an einem guten Tag 300 Leute spielen wollen, so dürfen Sie mit $2 \cdot 300 = 600$ Euro Einnahmen rechnen. Und aufgrund der Grenzwertsätze der Wahrscheinlichkeitsrechnung können Sie sich – bei 300 Spielern – fast hundertprozentig auf diese 600 Euro verlassen. Es ist extrem unwahrscheinlich, dass sehr viele Glückspilze dabei sind und am Abend weniger als 550 Euro in der Kasse sind. Leider ist auch kaum zu hoffen, dass es mehr als 650 Euro sein werden.

Das Verschwinden des Zufalls: einige Rechnungen

Es folgt noch ein *quantitatives Beispiel* zu den Grenzwertsätzen. Wir werfen eine faire Münze zunächst 10 Mal. Es ist dann zu erwarten, dass „Kopf" im Mittel fünf Mal vorkommt. Die genauen Werte lauten:

Die Kopfanzahl	Wahrscheinlichkeit dafür
ist exakt gleich 5	24.6%
liegt zwischen 4 und 6	54.2%
liegt zwischen 3 und 7	77.4%

Nun werfen wir 100 Mal:

Die Kopfanzahl	Wahrscheinlichkeit dafür
ist exakt gleich 50	7.95%
liegt zwischen 45 und 55	72.9%
liegt zwischen 40 und 60	96.5 %

Und im dritten Durchgang werfen wir 1000 Mal

Die Kopfanzahl	Wahrscheinlichkeit dafür
ist exakt gleich 500	2.52%
liegt zwischen 490 und 510	49.2%
liegt zwischen 480 und 520	80.6 %
liegt zwischen 470 und 530	94.6%

Wenn es also auch erwartungsgemäß recht unwahrscheinlich ist, dass es *genau* 500 Mal Kopf gibt, so kann man sich doch fast schon darauf verlassen, dass die Abweichung von dieser Zahl höchstens gleich 30 und damit kleiner als 6 Prozent ist.

Man kann das Verschwinden des Zufalls auch *sehen*. Angenommen, jemand spielt das folgende Spiel: Mit 50 Prozent gewinnt bzw. verliert er einen Euro. Der Wert der einzelnen konkret gespielten Spiele soll mit $x_1, x_2, \ldots$ bezeichnet werden, es könnte zum Beispiel so aussehen: $1, 1, -1, 1, -1, \ldots$ Man muss dann nur die ersten n Zahlen addieren, um den Gesamtgewinn bis zur n-ten Runde zu erhalten. Für unser Beispiel wären das für $n = 1, 2, 3, \ldots$ die Zahlen $1, 2, 1, 2, 1, \ldots$. Und um den *mittleren* Gewinn zu erhalten – also das, was im Durchschnitt erzielt wurde –, muss der Gesamtgewinn bis zur n-ten Runde noch durch n geteilt werden: $1, 1, 1/3, 1/2, 1/5, \ldots$. Bemerkenswerterweise gehen diese Zahlen immer gegen Null. In der folgenden Zeichnung ist ein Beispiel für die Entwicklung des Durchschnittsgewinns skizziert. Am Anfang haben sich Glück und Pech abgewechselt, dann gab es eine Pechsträhne, danach ging es wieder etwas aufwärts. *Immer* aber werden sich langfristig Gewinne und Verluste ausgleichen, d.h. die mittleren Gewinne werden gegen Null gehen.

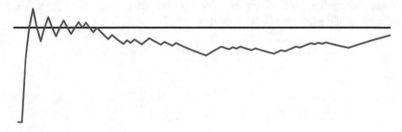

Abbildung 15: Der Zufall verschwindet ...

18. Eine Million Dollar Belohnung: Wie sind die Primzahlen verteilt?

In diesem Beitrag soll wieder von Primzahlen die Rede sein, sie haben nichts von ihrer Faszination verloren, seit sie vor weit über 2000 Jahren erstmals studiert wurden. (Zur Erinnerung: Primzahlen sind diejenigen Zahlen, die man nicht als Produkt kleinerer Zahlen schreiben kann; so sind etwa 7 und 19 Primzahlen, 20 aber nicht.) Auch Carl-Friedrich Gauß – sicher einer der bedeutendsten aller Mathematiker, die jemals gelebt haben – war von ihnen in den Bann gezogen. Er wollte wissen, wie sich denn die Primzahlen in der Menge aller Zahlen verteilen. Kann man sagen, wie viele Primzahlen es „weit draußen" gibt?

Zwei Tatsachen sind offensichtlich. Erstens scheinen die Primzahlen völlig regellos aufzutreten: Wenn man etwa unter den ersten hundert Zahlen diese Zahlen ankreuzt, entsteht ein recht zufälliges Muster. Und zweitens ist klar, dass eine große Zahl schlechtere Chancen hat, eine Primzahl zu sein, als eine kleine, da es ja mehr potenzielle Teiler gibt.

Gauß ging pragmatisch vor, er machte das, was man heute „experimentelle Mathematik" nennt (und wofür man natürlich Computer einsetzt). Er kam anhand seiner konkreten Rechnungen zu einer Vermutung, die man heute den Primzahlsatz nennt: Der Anteil der Primzahlen unter einer Zahl lässt sich in guter Näherung ausrechnen, er ist für Zahlen mit k Stellen ziemlich genau $0.43/k$. (Eine etwas präzisere Formulierung finden Sie nachstehend.) Unter 1000 – da ist $k = 3$ – ist der Anteil also $0.43/3$, d.h. etwa 0.143, das entspricht 14.3 Prozent; unter $1\,000\,000$ beträgt der Primzahlanteil nur noch $0.43/6$ oder 7.2 Prozent.

Gauß war schon lange tot, als sich seine Vermutung als mathematische Tatsache herausstellte. Unabhängig voneinander führten die Mathematiker Hadamard und de la Vallée Poussin gegen Ende des neunzehnten Jahrhunderts einen strengen Beweis.

Das war noch längst nicht das Ende der Bemühungen. Inzwischen gibt es viel feinere Beschreibungen der Primzahlverteilung als die von Gauß vorgeschlagene. Für die Lösung eines Teilaspekts aus diesem Fragenkreis stehen seit dem Jahr 2000 eine Million Dollar Preisgeld bereit.

Der Primzahlsatz

Um das Wachstum der Primzahlen zu veranschaulichen, ist in der nachstehenden Skizze ein Streckenzug eingezeichnet. Er hat über der k-ten Primzahl die Höhe k erreicht. Zum Beispiel repräsentiert der vierte Strich (er ist blau eingezeichnet) die vierte Primzahl, die 7; deswegen beginnt er bei der x-Koordinate 7 und geht dann bis zur 11, der nächsten Primzahl.

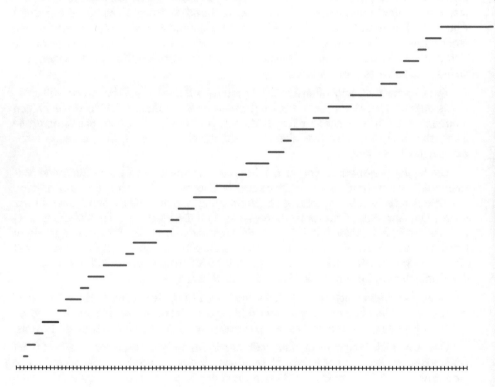

Abbildung 16: Das Wachstum der Primzahlen

Der Primzahlsatz sagt dann, dass dieser Streckenzug für große x ziemlich genau durch $x/\log x$ approximiert wird. *So* kam die obige Schätzung zustande.

> Dazu muss man wissen, was der *natürliche Logarithmus* $\log x$ einer Zahl x ist[20]: Es ist diejenige Zahl y, für die 2.71828^y gleich x ist. Etwas vereinfacht kann man sich merken: Der Logarithmus einer k-stelligen Zahl kann (recht grob) durch $k/0.43$ approximiert werden. (Zum Beispiel ist der exakte Wert des Logarithmus von 8000 gleich $8.987\ldots$, und es gilt $4/0.43 = 9.302\ldots$.)

---

[20] S.a. Beitrag 36.

Um die Güte der Approximation würdigen zu können, betrachten wir einige Beispiele. Ist etwa $x = 100\,000\,000$, so gibt es $5\,761\,455$ Primzahlen, die kleiner als x sind. Und der Quotient $x/\log x$ unterscheidet sich um $332\,774$ von dieser Zahl, das ist ein Fehler von etwa sechs Prozent. Bei $x = 10\,000\,000\,000$ sind es $455\,052\,511$ darunter liegende Primzahlen. Der Primzahlsatz sagt etwa 20 Millionen zu wenig voraus. Das ist zwar eine Menge, der Fehler beträgt aber nur noch etwas mehr als vier Prozent.

Wenn man näher analysiert, was „ziemlich genau" bei der obigen Approximation heißt, stellt sich heraus, dass es mit komplizierteren geschlossenen Ausdrücken noch viel genauer geht. Die derzeit beste Formel beschreibt die Anzahl der Primzahlen bemerkenswert präzise.

So liegt etwa die Formel-Voraussage bei $x = 100\,000\,000$ nur um 754 daneben (Fehler: ein zehntel Promille), und bei $x = 10\,000\,000\,000$ verschätzt sich die Formel um 3104 (Fehler: weniger als ein hundertstel Promille).

Um allerdings die Allgemeingültigkeit der Fehlerabschätzung – an der niemand zweifelt – zu beweisen, müsste zuvor ein immer noch offenes Problem gelöst werden, die *Riemannsche Vermutung*. Für die Lösung ist vom Clay Mathematics Institute eine Million Dollar ausgelobt worden.

(Mehr dazu findet man unter http://www.claymath.org.)

Forschungen zu Primzahlen stehen weiterhin im Brennpunkt des Interesses, sicher auch deswegen, weil Primzahlen für die Kryptographie eine fundamental wichtige Rolle spielen. Auf ein spätkuläres Ergebnis ist besonders hinzuweisen. Die Mathematiker Terence Tao und Ben Green entdeckten eine bemerkenswerte Regelmäßigkeit: Es gibt beliebig lange arithmetische Progressionen in der Menge der Primzahlen.

Etwas genauer bedeutet das das Folgende. Denken Sie sich eine beliebige Zahl k. Dann gibt es in der Menge der Primzahlen Zahlen $p_1, p_2, \ldots, p_k$, die alle den gleichen Abstand haben: Es ist $p_2 - p_1 = p_3 - p_2 = \cdots, p_k - p_{k-1}$. Für $k = 3$ kann man noch leicht Beispiele durch Ausprobieren finden: $3, 7, 11$ sind Primzahlen, und der gegenseitige Abstand ist jeweils gleich 4. Die Aussage stimmt aber für jedes k.

Unter anderem für dieses Ergebnis bekam der junge Mathematiker Terence Tao die Fieldsmedaille auf dem internationalen Mathematikerkongress 2006 in Madrid.

19. Der fünfdimensionale Kuchen

Als abwertende Bemerkung, gemünzt etwa auf Bücher oder Filme, kommt „eindimensional" auch in der Alltagssprache vor. Gemeint ist, dass es ohne irgendwelche Verästelungen immer nur geradlinig voran geht. Aber was heißt ein-, zwei- oder dreidimensional eigentlich genau, was ist „Dimension"?

Etwas vereinfacht ausgedrückt, ist die Dimension eines geometrischen Objektes die Anzahl der Zahlen, die man zur Identifizierung eines Punktes braucht. Nehmen wir zum Beispiel eine Linie. Wenn man einen Punkt P darauf fixiert, ist jeder andere durch eine Zahl beschreibbar, man muss ja nur sagen, wie weit man von P aus nach rechts gehen soll (negative Zahlen werden dann als „gehe nach links" interpretiert). Folglich ist die Linie eindimensional.

Ähnlich begründet man, dass die Erdoberfläche zweidimensional ist, man kann ja jeden Punkt der Erde durch Längen- und Breitengrad identifizieren. Im Raum braucht man drei Zahlen, und will man gleichzeitig Raum und Zeit festlegen, muss man schon mit vier Zahlen arbeiten: Das ist die vierdimensionale Raum-Zeit der Relativitätstheorie.

Mathematiker arbeiten oft mit noch viel mehr Dimensionen. Wenn sie sich das dann vorstellen wollen, haben sie ein zwei- oder höchstens dreidimensionales Abbild vor Augen, das die wichtigsten Aspekte des Problems wiedergibt, genauso, wie man ja auch aus einem zweidimensionalen Foto auf das dreidimensionale Original schließen kann. Wenn man ohne Bilder auskommt, ist alles sogar noch einfacher. Ein fünfdimensionaler Raum etwa wird dann einfach als die Menge derjenigen Objekte aufgefasst, die jeweils aus fünf Zahlen bestehen.

Das klingt schwierig und abstrakt, hat aber Parallelen zur Alltagserfahrung. Ein Kuchenrezept zum Beispiel ist doch durch die Angabe der Zutaten in Gramm definiert. Legt man die Mengen für Mehl, Zucker, Butter, Ei und Backpulver durch (200, 100, 80, 20, 3) fest, so ist damit das Wichtigste gesagt. Das ist, zugegeben, nicht besonders aufregend, bei fünf Dimensionen sind aber wirklich keine Raffinessen zu erwarten.

Ein Vorstoß in die vierte Dimension

Mathematiker haben die gleichen Gehirnwindungen wie alle anderen Mitmenschen auch, und deswegen geht auch bei ihnen die direkte Anschauung nicht über drei Dimensionen hinaus. Trotzdem können sie auch in sehr hochdimensionalen Räumen problemlos arbeiten. Wichtig ist nur, dass man die jeweils interessanten Aspekte des Problems in einem zwei-, höchstens dreidimensionalen Bild darstellen kann. Geht es etwa um Abstände, so sollte das Bild die Entfernungen der Objekte richtig wiedergeben: gleich weit voneinander entfernte Punkte haben auch im Bild den gleichen Abstand usw. Das ist im Übrigen nicht viel anders als das Vorgehen von – z.B. – Fahrplangestaltern, die ja auch nur die wichtigsten Aspekte in ihren Skizzen wiedergeben. Niemand erwartet da eine detailgetreue Wiedergabe der Streckenführung, wichtig ist nur die Information, wie lange es zwischen den einzelnen Stationen dauert.

Als Beispiel soll demonstriert werden, wie sich Mathematiker der vierten Dimension nähern. Üben wir zunächst im Dreidimensionalen: Wie kann man einem Wesen, das sich nur zwei Dimensionen vorstellen kann, die Oberfläche eines (dreidimensionalen) Würfels klarmachen. Dazu zeichnet man das folgende Bild:

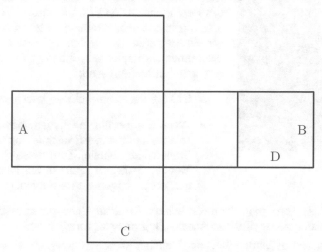

Abbildung 17: Hier bewegt sich ein zweidimensionales Wesen

Es ist natürlich der übliche „Schnittmusterbogen" für einen Würfel. Das zweidimensionale Wesen wird draufgesetzt und erhält Instruktionen für Spaziergänge. Die bestehen darin, dass die folgenden Spielregeln vereinbart werden:

- Du kannst Dich auf dieser Fläche frei bewegen, es ist aber unmöglich, sie zu verlassen.

- Wenn Du die Illusion hast, irgendwo hinauszukriechen, so kommst Du in Wirklichkeit an einer anderen Stelle schon wieder hinein. Genauer: Verlassen der Fläche in A bedeutet Wiedereintritt in B, Verlassen in C ist gleichbedeutend zum Wiedereintritt in D usw.[21].

Unser zweidimensionales Wesen kann sich so an die Würfeloberfläche gewöhnen, die uns selbst noch vor keinerlei Herausforderungen stellt. Es wird zum Beispiel merken, dass die Fläche keine Grenzen hat, es geht ja immer weiter. Auch ist die Fläche endlich, man könnte sie mit einem begrenzten Farbvorrat anstreichen. Mit etwas Erfahrung wird es sogar weitere Feinheiten verinnerlichen. Z.B., dass es zu

---

[21] Die anderen Regeln ergeben sich daraus, dass man sich den Würfel zusammengefaltet vorstellt und die Übergänge zwischen aneinander stoßenden Kanten beschreibt.

jeder Stelle eine andere gibt, die so weit wie möglich entfernt ist; das entspräche im Dreidimensionalen der gegenüberliegenden Seite.

Nun wird das Ganze in einer höheren Dimension wiederholt. Nun sollen *wir*, die dreidimensionalen Wesen, die vierte Dimension erfahren. Wenigstens sollen wir das Gefühl für die dreidimensionale Oberfläche des vierdimensionalen Würfels entwickeln. Dazu setzt man uns in das nebenstehend zu sehende Gebilde, das wie ein Klettergerüst auf dem Spielplatz aussieht. Wir bekommen ein Papier ausgehändigt, in dem die „Kletterregeln" aufgeführt sind:

- Das Gerüst kann nicht verlassen werden.

- Wenn Sie die Illusion haben, herauszuklettern, so kommen Sie in Wirklichkeit an einer anderen Stelle wieder hinein. Zum Beispiel: „Ganz oben hinaus" bedeutet „ganz unten hinein". (Es folgen noch einige weitere Regeln.)

Auf diese Weise kann man dann wirklich die Struktur eines geometrischen Gebildes erforschen, das unserer direkten Anschauung nicht zugänglich ist.

Übrigens: Der Künstler Salvador Dalí hat diesen „Hypercubus" in einem Bild verewigt(„Crucifixion, Corpus Hypercubus", 1954). Vielleicht soll der daran gekreuzigte Christus darauf hinweisen, dass man nur über ihn eine Vorstellung von der direkt nicht fassbaren Gottheit bekommen kann.

Ein Film zum Thema

2008 war das „Jahr der Mathematik" in Deutschland. Aus diesem Anlass gab es die große Mathematikausstellung „Mathema" im Deutschen Technikmuseum Berlin, und dafür wurde ein Film hergestellt: Wie nähern sich Mathematiker der vierten Dimension?

Sie finden den Film in Youtube unter

<http://www.youtube.com/watch?v=xWRAEfhQ3gw>

oder direkt mit Hilfe des nachstehenden QR-Codes.

20. Die Mädchenhandelsschule

Das poetische Wort „Komposition" wird in der Mathematik immer dann verwendet, wenn aus zwei Objekten ein neues erzeugt wird. So kann man aus zwei Zahlen x, y die Summe $x + y$ oder das Produkt $x \cdot y$ bilden. Als Beispiel aus der Alltagserfahrung kann man an die Sprache erinnern, aus „Haus" und „Tür" wird „Haustür", und genauso werden sinnvolle Sätze aus Satzteilen aufgebaut.

Studiert man so eine Komposition und möchte man nun damit nicht nur zwei, sondern drei Elemente bearbeiten, gibt es ein Problem. Bei der Addition zum Beispiel könnte man bei gegebenen x, y, z zuerst $x + y$ bilden und dazu z addieren, mit gleichem Recht könnte man aber x zur Summe $y + z$ hinzufügen. In Formeln: Die Dreiersumme könnte als $(x+y)+z$ oder als $x+(y+z)$ erklärt werden. Wenn beide Wege zum gleichen Ergebnis führen, sagt man, dass die Komposition *assoziativ* ist. Das ist eine ganz wichtige Eigenschaft, sie erspart einem, kompliziertere Ausdrücke in einem Wald von Klammern untergehen zu lassen.

Bekanntlich sind die Addition und die Multiplikation von Zahlen assoziativ, es ist zum Beispiel wirklich $(1 + 2) + 3 = 1 + (2 + 3)$ und $(3 \cdot 4) \cdot 5 = 3 \cdot (4 \cdot 5)$. Längst nicht alle wichtigen Beispiele haben aber diese schöne Eigenschaft: Wenn man aus x, y den Quotienten x/y bildet, so ist das nicht assoziativ: Zum Beispiel ist $(20/2)/2$ etwas ganz anderes als $20/(2/2)$ (der erste Ausdruck ist 5, der zweite 20).

Sprache ist leider nicht assoziativ, je nachdem, wie man zusammenfasst, kann etwas ganz anderes herauskommen. So titelte der Berliner „Tagesspiegel" vor einiger Zeit: „Justiz ermittelt nach Todesschüssen gegen Polizisten". Hat der Polizist nun geschossen oder war er selbst Ziel eines Angriffs?

Diese Mehrdeutigkeit kann sogar schon bei zusammengesetzten Substantiven auftreten wie bei der „Abschlussklassenarbeit". Und was meinte die Bahn, als sie für ein „Schönes-Wochenende-Ticket" warb?

$$* * *$$

... hier noch eine Fundstelle aus dem Angebot eines Hotels für ein „Gala-Wochenende":

An der Rezeption erhalten Sie einen gepackten Leih-Champagner-Rucksack.

Wie schmeckt Leih-Champagner eigentlich? Wenigstens darf man den Rucksack wohl behalten ...

...Ihre Spezialisten, wenn Kinder zu viele Wünsche haben sollten:

Alle wollen sparen (wenigstens Klammern)

Man kann also bei Vorliegen des Assoziativgesetzes „ein paar Klammern einsparen". Die Mehrdeutigkeit bei Fehlen der Klammern kann allerdings gewaltig sein, sie wächst rasant mit der Anzahl der Elemente. Sind drei beteiligt, etwa die Elemente a, b und c, muss man nur durch Klammern festlegen, ob $a \circ b \circ c$ als $(a \circ b) \circ c$ oder als $a \circ (b \circ c)$ aufgefasst werden soll; dabei steht das Zeichen „$\circ$" für irgendeine beliebige Komposition. Bei vier Elementen a, b, c, d gibt es schon viel mehr Möglichkeiten: Bedeutet $a \circ b \circ c \circ d$ nun $(a \circ b) \circ (c \circ d)$, oder $((a \circ b) \circ c) \circ d$, oder $(a \circ (b \circ c)) \circ d$, oder $a \circ ((b \circ c) \circ d)$, oder $a \circ (b \circ (c \circ d))$? Da sind Klammern unerlässlich, denn alle diese Ausdrücke können etwas anderes bedeuten.

Ohne Assoziativgesetz wird also alles viel schwerfälliger. Fast noch bedeutsamer ist die Tatsache, dass man dann auf viele elementare Konstruktionen verzichten muss. Möchte man etwa die Abkürzung a^4 für $a \circ a \circ a \circ a$ verwenden, so muss doch sicher gestellt sein, dass der zweite Ausdruck auf eindeutige Weise definiert ist. Was aber, wenn man – je nach Klammersetzung – fünf verschiedene Ergebnisse erhalten kann?

Man könnte zum Beispiel die Komposition $a \circ b = a^b$ für natürliche Zahlen betrachten. Sie ist nicht assoziativ, für fast alle a ist es sogar schon beim Ausrechnen von $a \circ a \circ a$ wichtig, wie die Klammern gesetzt sind: Für $a = 3$ etwa ist $(3^3)^3 = 729$, aber $3^{(3^3)}$ ist ist die gigantische Zahl $7\,625\,597\,484\,987$. Für größere Zahlen a ist der Unterschied noch viel spektakulärer. $(9^9)^9$ besteht „nur" aus 77 Ziffern, bei $9^{(9^9)}$ sind es schon viele Millionen. Es ist die größte Zahl überhaupt, die man mit drei Neunen beschreiben kann.

Pik As und Aspik

Neben der Assoziativität gibt es noch eine weitere Eigenschaft von Kompositionen, auf die Mathematiker Wert legen: Die *Kommutativität*. Man sagt, dass Kommutativität für eine Komposition vorliegt (oder dass das Kommutativgesetz gilt), wenn es auf die Reihenfolge nicht ankommt, wenn also stets $a \circ b = b \circ a$ gilt. Bekannte Beispiele sind die Addition und die Multiplikation. Das Gesetz gilt aber *nicht* für die Division: 4 geteilt durch 2 ist etwas anderes als 2 geteilt durch 4. Auch die vor wenigen Zeilen betrachtete Komposition a^b ist nicht kommutativ, da z.B. 2^5 von 5^2 verschieden ist. (Es darf sogar so gut wie *nie* vertauscht werden: Es ist $2^4 = 4^2$, aber sonst findet man keine verschiedenen Zahlen a und b mit $a^b = b^a$.)

Im Gegensatz zur Assoziativität, die fast immer vorausgesetzt wird, ist Kommutativität in vielen wichtigen Situationen nicht gegeben. Bei den „nichtkommutativen Gruppen" und den „nichtkommutativen Algebren" wird es dann richtig schwierig.

Übrigens: Für Sprache gilt das Kommutativgesetz genauso wenig wie das Assoziativgesetz. Ein Spielfeld ist etwas anderes als ein Feldspiel, Aspik hat mit Pik As nichts zu tun[22] usw.

Damit sind die formalen Parallelen aber noch nicht erschöpft. Vielleicht erinnern sich manche noch aus der Schulzeit daran, dass es das *Distributivgesetz* gibt, durch das Ausklammern ermöglicht wird: Der Ausdruck $a \cdot (b + c)$ stimmt immer mit $a \cdot b + a \cdot c$ überein. In der Sprache gibt es ein Analogon: „Ein- und Ausreise" steht für „Einreise und Ausreise" usw.

Dabei ist es wichtig, den Bindestrich „-" nicht zu vergessen. Der hat es zurzeit allerdings schwer, denn im Zuge der unkritischen Übernahme von Anglizismen wird er gern weggelassen. Das ist dann manchmal missverständlich, zum Beispiel dann, wenn sich eine Ärztin auf ihrem Praxisschild als Spezialistin „für Haut und Geschlechtskrankheiten" vorstellt.

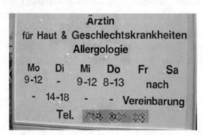

Andere Sprachen ...

Es wurde schon im Vorwort zu dieser neuen Auflage erwähnt, dass es mittlerweile auch erfreulicherweise einige Übersetzungen dieses Buches in andere Sprachen gibt. Das vorliegende Kapitel stellt immer eine ganz besondere Herausforderung für die Übersetzer dar, denn es versteht sich von selbst, dass sie hier kreativ sein sollten, um ein originelles Beispiel in „ihrer" Sprache zu finden.

Hier die Beispiele aus den bisher vorliegenden Übersetzungen (in der zeitlichen Rehenfolge des Erscheinens):

---

[22] Das ist ein klassisches Beispiel, das allerdings von der alten Rechtschreibung Gebrauch macht. Nach der neuen Rechtschreibung müsste man „Pikass" statt „Pik As" schreiben.

- *Japanisch:* Da war dieser Beitrag etwas schwierig zu finden, denn die Japaner haben die Reihenfolge verändert: Der vorliegende Beitrag 20 ist im Japanischen der Beitrag 42 im zweiten Band.

  Im nachstehenden Bild sieht man die Ideen des Übersetzers. Links steht die Überschrift des Kapitels in der Schriftart Katakana. Je nachdem, wie man es liest, bedeutet der Text „Geld erhalten und dann trinken" oder „Bekomme ich Geld?". Rechts im Bild ist das Beispiel zur Nicht-Kommutativität in der Schriftart Kanji. Die Bedeutung von Original (oben) und Vertauschung (unten) sind „Situation" und „Liebesabenteuer"[23].

カネオクレタノム

事情と情事

- *Englisch:* Der Übersetzer David Kramer liefert gleich zwei Beispiele. Da ist zunächst der *one night stand*. (Um das würdigen zu können, sollte man wissen, dass das Wort „night stand" einfach einen Nachttisch bezeichnet.) Aus der Popkultur steuert er dann noch den *flying purple people eater* bei.

  Bei der Kommutativität gibt es nichts entsprechend Originelles: Die Nicht-Kommutativität der Sprache wird durch das Beispiel *dog house* (Hundehütte) gegen *house dog* (Haushund) illustriert.

- *Französisch:* Bei der nicht-Assoziativität werden *paniers de fruits rouges* angeboten: rote Körbe für Früchte oder Körbe für rote Früchte? Gut gefällt mir auch das Nicht-Kommutativitätsbeispiel: *gorge rouge* (roter Hals) gegen *rouge-gorge* (Rotkehlchen).

- *Italienisch:* Die italienische Ausgabe erscheint zwar erst nach dieser dritten Auflage, aber Kapitel 20 ist schon übersetzt. Es beginnt mit der *fine settimana di vacanza*: Ist das das Ende der Ferienwoche oder ein Ferienwochenende? Und bei der Nicht-Kommutativität wird *soprattutto sotto* (vor allem unten) gegen *tutto sottosopra* (völlig durcheinander) vorgeschlagen.

---

[23] Ich möchte meinem Kollegen Elmar Vogt für seine Hilfe bei diesen Rückübersetzungen danken.

21. Fly me to the moon

Mathematiker reagieren etwas säuerlich, wenn sie nach der Bekanntgabe ihres Berufes von ihren Gesprächspartnern gefragt werden: „Gibt es in der Mathematik denn überhaupt noch etwas Neues zu entdecken?". Dass Mathematik spannend ist, höchste kreative Leistungen verlangt und konkrete Lösungen für aktuelle Probleme liefert, hat sich noch nicht zu allen herumgesprochen. Deswegen schauen wir heute zur Imagekorrektur einmal einem Mathematiker über die Schulter. Um die Problemstellung zu verstehen, stellen wir uns den Harz mit einer dicken und spiegelglatten Eisschicht überzogen vor. Wenn Sie dann von der Spitze eines Berges zu einem anderen etwa gleich hohen Gipfel gelangen wollen, brauchen Sie nur in der richtigen Richtung herunterzurutschen: Durch die Schwerkraft werden Sie beschleunigt, und die bei der Talfahrt aufgesammelte Energie reicht aus, Sie noch auf den Berg Ihrer Wahl hinaufrutschen zu lassen.

Ganz ähnlich ist es bei viel komplizierteren Situationen in der Weltraumfahrt. Auch da gibt es Wege zwischen verschiedenen Punkten des Alls, die man praktisch ohne Energieverbrauch zurücklegen kann, indem man geschickt die Anziehungskräfte der Sonne, des Mondes und der Planeten ausnutzt. So werden heute sehr langwierige Weltraumexpeditionen geplant.

Die entsprechenden Punkte wollen natürlich erst einmal errechnet werden, auch muss man wissen, mit welchen minimalen Kurskorrekturen man auf der richtigen Bahn bleibt. Die mathematischen Herausforderungen sind immens, man kann sicher sagen, dass ohne die Entwicklung der theoretischen und anwendungsmathematischen Grundlagen der letzten Jahre und ohne die enorme Leistungsfähigkeit heutiger Computer keine Chance bestünde, die gewünschten Rechnungen durchzuführen.

Damit beschäftigt sich die Arbeitsgruppe von Professor M. Dellnitz an der Universität Paderborn (die auch das vorstehende Bild freundlicherweise zur Verfügung gestellt hat). Das ist wirklich nur ein Beispiel unter vielen, wer mehr wissen möchte, sollte www.mathematik.de (Information/aktuelle Projekte) ansteuern.

Mathematik „auf Vorrat"

Die Mathematik hat im Laufe der Zeit ein riesiges Reservoir an Methoden und Ergebnissen bereit gestellt. Für die letzten hundert Jahre gilt sicherlich, dass die überwiegende Anzahl der Resultate deswegen gefunden wurde, weil das zugrunde liegende Problem eine gewisse Faszination ausübte: Konkrete Anwendungen hatte man oft nicht im Sinn.

Es kommt aber bemerkenswert oft vor, dass Probleme in den Anwendungen auftauchen, die man durch leichte Anpassung der schon existierenden Werkzeuge lösen kann.

Ein historisch frühes berühmtes Beispiel sind die *Kegelschnitte*: Das sind die Kurven, die an der Schnittkante entstehen, wenn man einen Kegel – z.B. einen Zuckerhut – mit einem scharfen Messer durchschneidet: Kreise, Ellipsen, Parabeln und Hyperbeln. Schon im alten Griechenland wusste man sehr viel darüber, ein frühes Standardwerk ist das Buch von *Apollonius* (um 200 v.Chr.).

1700 Jahre später, nach dem Ende des oströmischen Reiches, stieß das Wissen der griechischen Mathematiker auch in Zentraleuropa auf größeres Interesse. Im Laufe der Jahrhunderte hatten sich allerdings durch das immer wieder neue Übersetzen und Abschreiben eine Menge Fehler eingeschlichen. Die besten Mathematiker des 16. und 17. Jahrhunderts machten sich daran zu versuchen, die Originale so weit wie möglich wiederherzustellen. Unter anderem wurden so auch die Werke des Apollonius in Fachkreisen bekannt.

Das war für den Astronomen *Kepler* von größter Wichtigkeit, als er versuchte, das kopernikanische Weltbild mit den Messdaten in Übereinstimmung zu bringen. Kopernikus hatte vorausgesagt, dass sich die Planeten auf Kreisbahnen um die Sonne bewegen, aber das stimmte einfach nicht, wenn man so genau maß, wie es zu Beginn des 17. Jahrhunderts möglich war. Entscheidend war dann Keplers Idee, von den Kreisbahnen zu Ellipsenbahnen überzugehen. Und alles, was er über Ellipsen wissen musste, fand sich bei Apollonius.

Solche Beispiele gibt es immer wieder. Einsteins Relativitätstheorie (Beginn des 20. Jahrhunderts) ist ohne die Differentialgeometrie Riemanns (Mitte des 19. Jahrhunderts) undenkbar, die Mathematik der Computertomographie (sechziger Jahre des 20. Jahrhunderts) war schon fünfzig Jahre früher im Wesentlichen fertig usw.

Das sind allerdings Glücksfälle. In der Regel muss die Theorie, die man für die erfolgreiche Diskussion einer aus den Anwendungen kommenden Fragestellung braucht, neu entwickelt werden. Dieses Zusammenspiel von intellektueller Attraktivität und der Möglichkeit, konkrete Probleme zu lösen, macht einen Großteil der Faszination der Mathematik aus.

22. Resteverwertung

Wenn Sie Ihren 5 Kindern 81 Gummibärchen mitgebracht haben und die reihum gleichmäßig verteilen, so wird jedes Kind 16 abbekommen und ein Gummibärchen wird übrig bleiben. Mathematiker sagen dazu, dass 81 modulo 5 gleich 1 ist. Allgemein ist m modulo n der Rest, der beim Teilen von m durch n übrig bleibt, diese „modulo"-Rechnung spielt in vielen Bereichen der Mathematik eine wichtige Rolle.

Abbildung 18: 81 modulo 5 ist gleich 1

Auch Nichtmathematiker können in manchen Spezialfällen problemlos mit dieser Technik umgehen. Wenn man zum Beispiel wissen möchte, welcher Wochentag heute in 39 Tagen ist, berechnet man intuitiv richtig 39 modulo 7: Das ist gleich 4, also sind wir in 39 Tagen 4 Wochentage weiter als heute. Und welche Uhrzeit haben wir in 50 Stunden? Dazu wird 50 modulo 24 ausgerechnet, es kommt 2 heraus, und deswegen zeigt der Uhrzeiger in 50 Stunden 2 Stunden mehr an als jetzt.

Abbildung 19: Jetzt ... und 50 Stunden später.

Soweit ist das nicht besonders bemerkenswert, es handelt sich nur um einen terminus technicus für eine wohlvertraute Rechenmethode. Für Mathematiker steckt aber viel mehr dahinter, viele überraschende Eigenschaften von Zahlen lassen sich unter Verwendung der modulo-Technik am besten formulieren. Nehmen wir zum Beispiel an, dass n eine Primzahl ist und k eine Zahl zwischen 1 und $n-1$. Was passiert, wenn die Zahl k mit sich selbst malgenommen wird, insgesamt $(n-1)$-mal? Bemerkenswerterweise ist das Endergebnis, wenn man es modulo n ausrechnet, immer 1. Im obigen Gummibärchen-Beispiel war $n = 5$ (die Anzahl der Kinder, es ist eine Primzahl) und $k = 3$. So ergab sich die 81: Die 3 wurde $(5 - 1)$-mal mit sich selbst multipliziert, das führte zu $3 \cdot 3 \cdot 3 \cdot 3 = 81$. Dass dann 81 modulo 5 gleich 1 ist, ist eine Konsequenz aus dem allgemeinen Ergebnis.

Die Tatsache, dass die modulo-Rechnung im Primzahlfall immer zum Ergebnis 1 führt, ist lange bekannt, sie wurde von dem französischen Mathematiker Pierre de Fermat im 17. Jahrhundert entdeckt. Bei aktuellen Anwendungen in der Kryptographie spielt sie eine wichtige Rolle, die dabei auftretenden Zahlen haben einige hundert Stellen. (Einzelheiten findet man in Beitrag 23.)

Sechs mal Sechs gleich Eins

Die „Reste" (also die Zahlen $0, 1, \ldots, n-1$) verhalten sich wie die üblichen Zahlen, wenn man die Addition und die Multiplikation jeweils so erklärt, dass man nach der gewöhnlichen Addition/Multiplikation wieder zum Rest modulo n übergeht.

Zum Beispiel ist dann – wenn man etwa modulo 7 rechnet – das Produkt aus 3 und 5 die Zahl 1, denn $3 \cdot 5$ modulo 7 ist gleich 1. Entsprechend ist 4 plus 6 gleich 3, denn $4 + 6$, modulo 7 gerechnet, ergibt wirklich 3.

Das Modulo-Rechnen hat dann viele Eigenschaften mit dem üblichen Zahlenrechnen gemeinsam, besonders stark sind die Parallelen, wenn n sogar eine Primzahl ist. Dann nämlich kann man jede Zahl (außer Null) so multiplizieren, dass 1 herauskommt. Als Beispiel betrachten wir die 6, es soll wieder modulo 7 gerechnet werden. Rechnet man nach und nach $1 \cdot 6, 2 \cdot 6, 3 \cdot 6, 4 \cdot 6, 5 \cdot 6, 6 \cdot 6$ modulo 7, so erhält man als Ergebnis die Reste $6, 5, 4, 3, 2, 1$, und deswegen ist hier 6 mal 6 gleich 1.

(Das stimmt für Zahlen, die keine Primzahlen sind, nicht mehr. Wenn zum Beispiel n gleich 12 ist, so wird man nach einer Zahl x vergeblich suchen, für die $4 \cdot x$ gleich 1 modulo 12 ist. Beim Teilen von $4 \cdot x$ durch 12 können nämlich nur die Zahlen 0, 4 und 8 als Reste auftreten.)

Diese Reichhaltigkeit algebraischer Eigenschaften ist die eigentliche Grundlage für die Bedeutung des modulo-Rechnens. So gilt zum Beispiel wieder das *Kommutativgesetz* der Addition: Da $a + b$ die gleiche Zahl ist wie $b + a$, wird auch der Rest modulo n in beiden Fällen der gleiche sein.

23. Streng geheim!

Primzahlen tauchten in dieser Kolumne schon mehrfach auf. In diesem Beitrag soll davon die Rede sein, wie große Primzahlen die Kryptographie, die Wissenschaft vom Verschlüsseln, revolutioniert haben.

Angenommen, Sie haben sich zwei sehr große Primzahlen verschafft – sie sollen p und q heißen –, die nur Sie selber kennen; „groß" bedeutet hier, dass sie einige hundert Stellen haben. Dann wird das Produkt $p \cdot q$ berechnet, es soll n genannt werden.

Bemerkenswerterweise sind dann p und q in der Zahl n auf praktisch unauffindbare Weise versteckt. Heute ist nämlich kein Verfahren bekannt, die Faktoren p und q in realistischer Zeit aus n zu rekonstruieren. Auch nicht, wenn die besten Computer mehrere Jahrtausende rechnen dürften.

Abbildung 20: Klassische Kryptographie: Die „Enigma"

Diese Tatsache macht sich die Kryptographie zunutze. Sie verwendet einen Satz der Zahlentheorie, der schon vor mehreren hundert Jahren bekannt war: Man kann eine gegebene Zahl unter Verwendung von n so manipulieren, dass diese Veränderung nur dann rückgängig zu machen ist, wenn man p und q kennt. Wenn Ihnen also jemand eine sehr vertrauliche Nachricht schicken soll, so müssen Sie ihm oder ihr nur die Zahl n mitteilen und ein Verfahren vorschreiben, wie die Nachricht mit Hilfe von n zu verändern ist; dazu muss die Nachricht vorher in eine Zahl umgewandelt werden. Das Ergebnis soll Ihnen geschickt werden. Niemand außer Ihnen kann dann mit der verschlüsselten Nachricht etwas anfangen, nur wegen Ihrer Kenntnis von p und q macht das Decodieren keine Schwierigkeiten.

Revolutionär an diesem Verfahren ist, dass es praktisch unter den Augen der Öffentlichkeit stattfinden kann, jeder darf sich das zum Verschlüsseln wichtige n und die verschlüsselte Nachricht ansehen; man spricht auch von der „Kryptographie der öffentlichen Schlüssel", der „public key cryptography".

Der mathematische Anteil – eben wurde etwas vage von der „Manipulation einer Zahl unter Verwendung von n" gesprochen – beruht auf dem im vorigen

Beitrag angesprochenen Rechnen modulo einer Zahl. Es ist auch für Mathematiker sehr erstaunlich, dass diese Rechenmethode aus der Zahlentheorie heute täglich millionenfach bei der Übermittlung vertraulicher Informationen z.b. im Internet eine Rolle spielt.

Verschlüsseln mit dem RSA-Verfahren

Um etwas genauer zu verstehen, was es mit der „Kryptographie der öffentlichen Schlüssel" (also der *public key cryptography*) auf sich hat, muss man einige Begriffe und Ergebnisse kennen. In Grundzügen funktioniert das so genannte RSA-Verfahren[24] wie folgt.

Grundlagen

Da geht es eigentlich nur um das „modulo"-Rechnen, das im Beitrag 22 erläutert wurde. Man sollte also wissen, warum die Gleichung $211 \bmod 100 = 11$ richtig ist[25]. Und wenn man einen Rechner hat, kann man sich auch davon überzeugen, dass

$$265252859812191058636308480479023 \bmod 1459001 = 897362$$

stimmt.

Fakten

In Beitrag 22 wurde schon auf eine überraschende Tatsache hingewiesen: Ist n eine Primzahl und k eine weitere Zahl, die zwischen 1 und n liegt, so gilt immer

$$k^{n-1} \bmod n = 1.$$

Mathematiker nennen diese Formel den „kleinen Satz von Fermat[26]". Nimmt man beide Seiten der Gleichung noch einmal mit k mal, so erhält man

$$k^n \bmod n = k.$$

Den Beweis wollen wir hier nicht angeben, wir wollen das Ergebnis einfach als Baustein weiter verwenden.

Zur Illustration nur ein Zahlenbeispiel: Ist $n = 7$ und $k = 3$, so ist $k^n = 3^7 = 2187$. Und es gilt wirklich $2187 \bmod 7 = 3$.

---

[24] Benannt ist es nach den Mathematikern Rivest, Shamir und Adleman, die es im Jahr 1977 vorschlugen.

[25] Dabei ist $211 \bmod 10 = 11$ die Abkürzung dafür, dass 211 modulo 100 gleich 11 ist. Diese etwas kompaktere Schreibweise wird im Folgenden meist verwendet.

[26] Unter dem „großen Satz von Fermat" versteht man das weit schwierigere Problem zu entscheiden, ob es ganzzahlige Lösungen der Gleichung $a^n + b^n = c^n$ im Fall $n > 2$ geben kann; siehe Beitrag 89.

Gebraucht wird aber eine Verallgemeinerung für Zahlen, die eventuell keine Primzahlen sind, sie wurde erstmals von dem Mathematiker Leonhard Euler (1707 bis 1783) bewiesen. Um sie formulieren zu können, muss man wissen, was der Begriff „teilerfremd" besagt: Zwei Zahlen m und n heißen teilerfremd, wenn es außer der 1 keine Zahl gibt, die sowohl Teiler von m als auch von n ist. So sind zum Beispiel 15 und 32 teilerfremd, die Zahlen 15 und 12 sind es aber nicht (denn beide haben den Teiler 3).

Ist dann n eine Zahl, so bezeichnet man mit $\phi(n)$ (gesprochen „fi von n") die Anzahl derjenigen Zahlen zwischen 1 und n, die zu n teilerfremd sind. Ist etwa $n = 22$, so sind die Zahlen $1, 3, 5, 7, 9, 13, 15, 17, 19, 21$ teilerfremd zu n, und deswegen ist $\phi(22) = 10$. Eulers Ergebnis besagt dann: Ist k zu n teilerfremd, so ist

$$k^{\phi(n)} \bmod n = 1.$$

Als „Test" betrachten wir $n = 22$ und $k = 13$. Es ist

$$k^{\phi(n)} = 13^{10} = 137858491849,$$

und 137858491849 modulo 22 ist wirklich gleich 1.

(Wer lieber ein Beispiel hätte, bei dem man auch im Kopf noch mitrechen kann, könnte $n = 6$ und $k = 5$ wählen. Es ist $\phi(6) = 2$, und $5^2 \bmod 6$ ergibt wirklich 1.)

Man sollte noch bemerken, dass der kleine Satz von Fermat als Spezialfall aufgefasst werden kann. Ist nämlich p eine Primzahl, so kann es keine gemeinsamen Teiler von p mit irgendeiner kleineren Zahl geben (da p ja keine echten Teiler hat). Deswegen sind *alle* Zahlen $1, 2, \ldots, p-1$ zu p teilerfremd, d.h. es gilt $\phi(p) = p - 1$. Damit geht der Satz von Euler in diesem Fall in den „kleinen Satz von Fermat" über.

Das RSA-Verfahren

Zu Beginn sucht man sich zwei verschiedene große Primzahlen p und q und rechnet das Produkt $n = p \cdot q$ aus. („Groß" bedeutet hier, dass p und q einige hundert Stellen haben sollten.) Zwischen 1 und n sind nur die Vielfachen von p und q *nicht* zu n teilerfremd, da p und q Primzahlen sind, und deswegen ist $\phi(n) = (p-1) \cdot (q-1)$.

Ein Beispiel: Im Fall $p = 3$ und $q = 5$ ist $n = 15$. Teilerfremd zu n sind die Zahlen

$$1, 2, 4, 7, 8, 11, 13, 14,$$

also genau $8 = (3 - 1) \cdot (5 - 1)$ Zahlen.

Dann braucht man noch zwei Zahlen k und l, so dass $k \cdot l$ genau gleich 1 modulo $\phi(n)$ ist.

Damit ist die Vorbereitungsphase abgeschlossen. p, q und l kommen in den Panzerschrank, und n und k werden im Branchenfernsprechbuch abgedruckt. Wer mir nun eine Nachricht schicken will, soll sie zunächst in eine lange Zahlenreihe übersetzen, indem etwa der ASCII-Code verwendet wird. Daraus werden Blöcke gebildet, die – zum Beispiel – jeweils die Länge 50 haben. Und nun kann das Verschlüsseln beginnen. Ist ein Block durch eine Zahl m dargestellt, so muss $m^k \bmod n$ ausgerechnet werden (das Ergebnis wollen wir r nennen). Das geht, da ja n und k bekannt sind. Man macht das für alle Blöcke und schickt mir die Ergebnisse (also die Zahlen r). Dabei kann jeder, der Lust hat, mitlesen.

Das Entschlüsseln geht dann so. Der Panzerschrank wird geöffnet, und mit den darin enthaltenen Informationen (also mit p, q und l) kann $r^l \bmod n$ berechnet werden. Nun ist $r^l = (m^k)^l = m^{kl}$, und $k \cdot l$ ist 1 modulo $\phi(n)$. Es gibt also eine ganze Zahl s, so dass $k \cdot l = s \cdot \phi(n) + 1$ gilt. Es folgt

$$
\begin{aligned}
r^l \bmod n &= m^{kl} \bmod n \\
&= m^{s\phi(n)+1} \bmod n \\
&= m \cdot (m^{\phi(n)})^s \bmod n.
\end{aligned}
$$

Aufgrund des Satzes von Euler ist aber $m^{\phi(n)}$ (und damit auch die s-te Potenz dieser Zahl) gleich 1 modulo n. Zusammen heißt das, dass

$$
r^l \bmod n = m \bmod n = m;
$$

dabei gilt das letzte Gleichheitszeichen, weil $m < n$ ist. Man kann also wirklich das m aus dem öffentlich übertragenen r rekonstruieren.

Aber dazu ist wirklich nur der in der Lage, der $\phi(n)$ kennt, also $(p-1)(q-1)$. Wer p und q aus n ermitteln könnte, hätte das Problem gelöst. Und das ist der Grund, warum der Frage der Faktorisierung so viel Aufmerksamkeit geschenkt wird[27].

Hier noch ein *konkretes Beispiel mit kleinen Zahlen* (die bei ernsthaften Anwendungen auftretenden sind viel größer). Wir haben uns zu $p = 47$ und $q = 59$ entschlossen, veröffentlicht wird dann $n = 47 \cdot 59 = 2773$. Dann sind noch k und l zu finden, unsere Wahl fällt auf $k = 17$ und $l = 157$. Da $\phi(n)$ gleich $46 \cdot 58 = 2668$ und da $17 \cdot 157 = 2669$ und damit gleich 1 modulo $\phi(n)$ ist, sind diese Zahlen wirklich geeignet. Die Zahlen 2773 und 17 werden allen mitgeteilt, aber 47, 59 und 157 sind streng geheim.

Nun soll verschlüsselt werden. Mal angenommen, jemand möchte mir die Zahl 1115 übermitteln. Er lässt seinen Computer die Zahl $1115^{17} \bmod 2773$ berechnen, das Ergebnis ist 1379. Das schreibt er auf eine Postkarte, am nächsten Tag finde ich sie im Briefkasten. Nun rechnet *mein* Computer $1379^{157} \bmod 2773$ aus. Sein Ergebnis liegt nach wenigen Millisekunden vor: 1115. Spione, die die Postkarte heimlich kopiert haben, hätten das aber nicht herausbekommen.

---

[27] Siehe zum Beispiel Beitrag 43.

24. Bezaubernde Mathematik: Ordnung im Chaos

Ordnung im Chaos: Das könnte das Motto des mathematischen Zaubertricks sein, den ich Ihnen in diesem Beitrag vorstellen möchte. Sie brauchen ein Kartenspiel, das gleich viele rote und schwarze Karten enthält; ein Skatspiel hat eine brauchbare Größe für unsere Zwecke. In einem Vorbereitungsschritt ordnen Sie die Karten so, dass sich die Farben immer abwechseln, das sollte jedoch keiner mitbekommen.

Abbildung 21: So sollen die Karten vorbereitet sein

Und nun wird auf dieses Kartenspiel dreimal der Zufall losgelassen. Im ersten Schritt teilt jemand den Stapel irgendwo ungefähr in der Mitte, im zweiten mischt ein anderer die beiden Stapel möglichst gekonnt mit einem „riffle shuffle" ineinander: Das ist die Mischmethode, die man manchmal in Filmen bei Berufsspielern sieht, die Karten schnurren, von links und rechts kommend, auf einen gemeinsamen Stapel. Und schließlich soll eine dritte Person das leicht aufgefächerte Spiel an irgendeiner Stelle abheben, bei der zwei Karten der gleichen Farbe getrennt werden.

Abbildung 22: Abheben, „shuffeln" und noch einmal abheben lassen ...

Die Teilstapel werden übereinander gelegt und Ihnen übergeben. Naive Gemüter könnten meinen, dass durch die drei Zufallsprozesse ein chaotisches Durcheinander entstanden ist, über das sich nichts Sinnvolles aussagen lässt. Das sieht auf den ersten Blick auch wirklich so aus, es gibt aber ein bemerkenswertes Phänomen: Es ist nämlich so, dass Karte 1 und 2 genauso wie Karte 3 und 4 usw. jeweils verschiedene Farben haben. Das können Sie als Zauberer nutzen, indem Sie den Kartenstapel unter einem Tuch oder unter dem Tisch verschwinden lassen, dann recht angestrengt tun, Zaubersprüche murmeln oder was Ihnen sonst noch so einfällt und dann entgegen aller Wahrscheinlichkeit viele Kartenpaare mit verschiedenen Farben dadurch hervorzaubern, dass Sie einfach den Stapel von oben nach unten abarbeiten.

Abbildung 23: ... und nun noch pärchenweise präsentieren

Der mathematische Hintergrund ist interessant: Das paarweise Zusammenliegen nach dreimaliger Zufallseinwirkung kann mit kombinatorischen Methoden bewiesen werden, Mathematiker sprechen von einer „Invariante". Der Zauberer Gilbreath, der den Trick zu Beginn des vorigen Jahrhunderts erfand, wird ihn allerdings wahrscheinlich eher durch Versuch und Irrtum entdeckt haben.

Eine Variante des Tricks

Für alle, die den Trick vorführen wollen, soll hier noch eine *Variante* beschrieben werden. Das Original verläuft doch nach dem Schema:

- Kartenspiel präparieren (Anzahl gerade, Farben abwechselnd).

- Abheben lassen, dann mit einem „riffle shuffle" die beiden Stapel zusammen-mischen.

- Den Stapel an einer Stelle abheben lassen, an der zwei gleiche Karten zusam-menliegen, Teilstapel übereinander legen.

Dann findet man in jedem Pärchen (Karte 1 und Karte 2, Karte 3 und Karte 4 usw.) zwei Karten verschiedener Farbe.

Hier die Variante. Der Kartenstapel wird genauso wie im Original vorbereitet, und es wird auch einmal abgehoben. Achtung: Nun müssen Sie irgendwie herausbe-kommen, ob die in den Teilstapeln jeweils unten liegenden Karten die gleiche Farbe haben oder nicht. Das kann man bei der Übergabe an den „Mischer" einrichten.

Der nächste Schritt ist wieder wie vorher: Die Teilstapel werden ineinander „geshuffelt". Und nun können Sie schon loslegen, es muss *nicht* noch einmal abge-hoben werden.

> Der Vorteil gegenüber der ersten Variante besteht darin, dass man niemanden in den leicht aufgefächerten Stapel hineinsehen lassen muss: Es muss ja an einer Stelle abgehoben werden, an der zwei gleiche Farben zusammenliegen.

So kann niemandem auffallen, dass die Farben Rot und Schwarz wesentlich regelmäßiger verteilt sind, als es bei einem wirklich gut durchgemischten Spiel der Fall wäre.

Fall 1: Die untenliegenden Karten hatten verschiedene Farben. Dann brauchen Sie sich nicht umzustellen. Garantiert findet man in jedem der Pärchen „Karte 1 und Karte 2", „Karte 3 und Karte 4" usw. zwei verschiedene Farben.

Fall 2: Die unten liegen Karten waren beide rot oder beide schwarz. Jetzt ist es ein kleines bisschen komplizierter. Legen Sie unter Murmeln einer Zauberformel die oberste Karte ganz nach unten. Danach sind wieder in allen Pärchen jeweils eine rote und eine schwarze Karte enthalten. Natürlich können Sie sich die Aktion mit der obersten Karte auch sparen. Dann sollten Sie allerdings beim ersten Hervorzaubern eines Pärchens die oberste und die unterste Karte ziehen, danach geht es so wie immer weiter. Viel Erfolg!

Und wo ist da die Mathematik? Die garantiert Ihnen, dass Sie sich nicht blamieren. Man kann *beweisen*, dass es wirklich so ist wie hier beschrieben. Auf die Darstellung der dafür erforderlichen ziemlich verzwickten Theorie muss allerdings hier verzichtet werden.

Hier noch ein *Nachtrag* für die dritte Auflage: Wer sich für das Thema „Zaubertricks mit mathematischem Hintergrund" interessiert, sollte die – überwiegend in Englisch verfasste – Internetseite www.mathematics-in-europe.eu ansteuern (die vom Autor dieses Buches aufgebaut wurde). Unter Verschiedenes/Mathematical magical tricks findet man viele Anregungen.

25. Wie nähert man sich einem Genie?

Wie nähert man sich einer Ausnahmeerscheinung? Carl Friedrich Gauß, der von 1777 bis 1855 lebte, wird von vielen als der bedeutendste Mathematiker eingeschätzt, der jemals gelebt hat. Zu DM-Zeiten wurde er als deutsches Kulturgut angesehen. Der Zehnmarkschein war ihm gewidmet, einige seiner Leistungen waren graphisch umgesetzt. Zum Beispiel gab es die berühmte Glockenkurve zu sehen, dadurch sollten seine Verdienste um die Wahrscheinlichkeitsrechnung gewürdigt werden.

Kaum ein heute lebender Fachmann kann wohl von sich behaupten, das Phänomen Gauß verstanden zu haben. Seine Veröffentlichungen setzten Standards für viele Jahrzehnte, bemerkenswert ist auch die Tatsache, dass er viele seiner Erkenntnisse ausdrücklich für sich behielt. Teilweise, weil er die Aufnahmefähigkeit seiner Zeitgenossen für zu niedrig hielt, teilweise auch, weil ihm manche Resultate, die heute als wesentlicher Fortschritt angesehen werden, als zu wenig bemerkenswert vorkamen.

Abbildung 24: Der Brocken im Harz

So meinte er – sicher zu Recht –, dass die Zeit noch nicht reif für die nichteuklidische Geometrie war. Mathematiker (und auch Philosophen wie zum Beispiel Kant) hatten sich im Laufe der Jahrtausende daran gewöhnt, dass es nur eine einzige Art von Geometrie geben könnte, nämlich die, die schon Euklid vor 2500 Jahren beschrieben hat: Im Dreieck ist die Winkelsumme 180 Grad, es gibt zu jeder Geraden parallele Geraden usw. Gauß erkannte, dass das nur eine unter vielen möglichen Geometrien darstellt. Er prüfte im Jahr 1821 durch eine Messung nach, dass in unserer Welt tatsächlich die euklidische Geometrie gilt, jedenfalls innerhalb der Fehlertoleranz. Die Ecken des von ihm vermessenen Dreiecks waren die Gipfel der Berge Brocken (Harz), Inselsberg (Thüringer Wald) und Hoher Hagen (bei Göttingen).

Erst viel später setzte sich die Einsicht durch, dass man auch nichteuklidische Varianten der Geometrie zur Naturbeschreibung – etwa in der allgemeinen Relativitätstheorie – benötigt[28].

Man wird Gauß nicht gerecht, wenn man ihn nur als Mathematiker sieht. Berühmt sind auch seine Leistungen in der Physik zum Magnetismus und in der Astronomie: Er verwendete völlig neue mathematische Methoden, um Bahnberechnungen von Himmelskörpern durchzuführen. Die Vorhersage der Position des Planetoiden Ceres machte ihn schon in jungen Jahren in Fachkreisen berühmt.

Seine Bedeutung spiegelt sich auch darin wider, dass man dem Namen auch heute noch oft begegnet. Erst kürzlich wurde einer der höchsten mathematischen Preise von der Internationalen Mathematikerorganisation nach Gauß benannt, und die prestigeträchtigste Veranstaltung der Deutschen Mathematiker-Vereinigung ist – natürlich – die Gauß-Vorlesung, die reihum in verschiedenen Universitätsstädten stattfindet.

Das 17-Eck

Im zarten Alter von 19 Jahren hat Gauß einen bemerkenswerten Zusammenhang zwischen Zahlentheorie und Geometrie entdeckt. Es geht um die Konstruktion von Figuren, die n gleich lange Seiten haben und für die der Winkel zwischen je zwei Seiten immer gleich groß ist[29].Für die Konstruktion dürfen nur ein Zirkel und ein Lineal verwendet werden.

Wer in der Schule etwas Geometrie hatte, erinnert sich vielleicht, dass das für $n = 3$ ganz einfach ist. Für ein gleichseitiges Dreieck muss man nur eine Strecke zeichnen, den Zirkel auf diese Länge einstellen und dann zwei Kreise mit diesem Radius um die Eckpunkte der Strecke zeichnen. Da, wo sich die Kreise schneiden, kann der dritte, noch fehlende Punkt des Dreiecks eingezeichnet werden. Auch der Fall $n = 4$ – dann handelt es sich um ein Quadrat – ist nicht schwierig, denn man kann ja rechte Winkel konstruieren. Wie sieht es aber mit größeren Eckenanzahlen aus?

Schon in der Antike wusste man, dass es mit Fünfecken und Sechsecken auch geht. Klappt es vielleicht für alle n? Nein! Dank Gauß kennt man die fraglichen n ganz genau. Um die zu finden, sucht man zunächst Primzahlen, die man als Zweierpotenz plus Eins schreiben kann. Solche Primzahlen heißen *Fermatsche Primzahlen*. Die größte heute bekannte Fermatsche Primzahl ist $65\,537$, einfachere Beispiele sind $5 = 2^2 + 1$ oder $17 = 2^4 + 1$. Ist dann n eine Fermat-Primzahl oder das Produkt

---

[28] Mehr zum Thema „nichteuklidische Geometrien" findet man in Beitrag 80.

[29] Mathematiker sprechen von *regulären n-Ecken*.

verschiedener solcher Primzahlen (das noch mit einer beliebigen Zweierpotenz multipliziert werden darf), so ist unser Problem für dieses n lösbar. Und für andere Zahlen klappt es nicht. Zum Beispiel kann man die Zahl 7 nicht auf diese Weise schreiben, und deswegen kann niemand ein regelmäßiges 7-Eck mit Zirkel und Lineal erzeugen. (So ungefähr geht es natürlich immer, aber das ist für Mathematiker erst in zweiter Linie interessant.) Gauß hatte sich schon in sehr jungen Jahren intensiv mit dem 17-Eck auseinandergesetzt und die entsprechende Konstruktionsvorschrift angegeben.

Abbildung 25: Ein 17-Eck

Der Lehrerschreck

Wie bei anderen Größen der Geistesgeschichte sind auch über Gauß zahlreiche *Anekdoten* überliefert. Sie sind gut geeignet, um Charakteristisches zu verdeutlichen, auch wenn der Wahrheitsgehalt meist nicht verbürgt ist. Hier die bekannteste (in der Hoffnung, dass sie wenigstens für einige Leserinnen und Leser neu ist):

Gauß war erst wenige Wochen in der Schule, als die Klasse in einer Stillbeschäftigungs-Stunde die ersten 100 Zahlen zusammenzählen sollte: Welcher Wert ergibt sich für $1 + 2 + \cdots + 100$?

Schon nach kurzer Zeit meldete Gauß dem Lehrer das richtige Ergebnis 5050. Statt wie alle anderen eine recht unübersichtliche Additionsaufgabe zu lösen, hatte er in Gedanken die Summanden geschickt zusammengefasst: Statt $1 + 2 + \cdots + 100$ rechnete er

$$(1 + 100) + (2 + 99) + \cdots + (50 + 51).$$

Das ist deswegen vorteilhaft, weil nun jeder der Klammerausdrücke den gleichen Wert, nämlich 101, hat. So blieb nur noch, 101 mit der Anzahl der Summanden (es sind 50) zu multiplizieren, und so ergibt sich wirklich $50 \cdot 101 = 5050$ als gesuchter Wert.

Wie in anderen Bereichen der Mathematik auch und wie im „wirklichen Leben" ist es auch in diesem Beispiel nur eine Frage des Standpunkts, ob ein Problem leicht lösbar ist oder nicht.

26. Von Halbtönen und zwölften Wurzeln

Es gibt das hartnäckige Vorurteil, dass Mathematiker einen besonderen Draht zur Musik haben. Das wird durch eine Blitzumfrage am Mathematischen Institut nicht bestätigt, es ist wahrscheinlich nicht wesentlich anders als zum Beispiel bei Ärzten oder Rechtsanwälten. Richtig ist allerdings, dass es einige bemerkenswerte Zusammenhänge zwischen beiden Gebieten gibt.

Schon Pythagoras fiel vor fast 2500 Jahren auf, dass sich der Zusammenklang zweier Töne dann besonders angenehm anhört, wenn die Schwingungen in einem einfachen mathematischen Verhältnis zueinander stehen: Zum Beispiel verhalten sich die Schwingungszahlen der Teiltöne bei einer Oktave wie 1 zu 2 und bei einer Quinte wie 2 zu 3. Die Pythagoräer bauten eine ganze Tonleiter auf dieser Idee auf, es ist immer noch ein Geheimnis, wie es – übrigens in allen Kulturen – zu einer Beziehung zwischen einfachen mathematischen Verhältnissen und dem Hörgenuss kommt.

Leider gibt es bei der pythagoräischen Tonleiter und verwandten Versuchen einen entscheidenden Nachteil: Wenn man einen Tonleiterton zum Zweck einer Modulation als neuen Grundton deklariert, so passt die neue Tonleiter nicht hundertprozentig mit den schon vorhandenen Tönen zusammen.

Aus dieser Not wurde die Idee geboren, die Oktave auf wahrhaft demokratische Weise in zwölf gleichberechtigte Teiltöne zu unterteilen. Von einem Halbton zum nächsten erhöht sich die Schwingungszahl damit um die zwölfte Wurzel aus Zwei, also um den Faktor 1.059463094. So entstand vor 300 Jahren die chromatische Tonleiter[30], Johann Sebastian Bach hat im „Wohltemperierten Klavier" gezeigt, welche phantastischen Modulationsmöglichkeiten sich dadurch ergeben.

Damit sind die gegenseitigen Beziehungen noch längst nicht ausgeschöpft. So verwenden Xenakis und viele andere Komponisten mathematische Methoden bei ihren Kompositionen, auch kann man die Struktur vieler Werke besonders der zeitgenössischen Musik bemerkenswert gut unter Verwendung mathematischer Begriffe beschreiben.

Bei aller Hochschätzung der Mathematik bleibt allerdings festzustellen, dass es wohl niemals möglich sein wird, unsere Empfindungen beim Hören einer Schubertsonate oder unseres Lieblings-Popsongs auf Mathematisches zurückzuführen.

Pythagoräisch vs. chromatisch

Warum tauchen hier plötzlich zwölfte Wurzeln auf? Mal angenommen, die Oktave soll in n Teile unterteilt werden, wobei n eine beliebige Zahl ist. Als Gitarrenbauer müsste man dann n Bünde auf dem Hals bis zur Mitte der Saite vorsehen, wobei der letzte genau in der Saitenmitte einzulassen wäre. Wenn alle auftretenden Intervalle gleichberechtigt sein sollen, so muss das Schwingungsverhältnis zwischen

---

[30] Die Bezeichnung ist in der Musikliteratur nicht einheitlich. Man findet auch oft den Namen „temperierte Stimmung".

erstem Ton und leerer Saite das gleiche sein wie zwischen zweitem und erstem Ton usw. Bezeichnet man dieses Schwingungsverhältnis mit x, so ist alles leicht zu berechnen. Werden nämlich zwei Töne gleichzeitig erzeugt[31] und sind die k Halbtöne auseinander, so ist das Schwingungsverhältnis x^k. Insbesondere soll der n-te Ton mit der Oktave übereinstimmen, und das führt zur Bedingung $x^n = 2$. Im Beispiel der chromatischen Stimmung ist $n = 12$, und deswegen spielt die Gleichung $x^{12} = 2$ eine so wichtige Rolle. Die Lösung ist $x = 1.0594\ldots$

Abbildung 26: Chromatisch gestimmte Instrumente

Vom Cis zum C ist also der Quotient der Frequenzen gleich 1.059, der gleiche Wert ergibt sich für die Frequenzen, die zu D und Cis gehören usw. Daraus kann man auch – z.B. – das Frequenzverhältnis von D zu C berechnen:

D zu C gleich D zu Cis mal Cis zu C gleich $1.0594\ldots \cdot 1.0594\ldots$ gleich
$$1.12246\ldots$$

In der nachstehenden Tabelle sind die Frequenzverhältnisse für die pythagoräische und die chromatische Stimmung gegenübergestellt (C-Dur-Tonleiter):

	pythagoräisch	chromatisch
C	1	1
D	1.12500	1.12246
E	1.26563	1.25992
F	1.33333	1.33484
G	1.50000	1.49831
A	1.68750	1.68179
H	1.89844	1.88775
C	2	2

Die Frequenzverhältnisse sind fast identisch, ungeübte Ohren dürften kaum den Unterschied wahrnehmen. In der Unterhaltungsmusik gibt es praktisch nur noch die chromatische Stimmung, bei historischen Instrumenten wird dagegen versucht, sie so klingen zu lassen wie zu der Zeit, als die dafür komponierte Musik geschrieben wurde.

---

[31] Die müssten dann natürlich auf zwei verschiedenen, gleich gestimmten Gitarren gespielt werden.

27. Man steht immer in der falschen Schlange

In diesem Beitrag soll es wieder um Psychologie gehen: Kennen Sie das Gefühl, dass es an den anderen Kassen oder Postschaltern immer schneller geht als an der eigenen? Beruhigenderweise geht es allen so, und es ist auch ganz leicht erklärlich.

Stellen Sie sich vor, dass es – zum Beispiel bei der Post – fünf etwa gleich lange Warteschlangen gibt, in die Sie sich einreihen können. Dann ist die Wahrscheinlichkeit 1/5, also gleich 20 Prozent, dass Sie zufällig diejenige gewählt haben, bei der es wirklich am schnellsten geht. Oder anders ausgedrückt: Mit 80 Prozent Wahrscheinlichkeit werden Sie wieder einmal in der falschen Schlange gewartet haben. Und wenn Sie öfter in so einer Situation sind, stellt sich fast zwangsläufig der Eindruck ein, vom Schicksal schlecht behandelt zu werden.

Dass Erwartung und Wirklichkeit aufgrund eines ziemlich unzureichend in unseren Erbanlagen verschlüsselten Mathematikverständnisses mitunter weit auseinanderliegen, ist in dieser Kolumne schon mehrfach angesprochen worden: Zum Beispiel kann man sich exponentielles Wachstum eigentlich nicht gut vorstellen, und die optimale Lösung beim Ziegenproblem ist für viele intuitiv kaum nachvollziehbar.

Zum Ausgangsproblem ist noch zu ergänzen, dass das Warten seit langer Zeit systematisch erforscht wird. Die „Warteschlangentheorie" gehört zu den klassischen Teilgebieten der Wahrscheinlichkeitsrechnung.

Die Anwendungen sind vielfältig. Wenn man so ein Warteproblem ein für allemal verstanden hat, lässt es sich auf so unterschiedliche Situationen wie optimale Ampelschaltungen oder die günstigste Weiterleitung von Datenpaketen an einem Leitungsknotenpunkt einer Internetverbindung anwenden.

Warteschlangen

Die Theorie der Warteschlangen ist ein Teilgebiet der Wahrscheinlichkeitstheorie. Um ein typisches Ergebnis zu beschreiben, stellen wir uns ein Geschäft vor: Es kommen Kunden, die werden bedient und gehen dann wieder. Es könnte ein Restaurant sein, ein Schlüsseldienst in einem Kaufhaus usw.; in diesem Zusammenhang können wir auch die Besucher in einem Museum, in einer touristischen Sehenswürdigkeit oder Surfer auf einer Webseite als „Kunden" auffassen.

Es werden nun die folgenden Annahmen gemacht:

- Die Kunden kommen zufällig und einzeln. „Zufällig" soll dabei bedeuten, dass man eigentlich keine Voraussagen über die Ankunft des nächsten Kunden machen kann (der Fachausdruck ist „exponential verteilte Ankunftszeiten"). Auch ist nicht vorgesehen, dass die Kunden in Gruppen kommen[32]. Trotzdem soll als Erfahrungswert bekannt sein, in welchen Abständen Kunden zu erwarten sind: Im Mittel kommt alle K Sekunden ein Kunde.

---

[32] Das bedeutet für unsere touristischen Beispiele, dass wir nur Einzelreisende berücksichtigen.

- Wenn die Kunden das „Geschäft" betreten, werden sie sofort bedient (es sind also genügend viele Angestellte vorgesehen). Für die Aufenthaltsdauer im Geschäft gilt das Gleiche wie für die Ankunftszeiten: Sie sind nicht genauer vorhersehbar, es gibt aber einen Erfahrungs-Mittelwert, den wir hier mit L bezeichnen wollen: So viele Sekunden wird ein „Kunde" durchschnittlich bedient.

Je nach Situation werden diese Bedingungen nun mehr oder weniger gut erfüllt sein. Sie gelten sicher für ein großes Restaurant mit vielen Angestellten, falls gerade nicht zu viele Gäste da sind. Auch für eine sehenswerte historische Kirche in einer Fußgängerzone könnten unsere Annahmen in guter Näherung erfüllt sein. Die Parameter K und L sind noch frei. Für unsere Kirche bedeuten sie: Ein kleines K steht für viele Besucher, entsprechend besagt ein großes K, dass sich Touristen nur recht selten blicken lassen. Und L ist in diesem Beispiel ein Maß für die Attraktivität. Bei kleinem L schauen die Touristen im Mittel nur kurz herein, und ein großes L ist bei längeren Besuchszeiten zu erwarten (Petersdom!).

Das Problem besteht nun darin, eine Voraussage über die Auslastung zu treffen. Qualitativ ist das klar: Bei großem K und kleinem L werden im Mittel nur wenige „Kunden" da sein. Wünschenswert sind aber genauere Aussagen: Wie viele Sitzplätze für die Wartenden sollte der Schlüsseldienst vorhalten, wie viele Angestellte sind einzuplanen? Mit Hilfe der Wahrscheinlichkeitsrechnung sind solche Voraussagen möglich.

Das Ergebnis: Bezeichne mit λ den Quotienten L/K, so viele Kunden werden sich im Mittel gleichzeitig im Laden aufhalten. Und die Wahrscheinlichkeit, dass es zu einem bestimmten Zeitpunkt genau k Kunden sind, ist durch die Zahl

$$\frac{\lambda^k}{k!} e^{-\lambda}$$

gegeben. Dabei ist $k!$ die Abkürzung für das Produkt $1 \cdot 2 \cdots k$ („k Fakultät") und $e = 2.718 \ldots$ ist die Eulersche Zahl, die Basis der natürlichen Logarithmen[33].

Ein Beispiel: Es sei $K = 60$ und $L = 120$, im Mittel kommt alle 60 Sekunden ein Kunde, und er/sie bleibt im Mittel für 120 Sekunden. Es ist also $\lambda = 2$, und man kann die Wahrscheinlichkeiten dafür, dass sich genau k Kunden im Geschäft befinden, der folgenden Tabelle entnehmen:

k	0	1	2	3	4	5
Wahrscheinlichkeit	0.135	0.271	0.271	0.180	0.090	0.036

Wenn also vier Sitzplätze vorgesehen sind, wird es selten Situationen geben, in der Kunden stehen müssen: Die Wahrscheinlichkeit für höchstens vier Kunden ist nämlich $0.135 + 0.271 + 0.271 + 0.180 + 0.090 = 0.947$; nur mit $1 - 0.947$ (also etwas über fünf Prozent) Wahrscheinlichkeit werden es mehr sein.

---

[33] Mehr dazu findet man in Beitrag 42.

28. Die Null, eine zu Unrecht unterschätzte Zahl

Zahlen sind Abstraktionen. Eine Menge von fünf Birnen und eine Menge von fünf Äpfeln haben eine Eigenschaft gemeinsam, die man auch bei gewissen anderen Mengen – nämlich den anderen fünfelementigen – beobachten kann. So entsteht der Begriff „fünf", und es erweist sich als praktisch, dafür ein Symbol einzuführen. Das passiert in allen Kulturen, mit solchen einfachen Zahlen können auch schon Kinder im Vorschulalter umgehen.

Was aber ist mit der Null? Dass Mengen manchmal keine Elemente enthalten können, ist sicher nicht bemerkenswert, es hat aber viele Jahrhunderte gedauert, bis sich die Einsicht durchsetzte, dass man dafür auch ein eigenes Symbol verwenden sollte. In der römischen Zahlenschrift zum Beispiel gab es keine Null, dieses System ist zum Rechnen denkbar ungeeignet. Erst mit Hilfe der Null und der Verwendung eines Stellenwertsystems kann man auch größere Zahlen übersichtlich darstellen und bequem rechnen: Wer das kleine Einmaleins beherrscht und weiß, wie man einstellige Zahlen addiert und multipliziert, kann alle Rechnungen – auch mit sehr großen Zahlen – problemlos durchführen. Die Null spielt dabei eine fundamentale Rolle, bei der Darstellung der Zahl 702 etwa wird sie gebraucht um auszudrücken, dass keine Zehner auftreten. Und je mehr Nullen eine Zahl am Ende hat, umso mehr werden die ersten Ziffern aufgewertet: Die 1 in der Zahl 1000 bezeichnet viel mehr als die 1 in der 10.

Im Stellenwertsystem der Inder wurde die Null ursprünglich nur durch ein Sonderzeichen markiert. Es sollte ausgedrückt werden, dass es an dieser Stelle keine Einträge gab. (Das war weniger fehleranfällig, als gar nichts hinzuschreiben.) Kaplan formuliert es in seinem sehr lesenswerten Buch „Die Geschichte der Null"[34] so: „Die Null war genauso wenig eine Zahl wie ein Komma ein Buchstabe ist". Erst zu Beginn des 16. Jahrhunderts war die Null als „vollwertige" Zahl etabliert.

Für Mathematiker erschöpft sich die Bedeutung der Null nicht durch ihre Rolle bei Zahlendarstellungen. Es steckt mehr dahinter, sie ist eine der wichtigsten Zahlen. Das liegt an der unschuldigen Eigenschaft, dass die Addition einer Null das Ergebnis nicht verändert, man spricht von einem „neutralen Element". Im Bereich der Zahlen ist sie so etwas wie das Zentrum, sie steht in der Mitte zwischen den positiven und den negativen Zahlen.

So richtig ist die Null immer noch nicht etabliert. Spätestens im Jahr 2100 wird es lange vor Sylvester wieder eine Diskussion geben, wann denn nun das 22. Jahrhundert beginnt: Das liegt daran, ob man vereinbart, die Zeitrechnung bei 0 oder bei 1 beginnen zu lassen.

---

[34] Campus Verlag, 2000.

Wie findet man die große Unbekannte?

An einem einfachen Problem im Zusammenhang mit der Addition soll hier einmal demonstriert werden, wie die Eigenschaften der Null für das Rechnen ausgenutzt werden. Wir verlassen den Bereich der ganzen Zahlen, das sind die Zahlen

$$\ldots, -2, -1, 0, 1, 2, 3, \ldots,$$

dabei nicht. In einem *ersten Schritt* macht man sich klar, dass – wie oben schon erwähnt wurde – die Null ein Ergebnis nicht verändert. Egal, was für eine Zahl y ist, es gilt immer $y + 0 = y$. Dann, in einem *zweiten Schritt*, stellt man fest, dass man „immer wieder zur Null zurückkommt". Das soll bedeuten, dass man für jede Zahl y eine Zahl w so findet, dass $y + w = 0$ gilt. So kann man $w = -5$ wählen, wenn $y = 5$ vorgegeben ist, und für $y = -13$ ist $w = 13$ die geeignete Wahl. Üblicherweise schreibt man dann $-y$ für diese Zahl w und nennt w die „zu y (additiv) inverse Zahl". Eben haben wir uns davon überzeugt, dass $-(-13)$ gleich 13 ist. (Das ist übrigens der Hintergrund der Merkregel „Minus mal Minus gleich Plus".)

Damit ist man vorbereitet, Gleichungen auflösen zu können. Mal angenommen, man sucht eine Zahl x, so dass die Gleichung

$$x + 13 = 4299$$

gilt. Die unbekannte Zahl x kann dann so gefunden werden. Man addiert auf beiden Seiten der Gleichung -13, also die zu 13 inverse Zahl. Die Ausgangsgleichung wird dadurch zu

$$(x + 13) + (-13) = 4299 + (-13).$$

Die linke Seite kann man zunächst zu $x + \big(13 + (-13)\big)$ umformen: Das geht wegen des Assoziativgesetzes für die Addition[35]. Für $13 + (-13)$ darf man 0 einsetzen (so war ja das additiv inverse Element gerade gewählt worden), und statt $x + 0$ darf man – wegen der „neutralen" Eigenschaft der Null – einfach x schreiben. Zusammen heißt das, dass $x = 4299 + (-13)$ gelten muss, wofür man üblicherweise $4299 - 13$ schreibt. Das Ergebnis ist mit Grundschulmathematik leicht zu ermitteln: x ist als 4286 entlarvt.

Das sieht ein bisschen schwerfällig aus. Auch Mathematiker ziehen bei der Aufgabe $x + 13 = 4299$ sofort 13 auf beiden Seiten der Gleichung ab. Es sollte aber einmal klar gemacht werden, wo genau die Eigenschaften der Null beim Gleichungsauflösen wichtig werden.

---

[35] Vgl. Beitrag 20.

29. Kombiniere!

Die Kombinatorik ist ein altehrwürdiges Teilgebiet der Mathematik, sie spielt dort in vielen Bereichen eine wichtige Rolle. Es geht dabei zunächst ganz einfach um das Zählen von Möglichkeiten, meist tauchen gigantisch große Zahlen auf. Wie kann man zum Beispiel herausbekommen, auf wie viele Weisen Sie am nächsten Sonnabend auf einem Lottoschein sechs Kreuze machen können?

Dazu stellen wir uns vor, dass in einem Topf 49 Kugeln liegen, die von 1 bis 49 durchnummeriert und gut durchgemischt sind. Dann greifen Sie sechsmal in den Topf und kreuzen die entsprechende Zahl an.

Wie viele Möglichkeiten gibt es? Bei der ersten Kugel 49, dann nur noch 48, für das dritte Kreuz 47 usw. Insgesamt ergeben sich so $49 \cdot 48 \cdot 47 \cdot 46 \cdot 45 \cdot 44$ Fälle. Doch halt! Die führen nicht alle zu verschiedenen Lottotipps. Wenn nämlich jemand irgendwelche speziellen sechs Kugeln gezogen hat, so sind alle Ziehungen gleichwertig, bei denen die gleichen Zahlen in einer anderen Reihenfolge auftreten: $2, 3, 34, 23, 13, 19$ ergibt den gleichen Tipp wie $23, 2, 34, 3, 13, 19$. Nun kann man 6 Kugeln auf genau $6 \cdot 5 \cdot 4 \cdot 3 \cdot 2 \cdot 1$ Weisen anordnen. Für den ersten Platz gibt es nämlich 6 Möglichkeiten, für den zweiten noch 5 usw. Um zur richtigen Tipp-Anzahl zu kommen, muss deswegen $49 \cdot 48 \cdot 47 \cdot 46 \cdot 45 \cdot 44$ noch durch $6 \cdot 5 \cdot 4 \cdot 3 \cdot 2 \cdot 1$ geteilt werden, so entsteht die Zahl $13\,983\,816$, die in Beitrag 1 dieser Kolumne auch schon einmal vorkam.

Wenn man zählen kann, ist es auch möglich, Wahrscheinlichkeiten auszurechnen. Da nur eine von $13\,983\,816$ gleichwahrscheinlichen Möglichkeiten zum Lotto-Hauptgewinn führt, ist die Wahrscheinlichkeit für einen Sechser gleich $1/13\,983\,816$, das ist leider deprimierend wenig.

Im Laufe der Jahrhunderte hat sich eine unübersehbare Vielfalt von solchen kombinatorischen Zähl-Ergebnissen angesammelt. Mit manchen kann man auch als Laie in Berührung kommen. Wenn Sie zum Beispiel heute Abend eine Party veranstalten, die Damen ihre Namen auf eine Karte schreiben lassen und die Karten dann an die anwesenden Herren für ein Partyspiel verlosen, so sollten Sie sich nicht wundern, dass mit ziemlicher Sicherheit mindestens ein Paar zusammenkommt, das auch im täglichen Leben zusammengehört: Diese Wahrscheinlichkeit liegt nämlich bei etwa 63 Prozent.

Die vier Grundprobleme des Zählens

Beim Zählen geht es immer um die Anzahl von gewissen Auswahlen: Es werden k Elemente aus einer Gesamtheit von n Elementen ausgesucht. Bevor man anfängt, sind zwei Grundsatzentscheidungen zu treffen: Soll es bei den Auswahlen auf die *Reihenfolge* ankommen oder nicht? Und: Darf man ein Element *mehrfach auswählen*?

Je nachdem, wie die Antwort auf die beiden Fragen lautet, sind *vier Fälle* zu unterscheiden:

Fall 1: Reihenfolge wichtig, mehrfache Auswahl möglich.

Als Beispiel denke man an die Anzahl der vierbuchstabigen Wörter (die „Fourletterwords"). Die Reihenfolge ist wichtig, denn OTTO ist sicher ein anderes Wort als TOTO. Wiederholungen sind möglich, man möchte ja (wie bei OTTO) den gleichen Buchstaben eventuell mehrfach auftreten lassen.

Die Anzahl ist leicht zu bestimmen: In jedem der k Auswahlschritte hat man n Möglichkeiten, insgesamt also $n \cdot n \cdots n = n^k$. Im Buchstabenbeispiel ist $n = 26$ und $k = 4$, es gibt also

$$26^4 = 456\,976$$

vierbuchstabige Wörter. (Dabei sind *alle* Wörter gezählt, also nicht nur OTTO, sondern auch so sinnlose Kombinationen wie EXXY.)

Ein weiteres Beispiel: Wenn man viermal eine Ziffer aus den zehn Zahlen $0, 1, \ldots, 9$ auswählt, so erhält man die vierstelligen Zahlen. Klar, dass hier die Reihenfolge wichtig ist und dass die gleiche Ziffer mehrfach auftreten kann. Es ist $n = 10$ und $k = 4$, es gibt also $10^4 = 10\,000$ Möglichkeiten. (So viele verschiedene Geheimzahlen für Bankautomaten gibt es also. Das sind gar nicht so sehr viele, schon in jeder mittleren Stadt werden mindestens zwei Personen die gleiche Geheimzahl haben[36].)

Eine *Variante* dieses Zählproblems wird wichtig, wenn in den einzelnen Auswahlschritten verschiedene Mengen auftreten. Auf wie viele Weisen etwa kann man ein Menü zusammenstellen, wenn es 5 Vorspeisen, 7 Hauptgänge und 3 Desserts gibt? Die Antwort: Man muss nur das Produkt $5 \cdot 7 \cdot 3 = 105$ bilden, die Begründung ist genau so wie im vorstehenden behandelten Spezialfall.

Und damit ist auch klar, dass $2 \cdot 2 \cdot 2 \cdot 4 \cdot 14 = 448$ verschiedene Pax-Schränke bei IKEA aus den vorhandenen Bausteinen zusammengesetzt werden können.

Fall 2: Reihenfolge wichtig, mehrfache Auswahl nicht möglich.

Ein typisches Beispiel (mit $n = 20$ und $k = 11$) ist die Auswahl einer Fußballmannschaft aus 20 Schülern: Torwart, linker Verteidiger usw.

Die Reihenfolge der Auswahl ist wichtig, denn wenn der Torwart plötzlich den Mittelstürmer abgeben soll, würde es eine ganz andere Mannschaft. Und dass eine Mehrfachauswahl nicht möglich ist, ist auch klar: Die gleiche Person kann ja nicht gleichzeitig Torwart *und* Mittelstürmer sein.

Ganz analoge Zählprobleme gibt es bei der Auswahl des Leitungsgremiums eines Vereins: Vorsitzender, Stellvertreter, Schriftführer, Kassenwart. Die Reihenfolge ist wichtig, denn wenn Herr A den Vorsitzenden und Frau B den Kassenwart macht, gibt es eine andere Vereinspolitik als im umgekehrten Fall. Auch darf die gleiche

---

[36] Ein strenger Beweis dieser Aussage müsste sich das *Schubkastenprinzip* zunutze machen, das in Beitrag 62 etwas ausführlicher erläutert wird.

Person nicht zwei Ämter bekleiden, das bedeutet, dass eine Wiederholung bei der Auswahl nicht möglich ist.

Auch in diesem Fall ist die zugehörige Rechnung einfach: Beim ersten Wählen hat man noch n Möglichkeiten, dann $n-1$ (denn das zuerst gewählte Objekt steht ja nicht mehr zur Verfügung), danach $n-2$ usw.: so lange, bis k-mal gewählt wurde. Als Anzahl ergibt sich das Produkt der in jedem Schritt möglichen Auswahlen, also die Zahl

$$n \cdot (n-1) \cdots (n-k+1).$$

(Dadurch, dass der letzte Faktor gleich $n-k+1$ ist, stehen wirklich k Faktoren in diesem Produkt.)

Für unsere Fußballauswahl heißt das: Man kann

$$20 \cdot 19 \cdots (20-11+1) = 20 \cdot 19 \cdots \cdot 10 = 6\,704\,425\,728\,000,$$

also über 6 Billionen verschiedene Teams auswählen.

Und bei einem Verein, bei dem 8 Personen für den Vorstand kandidieren, gibt es theoretisch

$$8 \cdot 7 \cdot 6 \cdot 5 = 1680$$

verschiedene Leitungsgremien.

Fall 3: Reihenfolge unwichtig, mehrfache Auswahl nicht möglich.

Das ist sicher die am häufigsten auftretende Situation, zu ihr wurde die Anzahl schon im vorstehenden Beitrag in einem Spezialfall berechnet. Dort ging es um Lottozahlen („6 aus 49"), es ist leicht, weitere Beispiele zu finden:

- Wie viele Skatblätter gibt es? (10 aus 32.)

- Wie viele Verabschiedungen gibt es, wenn sich n Leute voneinander verabschieden? Doch sicher so viele, wie man zwei Personen aus einer Gesamtheit von n Personen auswählen kann. Es geht also um den Fall $k=2$.

- Sie haben $n=8$ ungelesene Bücher, und Sie wollen $k=4$ davon mit in den Urlaub nehmen. Wie viele Möglichkeiten der Auswahl gibt es?

Der Lösungsweg wurde für das Lottobeispiel schon angegeben, für allgemeine n und k lautet die gesuchte Anzahl

$$\frac{n \cdot (n-1) \cdots (n-k+1)}{1 \cdot 2 \cdots k}.$$

Dieser Ausdruck taucht oft in der Mathematik auf, und deswegen wurde ein eigenes Symbol dafür eingeführt:

$$\binom{n}{k} := \frac{n \cdot (n-1) \cdots (n-k+1)}{1 \cdot 2 \cdots k}.$$

Man sagt dazu „n über k" und spricht von „Binomialkoeffizienten".

Damit lassen sich die Zahlen aus den Beispielen berechnen: Es gibt 64 512 240 verschiedene Skatblätter, und wenn sich 20 Personen verabschieden, so sind genau $20 \cdot 19/1 \cdot 2 = 190$ Händedrücke/Umarmungen zu erwarten.

Fall 4: Reihenfolge unwichtig, mehrfache Auswahl möglich.

Das wird seltener benötigt. Für ein Beispiel stellen wir uns k Kugeln vor, die in n Schubladen verteilt werden sollen. „Ziehen" aus den n Zahlen soll dann zu der Entscheidung führen, wo die nächste Kugel unterzubringen ist. Die gleiche Schublade kann mehrere Kugeln aufnehmen, und das bedeutet, dass eine mehrfache Auswahl möglich ist. Und es ist egal, ob erst eine Kugel in Schublade 4 und dann eine in Schublade 2 kam oder umgekehrt. Die Anzahl der Möglichkeiten kann nur ziemlich trickreich gefunden werden, hier das Ergebnis: Sie ist gleich

$$\binom{n+k-1}{k}.$$

So gibt es

$$\binom{5+2-1}{2} = \binom{6}{2} = \frac{6 \cdot 5}{1 \cdot 2} = 15$$

Möglichkeiten, zwei Kugeln in fünf Schubladen unterzubringen, und sechs Kugeln kann man auf

$$\binom{10+6-1}{6} = \binom{15}{6} = \frac{15 \cdot 14 \cdot 13 \cdot 12 \cdot 11 \cdot 10}{6!} = 5005$$

verschiedene Arten in zehn Schubladen packen.

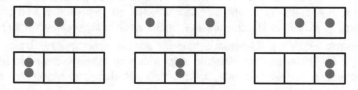

Abbildung 27: Zwei Kugeln in drei Schubladen: $\binom{3+2-1}{2} = \binom{4}{2} = 6$ Möglichkeiten

Es sollte noch bemerkt werden, dass dieses auf den ersten Blick recht akademische Problem zum Beispiel dann wichtig wird, wenn man in der Elementarteilchenphysik wissen möchte, auf wie viele Weisen k Elektronen auf n Schalen verteilt sein können.

30. Durch Selbststudium zum Genie: Der indische Mathematiker Ramanujan

Gibt es einen direkten Weg zur mathematischen Wahrheit? Einen Weg, der einen zur Einsicht führt, ohne dass man sich jahrelang ausgefeilte Techniken aneignen und sich durch verwickelte Beweise quälen muss? In Ausnahmefällen scheint das möglich zu sein, das sicher bekannteste Beispiel ist der indische Mathematiker Srinivasa Ramanujan (1887 bis 1920), von dessen dramatischem Leben hier kurz berichtet werden soll.

Abbildung 28: S. Ramanujan und G.H. Hardy

Aufgewachsen ist er im armen Süden Indiens. Die Anfangsgründe der Mathematik hat er sich selbst beigebracht, indem er eine Formelsammlung durcharbeitete, die ihm durch Zufall in die Hände gefallen war. Ohne fremde Hilfe entdeckte er sehr bemerkenswerte Ergebnisse aus der Zahlentheorie, die teilweise in Europa unter Fachleuten schon bekannt, zum größten Teil aber neu waren. Da er keinen Universitätsabschluss hatte, fand er keine seinen Fähigkeiten angemessene Anstellung. Er schlug sich irgendwie durch und verbrachte – bis zur physischen und psychischen Erschöpfung – jede freie Minute mit der Suche nach mathematischer Erkenntnis.

Nur durch glückliche Umstände kam er an die renommierte Universität von Cambridge: Er hatte brieflich Kontakt mit mehreren europäischen Mathematikern aufgenommen, nur einer erkannte, welche tiefen Wahrheiten hinter den mit vielen Formeln vollgeschriebenen Seiten verborgen waren. In Cambridge arbeitete er dann einige Jahre äußerst produktiv mit führenden Fachleuten zusammen. Von der Anstrengung und durch die Umstellung auf die fremden Lebensumstände gezeichnet wurde er krank und kehrte nach Indien zurück, wo er bald darauf starb.

Sein direkter Zugang zur Wahrheit wird immer geheimnisvoll bleiben, sein Schicksal ist aber auch aus anderen Gründen bemerkenswert. Man kann zum Beispiel darüber spekulieren, wie viele Ramanujans in dieser Welt nur deswegen unentdeckt bleiben, weil ihre Entwicklung wegen des Bildungssystems ihres Heimatlandes vom Zufall abhängt und sie eben Pech hatten.

Hätte Ramanujan heute bessere Chancen?

Es war ein Glücksfall für die Mathematikgeschichte, dass der englische Mathematiker G.H. Hardy (1877 bis 1947) erkannte, dass der recht wirre Brief, den er aus Indien erhielt, von einem Genie stammen musste. Andere Koryphäen hatten zwar auch Post von Ramanujan bekommen, sich aber wahrscheinlich gar nicht die Mühe gemacht, genauer hinzusehen.

Das hätte auch heutzutage passieren können. Mathematiker an Universitäten bekommen nämlich ziemlich häufig Briefe oder e-Mails mit angeblich brandaktuellen Neuigkeiten, die sich meist schon bei flüchtigem Hinsehen als falsch oder seit langem bekannt herausstellen. Besonders beliebt sind neue „Beweise" des Satzes von Fermat, der Quadratur des Kreises und des Goldbachproblems[37]. Immer, wirklich immer, enthalten die Argumente elementare Fehler. Die können allerdings gut versteckt sein, und es braucht stets eine Menge Energie, den Autor davon zu überzeugen, dass er keinen strengen Beweis geliefert hat. Und antwortet man gar nicht, muss man sich beschimpfen lassen: „Es ist ein Armutszeugnis für Sie und Ihre Universität, dass Sie nicht in der Lage sind, die Bedeutung dieser wichtigen Überlegungen einzusehen." Deswegen sind viele Institutionen – z.B. die französische Akademie – dazu übergegangen, solche Briefe grundsätzlich zu ignorieren.

Unterhalb des Fermat/Quadratur/Goldbach-Niveaus kommen aber manchmal tatsächlich sehr interessante Gedanken aus der nichtprofessionellen Mathematikwelt an. Ramanujans haben sich in den letzten Jahrzehnten zwar nicht gemeldet, immer wieder einmal aber kann man darüber staunen, welche originellen Ideen auch ohne systematische Ausbildung gefunden werden können.

> Hier ein Zitat von Ramanujan:
>
> *„An equation means nothing to me unless it expresses a thought of God."*
>
> („Eine Gleichung bedeutet für mich nur dann etwas, wenn sie einen Gedanken Gottes ausdrückt.")

---

[37] Vgl. die Beiträge 89, 33 und 49.

31. Ich hasse Mathematik, weil ...

Es ist ein offenes Geheimnis, dass die Mehrheit der Zeitgenossen den Mathematikunterricht ihrer Schulzeit in bemerkenswert schlechter Erinnerung hat. Schulanfänger sind noch Feuer und Flamme, die meisten rechnen mit Begeisterung, und es kann ihnen nicht schnell genug gehen, bis sie endlich bis Hundert zählen können. Das verliert sich leider, irgendwo zwischen Klasse 7 und 9 verändert sich das Ansehen der Mathematik, und danach gehört sie nur noch für eine kleine Minderheit zu den attraktiven Fächern.

Die Gründe sind sicher vielfältig. Ein wichtiger ist wahrscheinlich der, dass man in der Mathematik einige eher trockene Grundfertigkeiten beherrschen muss, um zu interessanteren Fragen vorzudringen. Das gibt es in anderen Lebensbereichen natürlich auch: Ohne Vokabeln und Grammatik kein französischer Roman, ohne Beherrschung der cis-Moll-Tonleiter keine Mondscheinsonate. Leider scheint aber im Fall der Mathematik die Gefahr besonders groß zu sein, beim Technischen stehen zu bleiben, also – um im Bilde zu bleiben – viel zu lange Tonleitern zu üben und zu selten zu erfahren, welche Musik man denn damit spielen kann.

Auch ist – oberhalb ganz elementaren Zahlenrechnens - nicht auf den ersten Blick zu sehen, warum einen die Beschäftigung mit der Mathematik befähigen kann, mit den Problemen dieser Welt besser fertig zu werden. Die Satirezeitschrift „Titanic" brachte einmal ein hübsches Beispiel für die vermeintliche Weltabgewandtheit des Faches: Wenn anderthalb Hühner in anderthalb Tagen anderthalb Eier legen, wie viele Eier legt dann ein Huhn pro Tag?

Sie, die Sie freiwillig diese Kolumne lesen, gehören wahrscheinlich nicht zu den besonders radikalen Mathematikhassern. Trotzdem wäre es interessant, einmal Meinungen zu sammeln, wie bei so vielen Mitbürgern eine abgrundtiefe Antipathie entstehen kann. Vorschläge, wie man das beheben kann, wären natürlich noch besser.

Mathematikhasser auf dem Rückzug?

Dieser Beitrag zu den „Fünf Minuten Mathematik" nimmt eine Sonderstellung ein, denn er motivierte besonders viele Leser, mir einen Kommentar zu schicken. Die Äußerungen sind statistisch sicher nicht aussagekräftig, da diejenigen, die sich gemeldet haben, bestimmt keinen repräsentativen Bevölkerungsquerschnitt darstellen. Trotzdem ist bemerkenswert, dass sich zwei Meinungen besonders häufig finden. Mathematik wird so wenig geliebt, weil

- die Lehrer das Fach *viel zu abgehoben* unterrichtet haben. Das Beweisen und der logische Aufbau wurden schon in viel zu frühen Klassenstufen in den Mittelpunkt gestellt, die Mehrzahl der Schüler wurde bewusst „abgehängt". In besonders bitterer Erinnerung blieben auch zynische Kommentare des Mathematiklehrers über den Leistungsstand der Klasse.

- in der Regel nicht klar gemacht wird, wozu das Ganze gut ist. Sehr häufig wurde darauf hingewiesen, dass ein Zusammenhang zwischen der Mathematik und der Lebenswirklichkeit der Schüler von den Lehrern nicht hergestellt wurde. Bestenfalls blieb die Erinnerung an eine intellektuelle Spielerei.

Es ist vielleicht etwas zu optimistisch, aber von der Tendenz her scheint das Ansehen der Mathematik etwas besser zu werden. Sie wird hin und wieder schon in der Werbung eingesetzt, und zwar nicht nur als dekoratives Element (schwierig!, anspruchsvoll!), sondern auch als Indikator für ein intellektuelles Ambiente. Auch hat man schon lange keinen Politiker oder Medienstar mehr gesehen, der sich damit brüstete, in Mathematik besonders schlecht gewesen zu sein. Viele arbeiten in Schulen und Universitäten daran, dass dieser Trend anhält.

Das haben wir dann davon:

Vier von drei Deutschen können nicht rechnen

(Aus der Werbung einer Privatschule)

... und so muss man sich die Antworten auf den Pisa-Fragebögen vorstellen:

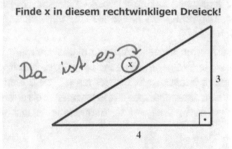

Finde x in diesem rechtwinkligen Dreieck!

Der Karikaturist Uli Stein hat das Thema auch aufgegriffen und die beiden folgenden Situationen in seinem Buch zur Pisadiskussion wunderbar illustriert:

> *Lehrer vor der Klasse:* Es ist zum verzweifeln, 80 Prozent von Euch haben das wieder nicht verstanden!
> *Ein Schüler empört:* Aber so viele sind wir doch gar nicht!

> *Pizzaverkäufer:* Soll ich Dir die Pizza in vier oder in acht Stücke schneiden?
> *Der Käufer, ein kleiner Junge:* Machen Sie vier, acht schaffe ich nie.

32. Der Handlungsreisende: der moderne Odysseus

Eine Firma hat in verschiedenen Städten Deutschlands Geschäftspartner. Nun soll ein Firmenvertreter mit dem Firmenwagen eine Rundreise machen, um ein neues Produkt überall vorzustellen. Wie sollte er fahren? Natürlich so, dass er überall vorbeikommt (und auch nur einmal) und dass die zurückgelegte Gesamtstrecke so klein wie möglich ist. Das Problem, solch eine optimale Route zu finden, ist das (unter Mathematikern) berühmte „Problem des Handlungsreisenden". Der Name suggeriert fälschlich, dass es sich um eine sehr spezielle Fragestellung handelt. Das ist nicht so, die gleiche Situation findet man bei sehr vielen Planungsproblemen (z.B. dann, wenn man eine Bohrmaschine zum Vorbereiten der Löcher in Leiterplatten optimal steuern möchte).

Naiv könnte man denken, dass die Sache doch ganz leicht ist, denn es gibt ja nur endlich viele Möglichkeiten: Man spielt im Geiste alle durch und findet irgendwann diejenige mit minimaler Gesamtlänge. Das ist zwar theoretisch richtig, doch ist die Anzahl der Reisemöglichkeiten so unermesslich groß, dass dieser Ansatz praktisch ausscheidet. Obwohl es für konkrete Handlungsreisende und die meisten ähnlichen für die Anwendungen wichtigen Planungsprobleme inzwischen brauchbare Verfahren gibt, optimale (oder wenigstens beinahe optimale) Routen in vertretbarer Zeit zu finden, bleibt eine grundsätzliche Frage: Wie schwierig ist das Problem wirklich? Fehlte in den bisherigen Mathematikergenerationen einfach nur die geniale Persönlichkeit, das explosionsartige Ansteigen der Schwierigkeit mit wachsender Städtezahl durch ein ausgeklügeltes Verfahren zu vermeiden? Oder wird das – mit Garantie – nie möglich sein?

Allen Handlungsreisenden dieser Welt kann das ziemlich egal sein, die Brisanz rührt eher daher, dass die Frage im Wesentlichen gleichwertig zur Lösbarkeit oder Unlösbarkeit einer ganzen Klasse von Problemen ist, zu denen auch solche gehören, welche die Sicherheit von Verschlüsselungssystemen betreffen. Und deswegen sind auch eine Million Dollar dafür ausgesetzt, hier endlich Klarheit zu schaffen.

Das P=NP-Problem

Mal angenommen, es geht um 50 Städte, die jeweiligen Abstände liegen als Tabelle vor. Da auch die Firma des Handlungsreisenden sparen muss, soll die Rundreise so kurz wie möglich ausfallen. Für die Rechnungsabteilung könnte daher die folgende Frage interessant sein:

Gibt es eine Rundreise, die höchstens 2000 km lang ist?

Bemerkenswert an dieser Frage sind die folgenden zwei Aspekte:

- Es ist völlig hoffnungslos, dieses Problem durch Nachprüfen aller Reiserouten lösen zu wollen. Für den Start hat man 50 Möglichkeiten, für die zweite Station 49, dann 48 usw. Insgesamt ergeben sich

$$50 \cdot 49 \cdots \cdots 2 \cdot 1 =$$

30414093201713378043612608166064768844377641568960512000000000000
verschiedene Reiserouten, das würde auch die schnellsten Computer überfordern.

- Mit Glück kann die Frage doch beantwortet werden. Man denkt sich ganz zufällig eine mögliche Route aus und berechnet die Länge der Reise. Und wenn das weniger als 2000 Kilometer sind, hat man die Frage beantwortet.

Anders ausgedrückt: Wir haben ein Problem vor uns, für das man mit (aberwitzig viel) Glück eine Lösung finden kann. Niemand erwartet, dass es auch ohne Glück schnell geht, dass also jemand ein Verfahren ersinnt, das Fragen wie die obige immer in „vernünftiger" Zeit entscheidet. Skandalöserweise konnte das bis heute nicht bewiesen werden. Fachleute sprechen vom „P=NP-Problem", dabei bedeutet die Abkürzung „P", dass es ein schnelles Verfahren gibt[38], und „NP" steht dafür, dass man mit viel Glück in vernünftiger Zeit ein Ergebnis präsentieren kann. Eine Million Dollar sind ausgelobt, die Frage „P=NP?" zu entscheiden[39].

Ein Beispiel

Im nachstehenden Beispiel wurden 20 Städte am Computer mit einem Zufallsalgorithmus erzeugt. Ein Routenvorschlag wurde mit dem in Beitrag 60 beschriebenen Verfahren des „simulated annealing" gefunden:

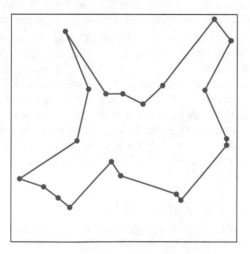

Abbildung 29: ... ein Reisevorschlag

---

[38] Genauer: Das Ergebnis soll in einer Zeit vorliegen, die durch ein Polynom in der Eingabelänge beschränkt ist.
[39] Mehr zu „P=NP?" findet man in Beitrag 57.

33. Die Quadratur des Kreises

Die „Quadratur des Kreises" ist in den allgemeinen Sprachgebrauch übergegangen, man bezeichnet damit die Bewältigung einer fast unlösbaren Aufgabe. Für Mathematiker verbirgt sich hinter diesen Worten eine spannende Geschichte, die viele während eines Zeitraums von über 2000 Jahren faszinierte.

Alles begann im alten Griechenland, dort wurde die Geometrie durch die „Elemente" des Euklid auf ein belastbares Fundament gestellt. Viel Energie wurde in die Frage investiert, welche Größen man aus vorgegebenen Längen oder Winkeln konstruieren kann, wenn man als Hilfsmittel nur einen Zirkel und ein Lineal verwenden darf; diese heute etwas willkürlich erscheinende Einschränkung hing damit zusammen, dass man Gerade und Kreis als besonders vollkommen einschätzte.

Viele von uns haben in der Schulzeit derartige Konstruktionen kennen gelernt: Man kann Winkel halbieren, regelmäßige Sechsecke zeichnen, rechtwinklige Dreiecke über gegebener Hypotenuse unter Verwendung des Thaleskreises finden und vieles mehr.

Ein Problem schien aber prinzipiell schwieriger zu sein: Wie konstruiert man eine Länge a, so dass ein Quadrat mit dieser Seitenlänge genau den gleichen Flächeninhalt hat wie ein Kreis mit gegebenem Radius? Das ist das Problem der *Quadratur des Kreises*, das über mehr als zwei Jahrtausende allen Bemühungen trotzte. Eine Lösung wurde erst im Jahr 1882 gefunden, sie kam bemerkenswerterweise nicht aus der Geometrie, wie von den meisten erwartet wurde, sondern aus der Algebra.

Die Algebraiker hatten nämlich die Zahlen im Laufe der Jahrhunderte sehr genau erforscht und festgestellt, dass es unter ihnen in einem präzisierbaren Sinn „einfache" und „schwierige" gibt. Es war lange bekannt, dass mit Zirkel und Lineal nur „einfache" Zahlen konstruiert werden können und dass die Quadratur des Kreises dann nicht möglich ist, wenn irgend jemand nachweisen kann, dass die Kreiszahl π „schwierig" ist. Das wurde von vielen in Angriff genommen, der Mathematiker Lindemann konnte es wirklich beweisen. Sein Name wird für alle Zeiten mit diesem Ergebnis verknüpft sein: Anders als manchmal im täglichen Leben ist in der Mathematik die Quadratur des Kreises wirklich unmöglich. (Genaueres findet man in den Ergänzungen zu Beitrag 48.)

Konstruktionen mit Zirkel und Lineal

Hier soll das Konstruieren etwas genauer unter die Lupe genommen werden. Gegeben sind also ein Blatt Papier, ein Zirkel und ein Lineal, und auf dem Papier ist eine Einheitsstrecke eingezeichnet. Es ist dann keine Kunst, eine Strecke der Länge Zwei zu konstruieren: Zeichne mit dem Lineal eine Gerade und trage darauf mit dem Zirkel zweimal die Einheitsstrecke ab. Mit der gleichen Idee sind die Zahlen $3, 4, 5, \ldots$, also alle natürlichen Zahlen zu konstruieren. Ebenso kann man auch aus schon bekannten Strecken deren Summe und – durch Abtragen in der anderen Richtung – die Differenz finden.

Nun kommen die Strahlensätze zum Einsatz. Wir betrachten zwei von einem Punkt ausgehende Strahlen, sie werden von zwei Parallelen geschnitten (siehe Bild).

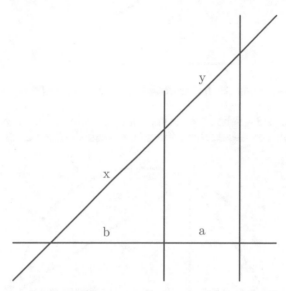

Abbildung 30: Dividieren mit den Strahlensätzen

Dann gilt aufgrund der Strahlensätze doch

$$\frac{x}{y} = \frac{b}{a}.$$

Wenn man es dann so einrichtet, dass y die Einheitsstrecke ist und a und b schon konstruierte Längen sind, so hat x die Länge b/a. Kurz: Mit je zwei konstruierbaren Längen ist auch der Quotient konstruierbar. Das gilt auch für das Produkt, denn man kann ja auch a als Einheitsstrecke wählen und b und y vorschreiben: Dann ist $x = b \cdot y$.

Fasst man die bisherigen Überlegungen zusammen, so kann man sagen, dass die Verknüpfung schon bekannter Strecken mit Hilfe der Symbole „$+$, $-$, $\cdot$, $:$" immer wieder zu konstruierbaren Strecken führt.

Es gibt aber noch weitere Möglichkeiten, denn man darf auch Wurzeln ziehen. Um das einzusehen, betrachten wir das folgende rechtwinklige Dreieck. Es ist bekannt, dass das Quadrat der Höhe das Produkt aus den Hypotenusenabschnitten ist: $h^2 = p \cdot q$.

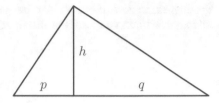

Abbildung 31: Im rechtwinkligen Dreieck ist $h^2 = p \cdot q$

Wenn also p und q schon konstruiert sind, so richte man es so ein, dass p und q gerade die Hypotenusenabschnitte in einem rechtwinkligen Dreieck sind.

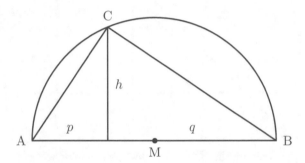

Abbildung 32: Wurzelziehen mit dem Satz von Thales

Das geht nach dem Satz von Thales, man muss nur den Halbkreis über einer Strecke AB mit der Länge $p + q$ mit der Senkrechten, die durch den Fußpunkt von h geht, schneiden. Am Schnittpunkt C der Senkrechten mit dem Halbkreis entsteht nach dem Satz von Thales der rechte Winkel ACB. Damit ist eine Zahl h so gefunden, dass $h^2 = p \cdot q$ gilt. Anders ausgedrückt: h ist die Wurzel aus $p \cdot q$. Wenn insbesondere p die Einheitsstrecke ist, haben wir so die Wurzel aus q konstruiert.

Wenn man alles, was wir bereits wissen, kombiniert, sind schon sehr komplizierte Zahlen konstruierbar: Alles, was man unter Verwendung der Symbole n, $+$, $-$, $\cdot$, $:$, $\sqrt{\cdot}$ aufschreiben kann (wobei n eine natürliche Zahl sein soll), zum Beispiel die Zahl

$$\sqrt{\frac{3 - \sqrt{2}}{5} + 6}\,.$$

Da die Wurzel der Wurzel die vierte Wurzel ist, machen auch vierte (und entsprechend achte, sechzehnte usw.) Wurzeln keine Schwierigkeit. Das Verfahren scheint beliebig komplizierte Zahlen produzieren zu können, warum sollte nicht die Zahl π dabei sein? Eventuell durch eine Kombination von n, $+$, $-$, $\cdot$, $:$, $\sqrt{\cdot}$, für die man zum Aufschreiben ein gigantisch großes Stück Papier braucht? Durch das Ergebnis von Lindemann ist das aber ausgeschlossen, denn alle konstruierten Zahlen sind wesentlich „einfacher" als die Kreiszahl π.

Konstruktionen: *nur* mit Zirkel und Lineal

Die Bedingung „nur mit Zirkel und Lineal" ist sehr genau zu lesen. Wenn man zum Beispiel zulässt, dass auf dem Lineal irgendwelche Markierungen angebracht sind, sieht alles schon ganz anders aus. Um den Unterschied zu illustrieren, soll gezeigt werden, wie man mit einem Lineal mit zwei Markierungen einen Winkel stets in drei gleiche Teile teilen kann. Unter Einhaltung der strengen Spielregeln (*nur* Zirkel und Lineal) ist das – wie man mit algebraischen Methoden streng beweisen kann – nicht möglich[40].

Um die Konstruktion zu erläutern, betrachten wir irgendeinen Winkel CBA. (Der ist im nachstehenden Bild zu sehen. Wie üblich werden Winkel durch drei Punkte definiert, der mittlere gibt die Position des Winkels an.)

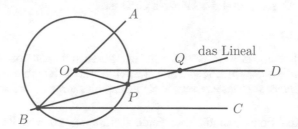

Abbildung 33: Eine Neusis-Konstruktion zur Dreiteilung des Winkels

Dieser Winkel soll in drei gleiche Teile zerlegt werden, und wir nehmen an, dass auf unserem Lineal zwei Markierungen P und Q angebracht sind. Als Erstes tragen wir die Länge PQ von B ausgehend auf dem Strahl BA ab. So entsteht der Punkt O, den wir als Mittelpunkt eines Kreises mit dem Radius PQ verwenden. Natürlich geht er durch B. Von O ausgehend, zeichnen wir eine Parallele zu BC. Das ergibt den Strahl OD.

Jetzt wird das Lineal eingesetzt. Wir legen es so, dass es erstens durch B geht, dass zweitens die Markierung P den Kreis trifft und drittens Q auf dem Strahl OD liegt (siehe Abbildung).

Im Grunde sind wir nun schon fertig. Wir behaupten, dass der Winkel POQ exakt ein Drittel des Ausgangswinkels CBA ist.

Für den Beweis wird es bequem sein, einen Namen für den Winkel POQ zu wählen: Wir wollen ihn α nennen. Zunächst stellen wir fest, dass auch der Winkel PQO gleich α ist. Im Dreieck OPQ sind nämlich die Seiten PO und PQ gleich lang

[40] Solche Konstruktionen – Zirkel und Lineal plus kleine Zusatzhilfen – wurden im 17. Jahrhundert unter dem Namen „Neusis-Konstruktionen" sehr intensiv untersucht.

(nämlich beide gleich dem Kreisradius), und deswegen müssen die Winkel an den gleichlangen Seiten übereinstimmen.

Da die Summe aller Winkel im Dreieck OPQ gleich 180 Grad ist und wir zwei Winkel schon kennen, erhalten wir für den Winkel OPQ den Wert $180 - 2\alpha$. So folgt, dass der Winkel OPB gleich 2α sein muss, denn die Winkel OPB und OPQ ergänzen sich zu 180 Grad.

Auch das Dreieck BPO ist gleichschenklig: OP und OB sind gleich dem Kreisradius. Wir schließen wie eben, dass deswegen auch der Winkel OBP den Wert 2α haben muss.

Als letzten Beweisschritt beachten wir, dass der Winkel QBC gleich α ist. Dieser Winkel muss nämlich mit dem Winkel OQB übereinstimmen; beide Winkel sind ja Gegenwinkel, die beim Schnitt einer Geraden (dem Lineal) mit zwei parallelen Linien (den Strahlen BC und OD) entstehen. Insgesamt heißt das wirklich, dass der Winkel OBC, die Summe der Winkel QBC und OBQ, den Wert 3α hat. Das bedeutet, dass der Winkel POQ ein Drittel des Winkels CBO ist.

Die Kubatur der Kugel

Die „Quadratur des Kreises" ist, wie wir gesehen haben, bei Einhaltung der Spielregeln unmöglich. Im allgemeinen Sprachgebrauch ist aber manchmal auch dann von der Quadratur des Kreises die Rede, wenn es um eine besonders schwierige Aufgabe geht.

Bei den Koalitionsverhandlungen Ende des Jahres 2005 wollte die designierte Bundeskanzlerin Angela Merkel noch eins draufsetzen und sagte gegenüber der Presse, dass die Verhandlungen noch schwieriger seien als die Quadratur des Kreises, etwa so schwierig wie die „Kubatur der Kugel". Es darf unterstellt werden, dass sie das Problem meinte, eine Kugel in einen Würfel mit gleichem Volumen zu verwandeln. Da eine Kugel mit Radius r das Volumen $4 \cdot \pi \cdot r^3/3$ hat und zu einem Würfel mit Kantenlänge l das Volumen l^3 gehört, muss

$$\frac{4}{3} \cdot \pi \cdot r^3 = l^3, \text{ d. h. } l = \sqrt[3]{\frac{4}{3}\pi \cdot r}$$

gelten. Anders ausgedrückt: Die Kubatur der Kugel verlangt die Konstruktion von $\sqrt[3]{4 \cdot \pi/3}$.

Wenn das möglich wäre, so könnte man mit den weiter oben beschriebenen Verfahren auch π konstruieren, und damit wäre die Quadratur des Kreises kein Problem.

Umgekehrt gilt das aber nicht, denn mit Zirkel und Lineal können im Allgemeinen keine dritten Wurzeln konstruiert werden.

Fazit: Angela Merkel hat Recht. Die Kubatur der Kugel ist echt schwieriger als die Quadratur des Kreises. (Wobei man allerdings darüber streiten kann, wie sinnvoll diese Aussage ist, denn Quadratur und Kubatur sind beide unmöglich.)

34. Der Schritt ins Unendliche

Wie kann man das Unendliche fassen? Wie beweist man zum Beispiel, dass beim Aufsummieren der ersten n Zahlen immer die Hälfte von $n \cdot (n+1)$ herauskommt? Testen wir zunächst, ob das wohl richtig sein kann, dazu nehmen wir als Beispiel die Zahl 4. Die Summe der ersten vier Zahlen, also $1+2+3+4$, ist gleich 10, und wenn wir in die Formel $n \cdot (n+1)/2$ für n die Zahl 4 einsetzen, kommt $4 \cdot (4+1)/2$, also ebenfalls 10 heraus. Statt mit 4 könnte man es noch mit anderen Zahlen testen, aber wie kann man sicher sein, dass es immer stimmt? Auch für 10 000-stellige Zahlen, auch für solche, die beim Aufschreiben alle in einem Jahr produzierte Druckerschwärze verbrauchen würden?

Sicher nicht dadurch, dass man ein systematisches Prüfungsverfahren startet, auch dann nicht, wenn man alle Computer dieser Welt mit einspannen würde: So käme man nicht einmal bis zu 20-stelligen Zahlen.

Aber wie dann? Mathematiker begründen die Richtigkeit dieser Aussage mit der Technik der *Induktion*. Dazu muss man zwei Dinge tun. Erstens muss durch Nachrechnen die Richtigkeit der Behauptung für die kleinste der betrachteten Zahlen gezeigt werden, in diesem Fall muss man also $n = 1$ einsetzen. Da ist der Nachweis leicht, denn die Summe aus der ersten Zahl ist Eins, und das kommt auch heraus, wenn man $1 \cdot 2/2$ berechnet. Und zweitens ist zu beweisen: Wenn die Aussage für eine Zahl schon gezeigt ist, dann stimmt sie auch für die nächste. (Die Rechnung für den vorliegenden Fall wird weiter unten nachgetragen.)

Weil die Aussage für 1 stimmt, ist sie nach dem zweiten Beweisteil auch für 2 richtig. Dann – wieder nach dem zweiten Teil – gilt sie auch für 3. Und so weiter. Irgendwann wird jede noch so große Zahl erfasst, die fragliche Aussage muss also immer gelten. Ein Vergleich: Wenn man Dominosteine aufrecht in eine Reihe stellt, ist es ja auch so, dass ein kippender Stein den Nachbarn ebenfalls aus dem Gleichgewicht bringt. Und deswegen ist klar, dass irgendwann alles flach liegen wird, wenn jemand den ersten Stein anstößt.

Das bemerkenswerteste an der Induktion ist, dass man durch einen Beweis, der wenige Zeilen einnimmt, Erkenntnisse über einen unendlichen Bereich gewinnen kann. Sie ist der Schlüssel zu fast allen Aussagen, bei denen sich Mathematiker mit der Betrachtung endlicher Mengen nicht zufrieden geben.

Der fehlende Induktionsschritt

Hier soll noch der so genannte Induktionsschritt für den Beweis der Summen-formel nachgetragen werden.

Die Summe der ersten $n+1$ Zahlen, also $1+2+\cdots+n+(n+1)$ ist zu berechnen, man weiß schon, wie man die Summe der ersten n Summanden abkürzend schreiben kann: als $n \cdot (n+1)/2$.

Also ist $1 + 2 + \cdots + n + (n+1) = n(n+1)/2 + (n+1)$. Dieser Ausdruck ist aber genau gleich $(n+1)(n+2)/2$ (zum Nachweis braucht man nur elementare Bruchrechnung), und das ist die behauptete Formel für $n+1$.

Zusammen: Wenn man die Formel für n voraussetzt, kann man sie für $n+1$ beweisen.

Wie kommt man zu den Formeln?

Induktion ist die „offizielle" Absicherung von Aussagen über die unendlich vielen natürlichen Zahlen. Um damit anfangen zu können, muss man die Aussage aber erst einmal haben. Wie bekommt man die?

Das ist der kreative Teil der Mathematik. Man braucht Intuition, Erfahrung, Glück und oft auch eine geschickte Visualisierung des Problems. Das soll an unserem Standardbeispiel erläutert werden, also der Aussage

$$1 + 2 + \cdots + n = \frac{n \cdot (n+1)}{2}.$$

Den Beweis haben wir schon kennen gelernt, wie könnte man auf die Formel kommen? Es gibt mehrere Möglichkeiten, hier sollen zwei vorgestellt werden.

Eine erste Möglichkeit besteht darin, sich die Summe $1 + \cdots + n$ so wie in dem nachstehenden Bild vorzustellen:

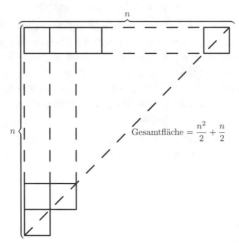

Abbildung 34: So „sieht" man die Formel $1 + \cdots + n = n(n+1)/2$.

Man beginnt mit einem Quadrat, legt darüber zwei, dann drei, und so weiter, bis im letzten Schritt n Quadrate verwendet werden. Das sieht doch so ähnlich wie ein halbes Schachbrett aus! Das halbe Schachbrett hätte eine Fläche von $n \cdot n/2$, aber es ragt ja n-mal ein halbes Quadrat über die Diagonale. Kurz: $1 + \cdots + n$ sollte gleich $n^2/2 + n \cdot (1/2)$ sein. Auch dieser Ausdruck ist gleich $n \cdot (n+1)/2$.

Man könnte es aber auch so machen wie in der in Beitrag 25 vorgestellten Anekdote über Gauß. Die Summe $1 + \cdots + n$ wird als $(1+n) + \big(2+(n-1)\big) + \cdots$ geschrieben, man fasst also den ersten und letzten Summanden, den zweiten und vorletzten Summanden, ... zusammen. Jede dieser Summen ergibt $n+1$, und davon gibt es $n/2$, wenn n gerade ist; falls n ungerade ist, erhält man beim Zusammenfassen $(n-1)/2$ Mal $n+1$, und der Summand in der Mitte, also $(n+1)/2$, bleibt übrig.

Fazit: Für gerades n sollte die Summe $(n+1) \cdot n/2$ sein, und für ungerades n sollte sich $(n+1) \cdot (n-1)/2 + (n+1)/2$ ergeben. Auch das ist aber gleich $(n+1) \cdot n/2$, wir erhalten also immer – unabhängig davon, ob n gerade oder ungerade ist – die gleiche Formel für die Summe.

Ein weiterer Induktionsbeweis

Als weiteres Beispiel einer durch Induktion zu beweisenden Tatsache betrachten wir die Aussage: „n Objekte können auf $1 \cdot 2 \cdot 3 \cdots n$ verschiedene Weisen angeordnet werden[41]".

Für kleine n kann das direkt nachgeprüft werden. Zum Beispiel gibt es bei 3 Objekten a, b, c die Anordnungsmöglichkeiten $abc, acb, bac, bca, cab, cba$, und das sind wirklich $1 \cdot 2 \cdot 3 = 6$ Stück.

Ein „strenger" Induktionsbeweis könnte so aussehen. *Erstens* zeigt man, dass die Aussage für $n = 1$ richtig ist. Das ist klar, denn bei einem Element gibt es nur eine einzige Möglichkeit. *Zweitens* wird ein – beliebig großes – n fixiert und angenommen, dass die Aussage dafür richtig ist. Und nun ist *drittens* zu zeigen, dass sie dann auch für $n+1$ Objekte gilt.

Das könnte so gehen. Wir stellen uns die ersten n Objekte als weiße Kugeln vor, die mit den Nummern von 1 bis n gekennzeichnet sind. Das $(n+1)$-te Objekt soll eine rote Kugel sein. Um dann *alle* Objekte in eine Reihenfolge zu bringen, können wir doch so verfahren. Wir ordnen zunächst die weißen Kugeln irgendwie an, dafür gibt es aufgrund unserer Annahme $1 \cdot 2 \cdot 3 \cdots n$ Möglichkeiten. Und dann überlegen wir, was mit der roten Kugel passieren soll. Sie könnte ganz nach vorne, sie könnte aber auch nach der ersten Kugel einsortiert werden. Ebenfalls nach der zweiten usw., die letzte Möglichkeit wäre, sie ganz nach hinten zu packen. Das sind $n+1$ Möglichkeiten für die rote, auf so viele Weisen entsteht aus einer Anordnung der weißen Kugeln eine Anordnung aller Kugeln. Damit ist die Gesamtzahl gleich $1 \cdot 2 \cdot 3 \cdots n$ mal $n+1$, also gleich $1 \cdot 2 \cdot 3 \cdots n \cdot (n+1)$. Das ist gerade die zu beweisende Behauptung für $n+1$ Objekte.

---

[41] Genauer ist gemeint: Für $n = 1$ ist es eine Möglichkeit, für $n = 2$ sind es $1 \cdot 2$ usw. Übrigens kürzt man $1 \cdot 2 \cdot 3 \cdots n$ mit $n!$ ab und nennt diese Zahl „n Fakultät". S.a. Beitrag 29.

35. Mathematik im CD-Player

Unter den Geräten, die in so gut wie allen Haushalten zu finden sind, ist der CD-Player sicher dasjenige, in dem die meiste Mathematik enthalten ist. Zweimal wird sie wichtig, zum ersten Mal dann, wenn das kontinuierliche Ausgangssignal digitalisiert und damit in endlich viele Nullen und Einsen verwandelt wird. Dazu wird etwa $44\,000$ Mal pro Sekunde gemessen. Ein wichtiges Ergebnis aus der Signalverarbeitung besagt, dass man damit alles, was für das menschliche Ohr hörbar ist, erfasst hat. (Wenn wir wesentlich schlechter oder besser hören würden, wären die CD-Player auf andere Abtastraten eingestellt.)

Eine weitere Notwendigkeit zum Einsatz von Mathematik ergibt sich aus der Tatsache, dass der Herstellungsprozess der CD und das Abspielen auch bei größtem technischen Aufwand nicht völlig fehlerfrei sind: Es liegt ein Staubkörnchen auf der CD, oder die Katze hat drübergekratzt usw. Das ist ein großes Problem, viele haben ja auch die leidvolle Erfahrung gemacht, dass Dateien im Computer (jpeg-Bild, html-Seite) völlig unlesbar sind, wenn nur ein einziges von vielen Millionen Bits fehlerhaft übertragen wurde.

Wollte man eine vergleichbare Perfektion mit einem CD-Player realisieren, wären Geräte und CDs unbezahlbar. Man hilft sich mit einer anderen Möglichkeit, das Zauberwort heißt Codierungstheorie[42]. Wie kann man eine Nachricht so übertragen, dass das Ergebnis für den Empfänger auch dann noch lesbar ist, wenn bei der Übermittlung Fehler möglich sind?

Wie würden Sie selbst zum Beispiel einen Text aus 10 Buchstaben so durch eine Morseleitung schicken, dass auch bei Verfälschungen durch Vertippen oder atmosphärische Störungen die Botschaft garantiert ankommt? Man könnte auf die Idee kommen, die gleiche Nachricht „ganz oft" zu senden, der Empfänger soll sich dann die am häufigsten empfangene Nachricht heraussuchen. Das wäre für die CD leider viel zu langwierig, und deswegen sind Verfahren ersonnen worden, bei denen das „robuste" tatsächlich versendete Signal nicht wesentlich länger ist als das Original.

Mittlerweile sind die Übertragungsmöglichkeiten sogar so störunanfällig, dass die Wiedergabequalität selbst bei erheblichen Beschädigungen nicht leidet: Selbst eine zerkratzte CD kann in der Regel störungsfrei abgehört werden. Schade, dass für Schallplatten derartige Verfahren nicht möglich waren, da konnte man jedes Staubkorn mithören.

Das Abtasttheorem

Wenn Musik oder andere akustische Signale den Weg vom Original bis in Ihre heimische Stereoanlage nehmen sollen, müssen die folgenden Schritte durchlaufen werden. Zunächst muss der Ton *digitalisiert*, also in eine sehr, sehr lange Folge von

---

[42] Mehr dazu findet man in Beitrag 98.

Nullen und Einsen verwandelt werden. Dieser Übergang von der „kontinuierlichen" Welt in die digitale ist ein entscheidender Schritt, erst dann hat man die Möglichkeit, das Material ohne Qualitätsverlust beliebig oft zu kopieren und zu bearbeiten.

Möglich wird das dadurch, dass wir nicht beliebig gut hören können: In einer Welt, in der das Ohr jede noch so hohe Frequenz hören könnte, gäbe es keine CDs. Da für uns aber Frequenzen oberhalb 20 Kiloherz nicht hörbar sind, kann man in zwei Schritten digitalisieren:

- In einem ersten Schritt wird das Signal durch einen Filter geschickt. Alle Frequenzen oberhalb einer garantiert unhörbaren Frequenz werden unterdrückt, das Ergebnis ist für uns nicht vom Original zu unterscheiden.

- Und dann macht man sich das Ergebnis zunutze, dass man ein frequenzbeschränktes Signal rekonstruieren kann, wenn man nur oft genug pro Sekunde misst.

Die im zweiten Punkt genannte Tatsache ist das *Abtasttheorem*, die genaue Formulierung ist die folgende:

Wenn ein Signal aus verschiedenen Frequenzen zusammengesetzt ist, die alle höchstens gleich f sind, so kann man das Signal dann reproduzieren, wenn man die Werte in einem zeitlichen Abstand von höchstens $1/2f$ misst.

Tauchen also z.B. höchstens Frequenzen von 10 Kilohertz auf, so ist eine Abtastrate von $1/20\,000$ erforderlich: $20\,000$ Mal pro Sekunde ist zu messen.

Das hört sich ziemlich abstrakt an, das Ergebnis kann aber leicht in einem anderen Bereich illustriert werden. Mal angenommen, Sie haben einen Camcorder, bei dem man einstellen kann, wie viele Bilder er pro Sekunde macht. Ihr kleiner Sohn sitzt auf der Schaukel, und Sie wollen ihn filmen. Bei normaler Bildfrequenz wird der Film das Schaukeln realistisch wiedergeben. Wenn Sie aber die Frequenz zu niedrig einstellen, kann es zu groben Verfälschungen kommen: Zwischen einem Bild und dem nächsten hat sich die Schaukel scheinbar nur ein kleines bisschen bewegt, in Wirklichkeit hat es aber eine volle Schwingung gegeben, von der der Camcorder nichts mitbekommen hat. Das Abtasttheorem ist dann nichts weiter als eine Art Bedienungsanleitung: Welche Bildfrequenz muss man mindestens einstellen, damit Schaukeln später richtig dargestellt ist?

36. Logarithmen, eine aussterbende Spezies

Ältere werden sich noch – vielleicht mit Schrecken – an die Logarithmenrechnung ihrer Schulzeit erinnern. Hier soll es heute so etwas wie einen Nachruf geben: Logarithmen sind zwar weiterhin für die Mathematik unersetzlich, in der Welt der Ingenieure und Techniker sind sie aber vom Aussterben bedroht.

Um ihre Nützlichkeit zu verstehen, muss an einige Vokabeln erinnert werden. Zunächst sollte man wissen, wie Mathematiker die Potenzschreibweise verwenden: Sind a und n Zahlen, so soll a^n das n-fache Produkt von a mit sich selbst bedeuten. So ist 3^4 das Produkt $3 \cdot 3 \cdot 3 \cdot 3$ (also gleich 81), und 10^6 ist das Gleiche wie eine Million. Wenn man nun eine Zahl zunächst n-mal und dann noch einmal m-mal mit sich selbst multipliziert, hat man insgesamt $n + m$ Faktoren, und das liefert das Potenzgesetz $a^{n+m} = a^n \cdot a^m$. Das gleiche Potenzgesetz gilt, wenn man Potenzen für beliebige Exponenten definiert, zum Beispiel die Wurzel aus a als $a^{1/2}$ schreibt.

Und nun: Auftritt der Logarithmen, wir betrachten der Einfachheit halber nur solche zur Basis 10. Für irgendeine Zahl b ist der Logarithmus von b diejenige Zahl m, die man einsetzen muss, um $10^m = b$ zu erhalten. Wir haben gerade gesehen, dass der Logarithmus von einer Million gleich 6 ist, und der von 1000 ist sicher gleich 3. Wichtig ist, dass jede positive Zahl einen Logarithmus hat, wenn man allgemeine Exponenten zulässt.

Die Pointe besteht darin, dass aufgrund des obigen Gesetzes der Logarithmus eines Produktes gleich der Summe der Logarithmen der Faktoren ist, und auf diese Weise können Multiplikationen in Additionen transformiert werden. Soll $b \cdot c$ ausgerechnet werden, so bestimme man die Logarithmen von b und c mit Hilfe einer Logarithmentafel, addiere diese Zahlen und schaue nach, welcher Logarithmus zu dieser Summe gehört. Das ist das Produkt.

Zu einer Zeit, als noch nicht an jedem Arbeitsplatz ein Computer stand, wurden Multiplikationen sehr häufig so ausgeführt, Logarithmen waren so etwas wie die Arbeitspferde des Rechnens. Addieren ist eben leichter als Multiplizieren, und deswegen ist diese „Übersetzung" des Problems so hilfreich. Ähnliche Techniken gibt es auch im täglichen Leben, wo man ja auch manchmal ein Problem in eine andere Sprache übersetzen muss, um es da lösen zu können.

Noch ein Nachruf, diesmal ein endgültiger: Logarithmenrechnung wurde in Form von Rechenschiebern sehr benutzerfreundlich mechanisiert. Die sind nun wirklich ausgestorben, man findet sie nur noch im Technikmuseum.

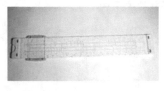

Abbildung 35: Ein Rechenschieber

Eine typische Rechnung

Als Ergänzung zum „Nachruf" gibt es hier eine typische Rechnung, wie sie in einer Zeit durchgeführt wurde, als der Mensch noch nicht jederzeit einen Taschenrechner in Reichweite hatte.

Mal angenommen, wir müssen oder wollen $3.45 \cdot 7.61$ ausrechnen. Das Ergebnis kennen wir nicht, vorläufig soll es x genannt werden:

$$x = 3.45 \cdot 7.61.$$

Aufgrund der Potenzrechengesetze ist dann der Logarithmus von x die Summe der Logarithmen von 3.45 und 7.61. Rechnen wir etwa, wie in der Schule üblich, mit Zehnerlogarithmen, so ist der Logarithmus von 3.45 gleich 0.53782 und der von 7.61 gleich 0.88138. Das erfährt man durch Nachschlagen in einer Logarithmentafel. Folglich ist der Logarithmus des (noch immer unbekannten) x gleich

$$0.53782 + 0.88138 = 1.41920.$$

Da nach Definition des Logarithmus die Gleichung $10^{\log x} = x$ gilt, folgt

$$x = 10^{1.41920} = 26.25427,$$

dazu muss man wieder nur die Logarithmentafel bemühen: Welches x hat den Logarithmus 1.41920?

Das Ergebnis ist bemerkenswert gut, denn der exakte Wert ist

$$3.45 \cdot 7.61 = 26.2545.$$

Man kann also das Multiplizieren vergessen und alles auf das Addieren zurückführen, wenn man das Problem vorher in die Welt der Logarithmen übersetzt hat.

37. Preiswürdige Mathematik

Sie haben noch nie etwas von einem Preis für Mathematiker gehört? Das liegt wohl daran, dass in der Regel nicht besonders viel Geld im Spiel ist und dass mathematische Leistungen dem Publikum meist nur schwer vermittelt werden können.

Abbildung 36: Der prestigeträchtigste Preis – Die Fields-Medaille

Hier das Wichtigste in Kürze. Wer als Mathematiker unsterblich werden möchte, sollte möglichst schon in jungen Jahren etwas wirklich Spektakuläres finden, Mitte Zwanzig ist ein gutes Alter dafür. Dann winkt eine der Fields-Medaillen, die alle vier Jahre auf den Weltkongressen der Mathematik vergeben werden. Reich wird man davon nicht – es gibt so an die zwanzigtausend Dollar –, trotzdem haben die Preisträger für den Rest ihres Lebens ausgesorgt, da sie sich die besten Stellen aussuchen und vor lukrativen Gasteinladungen kaum retten können. Eine Fields-Medaille ist vom Ansehen her so etwas wie ein „Nobelpreis der Mathematik". In die Preisrichtlinien ist allerdings eine Altersbeschränkung von vierzig Jahren eingebaut, die streng befolgt wird. (Deswegen gab es für das wohl aufregendste Ergebnis der letzten Jahrzehnte, den Beweis des Fermat-Theorems durch Andrew Wiles, auf dem Weltkongress 1998 in Berlin auch keine Fields-Medaille, denn Wiles hatte damals die Vierzig schon überschritten.)

Es gibt aber auch Preise, bei denen es um richtig viel Geld geht. Zum einen sind seit dem Jahr 2000 für sieben konkrete schwierige Probleme jeweils eine Million Dollar Preisgeld ausgelobt. Alle sind noch offen, viele der renommiertesten Spezialisten haben sich bisher vergeblich die Zähne daran ausgebissen. Und dann wird seit 2003 ein Preis verliehen, bei dem das Preisgeld auf Nobelniveau angesiedelt ist: der Abel-Preis. Finanziert wird er vom wohlhabenden Norwegen, vielleicht schafft man es irgendwann einmal, die Verleihung in die (schwedische) Nobelpreis-Zeremonie zu integrieren. Erster Preisträger war der französische Mathematiker Jean-Pierre Serre. Laien war nicht leicht zu vermitteln, wofür er die 600 000 Euro bekommen hat. Das liegt aber wohl daran, dass alle Wissenschaften heute schon ziemlich spezialisiert sind: Oder könnten Sie sagen, wofür beim letzten Mal der Nobelpreis für Chemie vergeben wurde?

Reich durch Mathematik? Haben Laien eine Chance?

Es gibt mathematische Probleme, an denen sich die klügsten Köpfe schon seit vielen Jahren vergeblich versucht haben, von einigen ist hier auch in diesem Buch die Rede gewesen (vgl. die Beiträge 18, 32, 49, 57).

Für die Lösung ist manchmal sogar ein namhafter Betrag ausgesetzt, neben dem Ruhm hat man dann auch noch eine Million Dollar. Könnte ein Mathematikinteressierter Laie eine Chance haben? Immerhin gab es doch in der Geschichte immer wieder Fälle, wo respektable bis herausragende Leistungen von Hobbymathematikern gefunden wurden. In diesem Buch gehören Bayes und Buffon zu dieser Gruppe (Beitrag 50 und Beitrag 59), genau genommen war auch der große Pierre de Fermat (Beitrag 89) kein Berufsmathematiker, denn seine Hauptbeschäftigung war die Juristerei.

Dass wirklich schwierige Fragen von Nicht-Profis gelöst werden können, wird als extrem unwahrscheinlich angesehen. Das Niveau ist sehr hoch, und alle naheliegenden Ideen sind sicher schon einmal ausprobiert worden.

Auch in den meisten anderen Bereichen des Lebens sind Spitzenleistungen von Quereinsteigern eigentlich nicht zu erwarten. Das Wimbledonturnier wird sicher nicht jemand gewinnen, der nach Feierabend ab und zu ein bisschen Tennis spielt, und an der Staatsoper wird der „Siegfried" bestimmt nie von einem Sänger gesungen werden, der nicht eine harte und lange Gesangsausbildung hinter sich hat.

38. Wozu in aller Welt Axiome?

Kinder im Alter von drei bis sechs Jahren können ihre Umgebung manchmal dadurch nerven, dass sie immer weiter fragen: Mit einem harmlosen „Wie funktioniert ein Auto" geht es los, doch über die Stichworte Motor, Verbrennung, chemische Reaktion kommen auch Experten ganz schnell zu einem Punkt, an dem ein „Es ist halt so!" die Diskussion beendet.

In der Mathematik ist es ähnlich. Auch da könnte man ad infinitum immer weiter nach den Grundlagen der Grundlagen usw. fragen, doch da diese Diskussion letztlich völlig unfruchtbar bleibt, einigt man sich auf einen Ausgangspunkt, der nicht mehr hinterfragt wird: Das sind die Axiome.

Das erste Axiomensystem wurde schon vor über 2000 Jahren von *Euklid* aufgestellt (um 300 v. Chr.). In seinen „Elementen" hat er der Geometrie eine axiomatische Grundlage gegeben. Am Anfang stehen fundamentale Begriffe wie Punkt und Gerade, und dann werden Eigenschaften postuliert: „Zu je zwei verschiedenen Punkten gibt es genau eine Gerade, die durch sie hindurchgeht" usw.

Abbildung 37: Euklid in der „Schule von Athen"(Raffael, 1510)

Heute werden quasi alle mathematischen Gebiete axiomatisiert, Axiome können auch Zahlen, Vektoren oder Wahrscheinlichkeiten betreffen.

Danach kann es richtig losgehen, man kann dann nämlich untersuchen, was sich für Folgerungen daraus ergeben. Das finden alle viel spannender, als sich in endlosen Grundsatzdiskussionen zu verlieren.

Einiges bleibt daran mysteriös. Wie kommt es – zum Beispiel in der Geometrie –, dass man mit wenigen Axiomen eine Theorie entwickeln kann, die dann ein hervorragend funktionierendes mathematisches Modell für die Beschreibung der uns umgebenden Welt abgibt? Der große Erfolg der axiomatischen Methode führte dazu, dass auch in anderen Wissenschaften versucht wurde, die Theorie auf ein axiomatisches Fundament zu stellen. So liest sich Newtons Hauptwerk zur Mechanik (das bezeichnenderweise „Philosophiae Naturalis Principia Mathematica" heißt) über große Strecken wie ein Mathematik-Lehrbuch.

Wenn man statt „Axiome" das Wort „Spielregeln" einsetzt, erhält man eine ganz brauchbare Illustration. Diese Spielregeln sind – zum Beispiel beim Schach – festgesetzt, und die intellektuelle Energie wird nicht darauf verwendet, sie noch weiter zu begründen. Vielmehr werden gewaltige Anstrengungen unternommen um festzustellen, ob man unter Einhaltung der Spielregeln in einer speziellen Stellung gewinnen kann. Genauso, wie die Mathematiker wissen wollen, ob mit den Axiomen nun ein gerade interessierendes Problem entscheidbar ist.

Das Hilbertsche Programm

Obwohl die ersten Axiomensysteme schon vor über 2000 Jahren aufgestellt wurden, hat der Siegeszug dieses Ansatzes erst vor etwa einhundert Jahren begonnen. Es war der große Mathematiker Hilbert, der vorschlug, mathematische Theorien durchgängig axiomatisch zu begründen. Die Grundidee war dabei, auf diese Weise zwei Ziele zu erreichen. Erstens sollten durch Herleiten von Folgerungen aus den Axiomen mathematische Wahrheiten produzierbar sein, und zweitens sollte man für alle sinnvoll zu formulierenden Aussagen entscheiden können, ob sie wahr oder falsch sind. Zum Beispiel „JA!" für „Es gibt eine Zahl, deren Quadrat gleich 25 ist" und „NEIN!" bei der Aussage „Es gibt eine Lösung der Gleichung $x = x + 1$".

Dieses ambitionierte Programm ist leider gescheitert. Der Mathematiker Gödel wies in seinen Unvollständigkeitssätzen nach, dass man nie sicher sein kann, dass in einer Theorie gleichzeitig eine Aussage und ihr Gegenteil herleitbar sind und dass es richtige Aussagen gibt, die aus den Axiomen nicht beweisbar sind.

Axiome sind die „Gesetze" der Mathematik

Neben dem Schachbeispiel, bei dem die Spielregeln mit den Axiomen verglichen wurden, kann man auch auf juristische Parallelen hinweisen. Wenn die Gesetze festgelegt sind, dann kann man straffrei dieses und jenes tun. Für den Anwalt ist dann nur in zweiter Linie wichtig, wie man das moralisch bewerten würde. Interessant ist hauptsächlich, ob es durch die Gesetze gedeckt ist oder nicht. Ähnlich wie in der Mathematik ist es dann schwierig zu entscheiden, wie sich alles nach Festlegen der Gesetze langfristig entwickeln wird. Vielleicht gibt es doch zu viele unerwünschte Folgerungen, und dann muss man nachbessern. Oder, in der Mathematik, das Axiomensystem modifizieren.

Anders als beim Schachspiel wird hier aber eine moralische Komponente deutlich, die für die Mathematik auch nicht vernachlässigt werden kann. Dem Mathematiker ist es nämlich in der Regel gar nicht bewusst, ob seine Ergebnisse zum Wohl der Menschen oder für eher finstere Machenschaften eingesetzt werden können. Wer etwa Optimierungsverfahren entwickelt, kann sich nie sicher sein, ob damit Düngemittel oder Biowaffen so wirkungsvoll wie möglich eingesetzt werden.

39. Beweise mit dem Computer?

Heute geht es um ein quasi philosophisches Problem, mit dem sich die Mathematiker durch die technische Entwicklung konfrontiert sehen: Unter welchen Bedingungen kann eine mathematische Aussage als bewiesen angesehen werden?

Was ein „richtiger Beweis" in einem Bereich ist, in dem die Grundlagen gefestigt sind, ist seit über 2000 Jahren Konsens: Man muss die zu beweisende Aussage aus den am Anfang der Theorie formulierten Axiomen deduktiv herleiten können. So war die „Geometrie" des Euklid aufgebaut, und nach diesem Vorbild entwickelten sich nach und nach immer weitere Gebiete. Es brauchte noch eine ganze Weile, bis alle mathematischen Bereiche dieses Stadium erreicht hatten, aber spätestens um die Mitte des 19. Jahrhunderts war es so weit. Es gab Einigkeit darüber, was in der Mathematik wahr ist. Der Konsens besagt, dass die Richtigkeit durch die „community" überwacht wird, „wahr" ist etwas, was den Segen der Fachleute gefunden hat.

In den siebziger Jahren des vorigen Jahrhunderts wurden diese schönen Maßstäbe aber beim Beweis des Vierfarbensatzes in Frage gestellt. (Bei diesem Satz geht es um das Färben von Landkarten, das hat für unser Problem aber eigentlich keine Bedeutung. Mehr dazu findet man in Beitrag 99.) Erstmals in der Geschichte der Mathematik spielten nämlich Computer eine wesentliche Rolle, weil wichtige Beweisteile aus Rechnungen bestanden, die „von Hand" unmöglich geleistet werden können.

Ist das dann ein Beweis? Die Mathematikergemeinde ist nach wie vor gespalten. Die meisten lehnen Computerbeweise ab, es gibt intensive Versuche, in jedem Fall doch noch einen „klassischen" Beweis zu finden. Das hat manchmal geklappt, in vielen wichtigen Fällen muss man sich allerdings wohl wirklich auf die Elektronen verlassen.

Das Problem hat noch eine andere Facette, denn heute können Computer selbstständig auch schon eigene, ziemlich einfache Beweise führen. Man darf gespannt sein, ob es sich so ähnlich entwickeln wird wie mit den Schachcomputern, die am Anfang ja auch recht stümperhaft spielten und heute selbst gute Spieler vom Brett fegen. Dann hätten die Mathematiker wirklich ein Problem.

Es ist leicht zu sehen, dass ...

Die Antwort auf die Frage „Ist das ein gültiger Beweis?" ist nicht nur zeitabhängig, sie hängt auch von dem mathematischen Hintergrund der Personen ab, die sich darüber unterhalten. Geht es zum Beispiel um Probleme, die alle natürlichen Zahlen (das sind die Zahlen $1, 2, 3, \ldots$) betreffen, so sind Beweise grundsätzlich mit vollständiger Induktion zu führen[43]. Nur mit diesem Beweisprinzip kann die Unendlichkeit mit endlichen Methoden erfasst werden.

---

[43] Vgl. Beitrag 34.

Wer das aber in seinem Mathematikerleben schon oft durchgeführt hat, dem ist manchmal die Zeit zu schade, Energie auf Standardschlüsse zu verschwenden. Es kann dann passieren, dass man Sätze findet wie „Mit vollständiger Induktion ergibt sich, dass ... " oder dass das Ergebnis kommentarlos einfach verwendet wird.

Solche Situationen sind dann der Schrecken von Mathematik-Neulingen. Von ihnen werden zum Anfang des Studiums perfekte Beweise erwartet, und die Experten brauchen sich nicht darum zu kümmern! Im Laufe der Jahre muss man sich an die Standards der Ausführlichkeit gewöhnen. Eher detaillierte Darstellungen sind im Zweifelsfall vorzuziehen, aber es wirkt schon ein bisschen fragwürdig, wenn in einer wissenschaftlichen Arbeit Techniken einen breiten Raum einnehmen, die doch jeder im Schlaf selbst beherrscht.

Können Computer mathematisch kreativ sein?

Bevor es mit dem Beweisen losgehen kann, muss man erst einmal wissen, *was* man eigentlich beweisen möchte. Wenn man zum Beispiel gar nicht den Verdacht hat, dass im Kreis der Innenwinkel eines Dreiecks über dem Durchmesser gleich 90 Grad ist, so kann man gar nicht anfangen, sich um einen Beweis dieses Ergebnisses zu bemühen[44].

Es ist Konsens unter Mathematikern, dass dieser kreative Teil des mathematischen Fortschritts – wo kommen die Aussagen her, die bewiesen werden sollen? – in vielen Fällen weit anspruchsvoller ist als der dann fällige strenge Beweis.

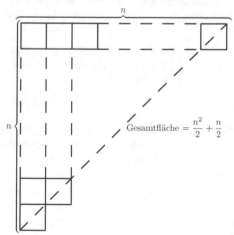

Gesamtfläche $= \dfrac{n^2}{2} + \dfrac{n}{2}$

Als Beispiel betrachten wir die Aussage, dass die Summe $1 + 2 + \cdots + n$ der ersten n natürlichen Zahlen immer gleich $n(n+1)/2$ ist[45]. Den zugehörigen Induktionsbeweis können Computer schon seit Jahrzehnten streng führen. Es ist aber fraglich, ob sie die Aussage selbst gefunden hätten. Wir Menschen können uns das nebenstehende halbe Schachbrett vorstellen, um dann blitzartig die richtige Formel zu „sehen". Computer sehen aber nur das, was ihnen vorher einprogrammiert wurde, und deswegen sind eigentlich alle Mathematiker überzeugt, dass ihnen der interessante Anteil ihrer Arbeit immer erhalten bleiben wird.

---

[44] Das ist der Satz von Thales, auf den in Beitrag 47 näher eingegangen wird.
[45] Mehr dazu findet man in Beitrag 34.

40. Lotto: das kleine Glück

Wenn Mathematiker nach den Wahrscheinlichkeiten beim Lottospielen gefragt werden, will man von ihnen meist die Chancen für einen Hauptgewinn wissen. Davon war hier schon in Beitrag 1 die Rede, sie sind mit 1 zu 13 983 816 deprimierend gering. Eine einzelne Person müsste im Mittel etwa 270 000 Jahre an jedem Wochenende einen Tipp abgeben, um einmal den Hauptgewinn zu erhalten; wer meint, nur 70 Jahre Zeit zu haben, könnte auch wöchentlich 4000 Scheine abgeben.

Die meisten müssen mit weniger zufrieden sein, hier zum Trost die Wahrscheinlichkeiten für das kleine Glück. Drei Richtige sind noch leicht zu haben, mit einer Wahrscheinlichkeit von 1.8 Prozent kann man damit rechnen. Es gehört schon eine gehörige Pechsträhne dazu, nicht wenigstens einmal im Jahr dabei zu sein: Mit beruhigenden 61 Prozent Sicherheit gibt es unter 52 Tipps einen Dreier.

Vier Richtige sind natürlich schon schwieriger zu erzielen, nur etwa ein Promille der abgegebenen Scheine gehören dazu, und fünf Richtige stehen nur auf zwei hundertstel Promille der abgegebenen Tipps.

Doch sind da noch die Zusatzzahlen. Naiv gesehen steigen dabei die Chancen gewaltig, die mathematische Wahrheit ist leider etwas ernüchternder: Es ist nur sechsmal wahrscheinlicher, fünf Richtige mit Zusatzzahl zu haben, als gleich einen Sechser zu tippen. Noch schlechter steht es um den Unterschied zwischen vier Richtigen und drei Richtigen mit Zusatzzahl. Die Wahrscheinlichkeit erhöht sich nur um den Faktor 1.33. Von den neuen Super-Chancen, mit denen diese weitere Zusatzzahl-Regelung bei der Einführung angepriesen wurde, kann also kaum die Rede sein.

Wie immer aber gilt: Ihr Geld ist beim Lottospielen vergleichsweise gut angelegt. Sie kaufen sich für ein paar Tage einen Traum, und mit dem Geld, das nicht ausgespielt wird, werden gemeinnützige Projekte unterstützt.

Das kleine Glück: Rechnungen

Mit den in Beitrag 29 eingeführten Begriffen lässt sich nicht nur die Wahrscheinlichkeit für einen Hauptgewinn ausrechnen. Zur Erinnerung: Es gibt $\binom{n}{k}$ Möglichkeiten, aus einer n-elementigen Gesamtheit k Vertreter auszuwählen. Deswegen gibt es $\binom{49}{6} = 13\,983\,816$ verschiedene Lottotipps.

Nun wollen wir die Wahrscheinlichkeit für drei richtige Treffer beim Lotto ausrechnen. Wie viele Möglichkeiten gibt es denn, so zu tippen, dass genau drei Richtige dabei sind? Dazu müssen wir zunächst drei Zahlen aus den Glückszahlen tippen, das gibt $\binom{6}{3}$ Möglichkeiten. Und für die restlichen drei anzukreuzenden Zahlen haben wir 43 Felder zur Auswahl (nämlich 49 Felder insgesamt minus die 6 Glückszahlen): Das sind $\binom{43}{3}$ verschiedene Auswahlen.

Insgesamt: Man kann auf

$$\binom{6}{3} \cdot \binom{43}{3} = 246\,820$$

unterschiedliche Weisen drei Richtige erzeugen. Da es insgesamt $13\,983\,816$ Tipps gibt, ist demnach die Wahrscheinlichkeit für drei Richtige gleich

$$\frac{246\,820}{13\,983\,816} = 0.0176466\ldots,$$

das sind knapp 1.8 Prozent.

Wie sieht es mit null Richtigen aus? Da müssen alle 6 Tipps bei den 43 Nicht-Glückszahlen angekreuzt gewesen sein, man erhält eine Wahrscheinlichkeit von

$$\frac{\binom{43}{6}}{13\,983\,816} = \frac{6\,096\,454}{13\,983\,816} = 0.43587\ldots$$

Hier ist die vollständige Tabelle, die noch fehlenden Zahlen können analog berechnet werden:

k	Wahrscheinlichkeit für k Richtige
0	0.436
1	0.413
2	0.132
3	0.018
4	0.001
5	$2 \cdot 10^{-5}$
6	$7 \cdot 10^{-8}$

Die Zusatzzahl

Wie werden die Chancen durch die Zusatzzahl erhöht? Dazu muss wieder gezählt werden:

Fünf richtige Zahlen kann man auf $\binom{6}{5} \cdot \binom{43}{1} = 6 \cdot 43 = 258$ verschiedene Arten ankreuzen. Ein Fünfer ist damit 258 Mal wahrscheinlicher als ein Hauptgewinn.

Ein Tipp, bei dem neben den fünf Richtigen auch noch die Zusatzzahl stimmt, entsteht dadurch, dass fünf aus den sechs Gewinnzahlen ausgesucht werden ($\binom{6}{5}$ Möglichkeiten) und gleichzeitig die richtige Zusatzzahl angekreuzt wird. Es gibt damit $\binom{6}{5}$ Gewinnmöglichkeiten.

Da es für den Hauptgewinn nur eine einzige Möglichkeit gibt, kann man so zusammenfassen: Es ist sechsmal wahrscheinlicher, fünf Richtige mit Zusatzzahl zu haben als einen Sechser.

41. Konzentrierte Gedanken: warum Formeln?

Die Formelsprache ist die Notenschrift der Mathematiker. Im Lauf der Jahrhunderte hat sich eine spezielle Stenografie herausgebildet, durch die man anderen, die das lesen können, seine Gedanken ökonomisch mitteilen kann. Und so, wie die Noten von Beethovens Neunter auch von einem Orchester in Neuseeland in klingende Musik übersetzt werden können, werden Formeln über alle Kulturgrenzen hinweg verstanden.

Das ist – wie bei der Notenschrift – eine Erfindung der Neuzeit. Heutige Mathematikstudenten hätten Mühe, aus einem Text von Adam Riese aus dem 16. Jahrhundert den mathematischen Gehalt herauszufiltern. Bei ihm wurden noch keine Formeln verwendet. Seine Rechenanweisungen wurden sozusagen „in Prosa" geschrieben, sie lesen sich für uns sehr schwerfällig.

Die Aussage, dass für eine unbekannte Zahl x die Gleichung $3 \cdot x + 5 = 26$ gilt, wäre in einem Buch von Riese so ausgedrückt worden:

„Nimm eine Zahl. Multipliziere sie mit 3. Füge dann 5 hinzu und Du erhältst 26. Wie groß ist die Zahl?"

(Der Lösungsweg für solche Probleme ist bemerkenswert. Riese verwendet den „doppelten falschen Ansatz". Das bedeutet, dass für x versuchsweise zwei Werte eingesetzt werden, für beide ist dann $3 \cdot x + 5$ zu berechnen. In Abhängigkeit davon, in welcher Richtung und wie weit das Ergebnis vom Zielwert 26 abweicht, wird dann aus den geratenen Lösungen durch Interpolationen der exakte Wert von x bestimmt.)

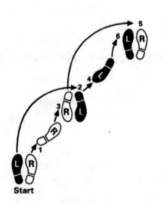

Das Vermitteln von Gedanken durch Verwendung einer geeigneten Spezialschrift ist nicht auf die Musik und die Mathematik beschränkt. Man denke an die Notation von Tanzschritten oder Schachstellungen, an technische Zeichnungen und chemische Formeln. Alle, die mit einer dieser besonderen „Sprachen" zu tun haben, werden bestätigen, dass dadurch nicht nur die Kommunikation ungemein erleichtert wird. Auch für das kreative Denken ist es sehr hilfreich, wenn man das Wesentliche durch eine geeignete Bezeichnungsweise hervorheben kann. Dabei hängt es natürlich von der mathematischen Erfahrung ab, wie schnell der Gehalt einer Formel erfasst wird, das trifft für Noten, Schachstellungen usw. sinngemäß genauso zu.

Man sollte abschließend noch betonen, dass kein Mathematiker auf die Idee käme, Formeln als den wesentlichen Teil der Mathematik zu bezeichnen: Es sind Hilfsmittel, die Ideen für sich selbst und für die Kollegen in eine bleibende Form zu bringen. Es würde ja auch kein Musiker behaupten, dass das Wesen der Musik darin besteht, Noten lesen und schreiben zu können.

Die Algebra emanzipiert sich von der Geometrie

Es war ein weiter Weg bis zur heute allgemein üblichen Mathematikerstenografie. Wer im Mittelalter ausdrücken wollte, dass eine Zahl x mit $x^3 = 5$ gesucht ist – z.B., weil ein Würfel mit unbekannter Kantenlänge gesucht war, der genau 5 Kubikmeter fasst – so konnte er das nur in Prosa tun: „Welchen Wert hat eine Zahl, die, dreimal mit sich selbst malgenommen, den Wert 5 liefert?". Man kann sich vorstellen, wie schwerfällig das bei komplizierteren Aufgaben wurde, etwa bei der Zinsrechnung.

Wirklich kamen die ersten wichtigen Impulse zu einer besseren Nomenklatur aus dem Italien der Renaissance. Im 18. Jahrhundert war dann ein Standard erreicht, der im Wesentlichen dem heutigen entsprach. Zu dieser Zeit waren auch schon die wichtigsten Zahlen „getauft": Euler hatte „e" für die Zahl des exponentiellen Wachstums vorgeschlagen[46], und aus England kam die Idee, die Kreiszahl mit „π" zu bezeichnen, weil der griechische Buchstabe π dem „p" entspricht und an „Peripherie" (Kreisumfang) erinnert.

Es gab noch ein weiteres Problem, das die Entwicklung hemmte. Bis in die Neuzeit hinein waren Rechnungen nämlich überwiegend geometrisch orientiert. Es galt als sinnlos, Ausdrücke des Typs x^5 oder $x^3 + x$ zu betrachten. Im Fall von x^5 hätte man sich ein fünfdimensionales Objekt vorstellen müssen, und beim Ausdruck $x^3 + x$ scheint es so zu sein, dass man ein Volumen (nämlich x^3) und eine Länge (die Zahl x) addiert; man kann ja auch nicht Äpfel und Birnen addieren.

Erst durch die Arbeit von Descartes löste man sich von der geometrischen Interpretation. Das hat die Anwendbarkeit der Ergebnisse wesentlich erweitert. Heute werden Probleme mit Tausenden von Variablen behandelt, so etwas kann zum Beispiel bei der Optimierung von Fahrplänen auftreten. Und niemand denkt mehr daran, dass vor einigen hundert Jahren schon x^5 zu Verständnisproblemen geführt hätte.

---

[46] Vgl. Beitrag 42.

42. Wachstum ohne Ende

Schwere Zeiten für Anleger, es gibt hier zu Lande nur noch minimale Zinsen. Wir stellen uns eine Bank in einer Bananenrepublik vor, die sagenhafte 100 Prozent gibt: Aus einem Euro werden in einem Jahr 2 Euro. Jemand hat die kluge Idee, die Geschäftsbedingungen auszureizen. Er hebt nach einem halben Jahr den bis dahin aufgelaufenen Betrag – das sind mit Zinsen bei einem Euro Einlage 1.5 Euro – ab und legt ihn sofort wieder an. Nach einem weiteren halben Jahr ist daraus das 1.5-fache geworden, also 2.25 Euro. Erhöht man die Besuchsfrequenz, indem man nun die Zinsen nach jedem Vierteljahr wieder anlegt, ist aus dem einen Euro nach einem Jahr der schon stattlichere Betrag von $1.25 \cdot 1.25 \cdot 1.25 \cdot 1.25 = 2.44$ Euro geworden. Da fragt man sich doch, ob nicht eine tägliche oder gar stündliche, minütliche oder gar sekündliche Geldumschichtung zu noch besseren Ergebnissen führen könnte.

Die Überraschung: Auf diese Weise sind keine beliebig hohen Gewinne zu erzielen, es gibt vielmehr eine Grenze, die man nicht überschreiten kann. Es ist die Zahl $2.7182\ldots$, die berühmte Eulersche Zahl e.

So, wie für Normalverbraucher die Ziffern $0, 1, \ldots, 9$ allgegenwärtig sind, taucht für Mathematiker die Zahl e an allen Ecken und Enden in ihrer Wissenschaft auf. Neben der Kreiszahl π gehört sie sicher zu den wichtigsten Zahlen. Sie darf nicht fehlen, wenn es um exponentielles Wachstum (Bakterien!) oder exponentielle Abnahme (Zerfall einer radioaktiven Substanz!) geht, sie ist aber auch in der Wahrscheinlichkeitstheorie häufig anzutreffen. Haben Sie noch einen alten Zehnmarkschein? Dann schauen Sie einmal auf die Formel für die Glockenkurve neben dem Gauß-Porträt. Völlig zu Recht ist diese Kurve dort aufgenommen worden, sie beschreibt ein universelles Gesetz, dem alle Zufälle dieser Welt unterworfen sind. Und die Zahl e spielt dabei eine fundamentale Rolle.

Wie viel Zinsen sind maximal zu erwarten?

Von der überraschenden Tatsache, dass man bei immer häufigerer Verzinsung zwar immer reicher wird, dass der Gewinn dabei aber nicht beliebig hoch wird, kann man sich durch die nachstehende Tabelle überzeugen. Aufgetragen sind in der ersten Zeile die Anzahl der gleichmäßig über das Jahr verteilten Zinszahlungen und darunter das Kapital am Ende des Jahres; wir gehen wieder von einem Zinssatz von 100 Prozent aus.

Anzahl n	1	2	5	10	50	100
Kapital am Jahresende	2.000	2.250	2.488	2.594	2.692	2.705

Im Grenzwert, für immer größere n, nähert sich der Wert immer mehr der Eulerschen Zahl $e = 2.71828182845904\ldots$

Die Exponentialfunktion

Man kann sich der Zahl e auch ganz anders nähern. Wenn man nämlich versucht, einfache Modelle für das Wachstum von Populationen zu finden, so kommt man ganz natürlich zu dem Problem, Funktionen mit den folgenden Eigenschaften zu finden:

- Gesucht ist eine Funktion f, die an der Stelle 0 einen vorgegebenen Wert hat, bei geeigneter Normierung kann das der Wert Eins sein.

- Die Funktion ist außerdem differenzierbar. Das bedeutet, dass man an jeder Stelle von der Steigung der Funktion sprechen kann: Sie „zappelt" nicht zu stark.

- Wenn man die Steigung an einer Stelle x mit $f'(x)$ bezeichnet, so gilt stets

$$f'(x) = f(x).$$

Die Interpretation: Wenn die Funktion groß ist, so wächst sie auch stark.

Der Zusammenhang zu Wachstumsmodellen ist klar, denn wenn es viele Mitglieder in einer Population gibt, so wird auch die Zunahme der Bevölkerungsanzahl groß sein.

Bemerkenswerterweise gibt es nur eine einzige Funktion f, die diese Eigenschaften hat, nämlich die Funktion, die einem x den Wert e^x zuordnet. Folglich kann man die Zahl e so einführen:

- Weise in einem ersten Schritt nach, dass die Funktion f mit den oben beschriebenen Eigenschaften eindeutig bestimmt ist.

- Definiere dann e durch den Wert dieser Funktion an der Stelle 1. Wegen $f(1) = e^1 = e$ kommt dabei wirklich die Eulersche Zahl heraus.

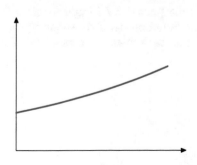

Abbildung 38: Die Exponentialfunktion

113

Der Vorteil dieser Herangehensweise ist, dass man gleich im richtigen Anwendungsbereich der Zahl e ist. Immer dann nämlich, wenn es um Wachstums- oder Zerfallsprozesse geht (Bakterien, radioaktive Materialien,...) treten Funktionen des Typs e^{ax} auf. Dabei ist a positiv, wenn Populationen wachsen (Bakterien), und negativ, wenn sie abnehmen (radioaktiver Zerfall).

Hier zwei typische Beispiele:

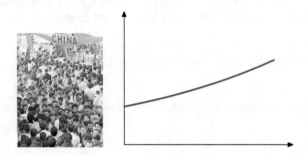

Abbildung 39: e^{ax} mit $a > 0$: Z.B. beim Wachstum einer Population

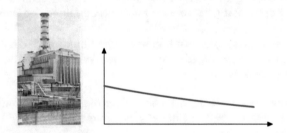

Abbildung 40: e^{ax} mit $a < 0$: Z.B. beim radioaktiven Zerfall

Im ersten Beispiel ist die Anzahl der Mitglieder einer Population (etwa der Einwohner eines Landes) als Funktion der Zeit aufgetragen, und im zweiten wird die Menge der radioaktiven Substanz in einem verstrahlten Gebäude im Laufe der Zeit modelliert.

43. Wie rechnen Quanten?

Vor einigen Jahren war viel von Quantencomputern zu hören, inzwischen ist es etwas stiller darum geworden. Das liegt daran, dass solche Computer zwar unglaubliche Leistungen vollbringen könnten, wenn man sie denn in der erforderlichen Komplexität bauen könnte, doch muss man zurzeit wohl pessimistisch sein, dass das jemals geschehen wird.

Inzwischen gibt es intensive Forschungen zur hypothetischen Leistungsfähigkeit derartiger Rechner. Die Situation ist damit so ähnlich wie bei den Überlegungen im vorigen Jahrhundert, als man sich schon vor dem Start der ersten Weltraumrakete überlegte, was man alles machen könnte, wenn man erst einmal oben wäre.

Die Idee, die Quantencomputern zugrunde liegt, besteht darin, sich die für uns schwer vorstellbaren Gesetze des Mikrokosmos nutzbar zu machen. Insbesondere lehrt die Quantenmechanik, dass sich bei Wechselwirkung von Quantensystemen die Wahrscheinlichkeiten für das, was am Ende gemessen wird, auf kontrollierbare Weise überlagern. Wenn man dann ein mathematisches Problem so umformuliert, dass die Lösung durch eine Messung an einem Quantencomputer dargestellt werden kann, hat man manchmal sehr viel gewonnen: Bei diesen Überlagerungen kann man nämlich eine gigantische Zahl von Fällen parallel behandeln, die Einsatzmöglichkeiten wachsen exponentiell mit der Anzahl der Bausteine, den so genannten QBits.

Leider gibt es viele prinzipielle Probleme, einige sind physikalischer Art. Die bemerkenswerten Eigenschaften der Quantenwelt lassen sich nämlich nur dann nutzen, wenn das System extrem gut abgeschirmt ist; jedes vorbei fliegende Teilchen, etwa aus der Höhenstrahlung, könnte die Rechnung zum Absturz bringen. Auch gibt es völlig neue Probleme mit der Programmierung. Wenn zum Beispiel eine Zwischenrechnung den Wert einer bestimmten Größe benötigt, so muss sie doch zunächst einmal ermittelt werden. In der Quantenwelt verändert aber jede Messung den Zustand eines Systems, die Ausgangssituation ist nicht wieder herzustellen. Ein mathematisches Problem liegt darin, dass es nur vergleichsweise wenige interessante Fragen gibt, die so behandelt werden können. Meist braucht man eine exakte Lösung, nicht aber eine, die nur mit einer gewissen Wahrscheinlichkeit stimmt.

Ein Beispiel, wo man es auch durchaus öfter versuchen kann, ist das Entschlüsseln von Geheimcodes. Und wirklich wurde das Interesse an Quantencomputern dadurch geweckt, dass von dem Amerikaner Peter Shor ein Verfahren zum Knacken von Codes angegeben wurde. (Shor ist auf dieser Seite abgebildet.) Er bekam dafür auf dem Weltkongress der Mathematiker in Berlin 1998 den angesehenen Nevanlinna-Preis.

Was sind Q-Bits?

Der wichtigste Begriff im Zusammenhang mit Quantencomputern ist der Begriff des *QBits*. Das ist ein Kunstwort, es soll an die Bits der „gewöhnlichen" Computer erinnern. Dort ist ein Bit eine Speicherzelle, die einen von zwei Werten, etwa die Null oder die Eins, aufnehmen kann. Milliarden von Bits sind zusammengeschaltet, um komplexere Operationen durchführen zu können.

Ein QBit ist die Quantencomputer-Variante des Bits. Man kann sich ein QBit in erster Näherung als schwarzen Kasten vorstellen, der bei einer Abfrage eine der Zahlen 0 oder 1 produziert. Dabei ist bekannt, mit welcher Wahrscheinlichkeit die Null und mit welcher die Eins erscheint. In diesem Sinne ist ein „klassisches" Bit ein spezielles QBit, nämlich eins, bei dem mit Sicherheit eine Null oder mit Sicherheit eine Eins zu erwarten ist.

Das spiegelt die Tatsache wider, dass die Welt im Kleinen von Wahrscheinlichkeiten gelenkt ist. Erst durch eine Messung wird entschieden, welcher der möglichen Werte konkret realisiert wird.

Das Bild mit dem schwarzen Kasten reicht nicht aus, um das Zusammenwirken mehrerer QBits zu beschreiben. Für ein verfeinertes Bild müssen wir uns vorstellen, dass die Wahrscheinlichkeit für die Ausgabe der Null bzw. der Eins jeweils durch einen Pfeil in der Ebene bestimmt ist: Die quadrierte Länge des Pfeils gibt die Wahrscheinlichkeit an, bei Abfrage die Eins zu erhalten. Hat der Pfeil bei der Eins etwa die Länge 0.8, so ist die Wahrscheinlichkeit für Eins gleich $0.8 \cdot 0.8 = 0.64$; klar, dass die Wahrscheinlichkeit für Null dann $1 - 0.64 = 0.36$ ist. Im nachstehenden Bild eines QBits sind die Wahrscheinlichkeiten für 0 und 1 etwa gleich groß: Es wird also quasi eine Münze geworfen, ob die 0 oder die 1 ausgegeben werden soll.

Zwei Qbits wirken dann dadurch zusammen, dass die jeweiligen Pfeile wie bei der Vektoraddition aneinander gelegt werden. Wenn sie also in entgegengesetzte Richtungen zeigen, so kann es passieren, dass jedes einzelne QBit eine hohe Wahrscheinlichkeit für „Eins" hat, dass aber beim Zusammenwirken nur eine winzige Wahrscheinlichkeit herauskommt.

Im nachstehenden Bild ist ein Beispiel zu sehen. Links sind zwei QBits eingezeichnet, die jeweils eine hohe Wahrscheinlichkeit für 1 haben; hier haben wir die Pfeile für 0 und 1 der Übersichtlichkeit halber jeweils *über*einander gezeichnet. Bei der „Addition" entsteht jedoch ein QBit, das bei einer Abfrage fast sicher eine 0 ausgeben würde.

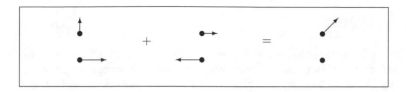

Dieses Prinzip liegt der Arbeit der (immer noch hypothetischen) Quantencomputer zugrunde. Man sucht ein bestimmtes Ergebnis, dazu wird ein geeignet vorbereiteter Quantencomputer befragt. Im Prinzip könnte er eine fantastisch große Zahl möglicher Ausgaben erzeugen, doch werden die Wahrscheinlichkeiten für die Ausgabe der verschiedenen möglichen Einzelergebnisse so eingestellt, dass nur die gesuchte Lösung eine besonders hohe Wahrscheinlichkeit hat, ausgewählt zu werden. Das ist im Einzelnen technisch äußerst verwickelt, man ist noch sehr weit davon entfernt, wirklich relevante Probleme auf diese Weise lösen zu können.

Die gigantischen Größenordnungen kommen durch Zusammenschalten von QBits zustande. Angenommen, man hat zwei davon, Q1 und Q2. Bei beiden kann der Zustand 0 oder 1 auftreten, zusammen sind also die Ergebnisse 00, 01, 10 und 11 denkbar. Wenn Q1 und Q2 als quantenmechanisches System aufgefasst werden, gehören dazu also *vier* Wahrscheinlichkeitspfeile. Ist zum Beispiel der bei 00 besonders kurz, so heißt das, dass man nur mit einer sehr geringen Wahrscheinlichkeit beide QBits im Zustand 0 finden wird. Bei realistischen Anwendungen in der Kryptographie wären einige tausend QBits erforderlich (die dann „Zwei hoch einige tausend" verschiedene Gesamtzustände haben können). Das übersteigt das derzeit technisch Machbare um ein Vielfaches.

Zusatz 1: Das Thema „wahrscheinlichkeitstheoretische Beweise" wird in Beitrag 79 noch einmal aufgegriffen werden.

Zusatz 2: Alle, die es etwas genauer wissen wollen, verweise ich auf den Artikel des Autors über Quantencomputer in dem Buch „Alles Mathematik" von M. Aigner und E. Behrends (Vieweg Verlag 2002).

Hier noch ein *Nachtrag anlässlich der dritten Auflage*. Es ist nicht überraschend, dass es um das Thema „Quantencomputer" recht still geworden ist. Immer einmal wieder ist zu lesen, dass man nun einige wenige QBits mehr beherrscht, und für das abhörsichere Übertragen von verschlüsselten Nachrichten kann man sich wirklich quantentheoretische Tatsachen zunutze machen. Aber zum *Entschlüsseln* sind sie nach wie vor nicht zu gebrauchen. Dass das kein Wunder ist, lehrt der Vergleich dieses Beitrags mit Beitrag 6. Dort wurde illustriert, welche gigantische Größenordnung bereits bei 2^{64} auftritt. Doch hier geht es um die Beherrschung von 2^{2000} Zuständen, wenn man realistische kryptographische Probleme lösen möchte . . .

44. Extrem!

Welche Motoreinstellung führt zum günstigsten Verbrauch? Wie sollte die neue Sprungschanze gebaut werden, um möglichst weite Sprünge zu ermöglichen? Im Laufe der Jahrhunderte ist ein ganzer Zoo von Methoden entwickelt worden, um solche Extremalaufgaben zu lösen.

Am einfachsten ist es noch, wenn man nur die Wahl zwischen endlich vielen Möglichkeiten hat und die Anzahl nicht zu hoch ist. Dann kann man einfach alle ausprobieren und sich für die günstigste entscheiden. Der nächst kompliziertere Fall tritt auf, wenn man einen einzelnen kontinuierlichen Parameter optimal einstellen soll, wenn etwa die Wurfweite eines Balles als Funktion des Abwurfwinkels zu untersuchen ist.

Damit werden die meisten der Leser in der Schule in Berührung gekommen sein. Man löst das Problem dadurch, dass man die Zielgröße nach dem Parameter ableitet, die Ableitung Null setzt und dann die so entstehende Gleichung nach dem Parameter auflöst. Man beachte dabei die Struktur des Vorgehens: Ein eigentlich unendliches Problem (so viele Parameter konkurrieren nämlich) wird auf des Lösen einer Gleichung zurückgeführt und damit in endlicher Zeit behandelbar. Dieser erstaunliche Sachverhalt wurde schon vor einigen Jahrhunderten bemerkt, er war eine wichtige Motivation, die Differential- und Integralrechnung zu entwickeln.

Wesentlich anders ist es auch nicht, wenn mehrere Einflussgrößen zugelassen sind. Auch da wird alles auf die Behandlung von – allerdings viel schwierigeren – Gleichungen zurückgeführt. Auch ist klar, dass man sich aufgrund der erheblichen und preiswerten Computer-Ressourcen heute an viel komplexere Fragestellungen herantraut als noch vor einigen Jahrzehnten.

Manchmal gibt es aber auch völlig neue Ideen. Vor einigen Jahren machte das „simulated annealing" Furore[47]. Da verhält man sich wie ein Spaziergänger, der in einem Gelände bei dichtem Nebel den höchsten Punkt sucht. Er geht im Zweifelsfall immer aufwärts; um aber dem Problem zu entgehen, nur auf einem kleineren Hügel zu landen statt auf dem höchsten Punkt des Geländes, geht er hin und wieder auch einmal abwärts.

Zum Schluss sollte man betonen, dass man zwar das Problemlösen, nicht aber die Festlegung der Ziele an die Mathematik delegieren kann. Je nachdem, ob man in unserem ersten Beispiel etwa die kräftigste, die sparsamste oder die umweltverträglichste Motoreinstellung erreichen möchte, werden sich ganz andere Lösungen ergeben.

Eine typische Extremwertaufgabe

Mal angenommen, Sie machen eine Radtour im Harz. Morgens geht es im Hotel los, und am Abend sind Sie wieder da. Dann ist es völlig klar, dass Ihr Fahrrad

---

[47] Vgl. Beitrag 60

am höchsten Punkt Ihrer Tour exakt waagerecht gestanden haben muss. Steht das Vorderrad nämlich zu irgendeinem Zeitpunkt höher als das Hinterrad, läge ja vor Ihnen noch ein höherer Punkt, und wäre es niedriger, könnte man durch Zurückrollen noch höhere Punkte erreichen als den jetzigen.

Diese Idee liegt den Extremwertaufgaben zugrunde: Wenn ein Maximum vorliegt, so muss die Steigung der Kurve dort Null sein. Mit den in Beitrag 13 eingeführten Begriffen könnte man auch sagen, dass eine verschwindende Steigung notwendig für das Vorliegen eines Extremwertes ist.

Um das zur *Berechnung* von Extremwerten ausnutzen zu können, braucht man Formeln für die Bestimmung dieser Steigungen. Das war eine der wichtigsten Motivationen für das Entstehen der modernen Mathematik, Leibniz und Newton fanden unabhängig voneinander Lösungen.

Hier ein Beispiel: Wo nimmt die Funktion $-x^2 + 6x + 10$ ihren größten Wert an? Die nachstehende Skizze zeigt, dass sie erst größer und dann wieder kleiner wird.

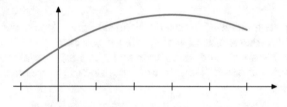

Abbildung 41: Die Funktion $-x^2 + 6x + 10$

Wo aber ist sie am größten? Mit den Ableitungsregeln, die wir hier nicht herleiten können, bekommt man heraus, dass die Ableitung an einer Stelle x gleich $-2x + 6$ ist. Und dieser Ausdruck verschwindet für $x = 3$. Fazit: Die gesuchte Stelle liegt bei $x = 3$. (Ganz Vorsichtige müssten allerdings noch ausschließen, dass es nicht zufällig eine Minimalstelle der Funktion ist. Auch am tiefsten Punkt Ihrer Radtour steht das Fahrrad ja waagerecht.)

45. Unendlich klein?

Für mehrere Jahrhunderte geisterten die unendlich kleinen Größen durch die Mathematik. Sie waren der Schrecken aller, die dieses Fach in der gesamten Breite so streng entwickeln wollten, wie man es von der Geometrie und der Algebra her gewohnt war.

Das Licht der Welt erblickten sie im 17. Jahrhundert, damals wurden sie in der gerade entstehenden Differential- und Integralrechnung dringend gebraucht. Es gab zwei konkurrierende Ansätze, den von Leibniz und den von Newton, und beide kamen ohne das „unendlich Kleine" nicht aus.

Was soll das überhaupt bedeuten? Wenn eine Zahl x positiv ist, gibt es dazu eine kleinere. Man könnte etwa die Hälfte von x betrachten. Deswegen kann es unter den positiven Zahlen keine kleinste geben. Trotzdem ist die Vorstellung verführerisch, die Veränderung einer Größe beim Übergang zu immer kleineren Maßstäben zu verfolgen.

Nehmen wir etwa einen Kreisbogen. Wenn wir einen Punkt darauf fixieren und ihn unter immer stärker werdenden Vergrößerungen betrachten, wird das Kreisbogenstück immer „gerader", und man ist versucht, es im Grenzfall als Teil einer ganz normalen Geraden anzusehen. Dann würde man sagen: Im unendlich Kleinen ist ein Kreis eine Gerade.

So hat Leibniz argumentiert, als er von gebogenen Kurven zu ihren Tangenten überging und dann trotz dieser etwas windigen Argumentation viele interessante und wichtige Folgerungen ziehen konnte. Viele kritische Zeitgenossen wollten ihm nicht folgen, es dauerte aber bis ins 19. Jahrhundert, bis die Grundlagen so weit entwickelt waren, dass man auf unendlich Kleines (und Großes) verzichten konnte. Dabei spielten − ein bisschen Lokalpatriotismus darf sein − die Leistungen des Berliner Mathematikers Karl Weierstraß eine besonders wichtige Rolle.

Keiner vermisst die unendlich kleinen Größen. Insbesondere für Anfänger ist es beruhigend, dass man ein sicheres Fundament ohne die Verwendung vager Konzepte schaffen kann. Es wird wohl auch keine Renaissance geben. Vor einigen Jahrzehnten ist zwar eine unter dem Namen „Nichtstandard-Analysis" versucht worden. Wenn man die aber wirklich präzise entwickeln möchte, wird es noch viel schwieriger als bei allen anderen Zugängen zu den Geheimnissen von Differentialen und Integralen.

Epsilontik

Wo bleibt das Positive, wie macht man es denn heute? Betrachten wir als Beispiel die reziproken natürlichen Zahlen, also $1, 1/2, 1/3, \ldots$ Intuitiv ist klar, dass diese Reziproken „beliebig klein werden" bzw. „der Null beliebig nahe kommen".

Zur Zeit von Leibniz hätte man gesagt, dass die Reziproken „schließlich Null werden", heute würde man damit das Vordiplom nicht mehr bestehen können. Der allgemein akzeptierte Weg, das unendlich-klein-Werden zu präzisieren, sieht so aus. (Achtung, es wird jetzt etwas technisch!)

ε Wenn positive Zahlen $x_1, x_2, x_3, \ldots$ gegeben sind, so sagt man, dass sie *gegen Null konvergieren*, wenn sie jede – noch so kleine – Schranke irgendwann einmal untertreffen. Genauer: Wie auch immer eine positive Zahl ε (gesprochen: Epsilon) gegeben ist, so soll man einen Index n angeben können, so dass nicht nur x_n, sondern auch x_{n+1}, x_{n+2} und alle folgenden Zahlen unterhalb von ε liegen. Man muss also nur ein Verfahren finden, das zu ε das n mit den gewünschten Eigenschaften liefert.

In unserem Beispiel könnte das so gehen. Wenn ε gegeben ist, suche man ein n, so dass n größer als $1/\varepsilon$ ist; im Fall $\varepsilon = 1/1000$ könnte man etwa $n = 1001$ wählen. Aus den Rechenregeln für Ungleichungen folgt dann, dass $1/n$ (und erst Recht $1/(n+1)$, $1/(n+2)$ usw.) kleiner als ε ist. Deswegen ist die Aussage „Die Reziproken der natürlichen Zahlen konvergieren gegen Null" richtig.

Diese Definition ist, zugegeben, beim ersten Kennenlernen etwas schwer verdaulich. Das gilt sogar für Mathematikstudenten, die sie – in welchem Land auch immer sie anfangen – im ersten Semester verinnerlichen müssen. Wichtig ist, dass durch diesen Ansatz ein fundamental wichtiges vages Konzept so präzisiert wurde, dass man damit exakt arbeiten kann.

Die Nichtstandard-Analysis

In der so genannten *nonstandard analysis*, die in den sechziger Jahren des vorigen Jahrhunderts entwickelt wurde, stellt man sich die Zahlen so vor, dass jede „klassische" Zahl noch von einer „Wolke" anderer Zahlen umgeben ist, die ihr „unendlich benachbart" sind. *Infinitesimal* werden diejenigen dieser neuen Zahlen genannt, die in diesem Sinne Nachbarn der klassischen Null sind.

Im Reich dieses erweiterten Zahlbegriffs gelten die üblichen Regeln. Man kann addieren und multiplizieren, beim Addieren spielt die Reihenfolge der Summanden keine Rolle usw. Das Einzige, auf das man verzichten muss, ist eine die Ordnung betreffende Eigenschaft: Es ist nun nicht mehr richtig, dass jede Zahl von einer der Zahlen $1, 2, 3, \ldots$ übertroffen wird.

Hat man sich erst einmal an die neue Zahlenwelt gewöhnt, sind viele Dinge ganz einfach, die beim üblichen Zugang für Anfänger problematisch sind. Zum Beispiel ist die Steigung einer Funktion nicht, wie heute üblich, ein Grenzwert, sondern einfach das Verhältnis von Gegenkathete zu Ankathete in einem infinitesimalen Dreieck. Genau so, wie es Leibniz sich wohl vorgestellt hat.

Die Nichtstandard-Analysis wird allerdings wohl trotz dieser Vorteile nur eine Fußnote in der Mathematikgeschichte bleiben. Um diesen Zugang streng begründen zu können, müsste man nämlich eigentlich vorher schon ein halbes Mathematikstudium hinter sich haben. Doch Zahlen und ihre Eigenschaften werden schon in der ersten Woche des ersten Semesters gebraucht.

46. Mathematische Betrachtungen in der Leitzentrale der Feuerwehr

Heute soll wieder einmal von Bemühungen die Rede sein, Lebenserfahrung mathematisch zu modellieren. Diesmal geht es um das Problem, mögliche Fehlentscheidungen richtig zu bewerten, um eine Grundlage für die Entscheidung zwischen verschiedenen Handlungen zu haben.

Das typische Lehrbuchbeispiel zur Erläuterung des hier zu besprechenden Sachverhalts ist der Feuerwehrmann, der gerade am Telefon gesagt bekommt, dass es in der Schule brennt. Der Anrufer klingt angeheitert, wie sollen sich die Feuerwehrleute verhalten? Weiter Skat spielen, auch auf die Gefahr hin, dass die Schule abbrennt? Oder mit vier Löschzügen ausrücken, auch wenn es vielleicht nur ein Scherz war?

Der abstrakte allgemeine Hintergrund besteht darin, dass man bei jeder Annahme über die Welt zwei Arten von Fehlern machen kann. Fehlertyp 1: Die Annahme ist eigentlich richtig, man verwirft sie aber; Fehlertyp 2: Man akzeptiert sie, obwohl sie in Wirklichkeit gar nicht zutrifft. (Mathematiker sprechen dann von Fehlern erster und zweiter Art.)

Das klingt sehr abstrakt, man findet aber täglich in der Zeitung und im eigenen Leben Situationen, in denen man diese Fehler wichten muss. Sollte man um Mitternacht die rote Ampel ignorieren (Annahme: „Weit und breit keine Polizei!")? Ist es weise, das hübsche Mädchen in der Disko anzusprechen, das mit einem finster aussehenden Typen gekommen ist (Annahme: „Es ist nur ihr Bruder")?

Die Evolution hat uns beigebracht, in solchen Situationen in Sekundenbruchteilen eine Wichtung vorzunehmen. Je nach Charakter und Lebenserfahrung können die Einschätzungen sehr unterschiedlich sein.

In der Statistik bildet die richtige Bewertung der Fehler die Grundlage für Entscheidungsverfahren. Dass beide Fehlertypen überhaupt nicht auftreten, kann auch die Mathematik nicht verhindern, man kann jedoch versuchen, die Folgen zu quantifizieren, um aufgrund der bisher gemachten Erfahrungen das Risiko zu minimieren. Und deswegen fährt die Feuerwehr bei jedem Anruf los, auch wenn sie noch so sicher ist, dass es sich um einen Fehlalarm handelt.

Massenschlägerei im Theater!

Die Feuerwehr ist eine Standardillustration der verschiedenen Fehlertypen. Da es bei den meisten von uns glücklicherweise noch nie gebrannt hat, ist das Beispiel allerdings recht abstrakt und abgehoben.

Deswegen sollte man vielleicht darauf hinweisen, dass man die mit Fehlern erster und zweiter Art zusammenhängenden Probleme wirklich fast täglich in der Zeitung lesen kann. Zum Beispiel war vor wenigen Wochen zu lesen, dass die Polizei in Berlin mit mehreren Mannschaftswagen im Deutschen Theater anrückte, weil es dort angeblich eine Massenschlägerei geben würde. In Wirklichkeit hatte nur ein leicht angeheiterter Theaterbesucher einen anderen angerempelt. Der Kommentar war entsprechend hämisch: Polizeistaat! Haben die denn keine anderen Sorgen?! Die Hypothese „Massenschlägerei" war also nicht eingetreten, der Polizei war ein Fehler zweiter Art unterlaufen. Was hätte die Presse wohl geschrieben, wenn es ein Fehler erster Art gewesen wäre: Viele Leute prügeln aufeinander ein, aber die Polizei glänzt mal wieder durch Abwesenheit.

Ein wesentlich dramatischeres Beispiel fand sich im Berliner „Tagesspiegel" am 10. April 2006:

Rettungsdienst betrachtet Notruf eines Fünfjährigen als Scherz

```
Weil der Rettungsdienst seinen Notruf als Scherz abgetan hat,
hat ein Fünfjähriger in den USA seine Mutter verloren. Er
wählte die Notrufnummer, als seine Mutter das Bewusstsein
verlor. Der verzweifelte Junge bekam zu hören, er solle nicht
mit dem Telefon spielen. Als schließlich Hilfe eintraf, war
seine Mutter tot.
```

Auch bei schwerwiegenden persönlichen Entscheidungen sind die verschiedenen Fehlerarten abzuwägen. Bei der Hypothese „Vorsorgeuntersuchungen sind wichtig" wäre ein Fehler erster Art die Meinung, dass derartige Untersuchungen mehr Schaden anrichten als nützen; so ist es hin und wieder in letzter Zeit in der Presse zu lesen. Was aber, wenn ein rechtzeitiger Gang zum Arzt die Heilungschancen wesentlich verbessert hätte? Der Fehler zweiter Art würde hier dann eintreten, wenn man sich – obwohl völlig gesund – untersuchen lässt und nur Sorgen und Kosten hat.

47. Der erste mathematische Beweis ist schon 2500 Jahre alt

Wann fing die Mathematik eigentlich an? Das ist schwer zu sagen, es hängt davon ab, was man unter Mathematik versteht. Meint man damit die Fähigkeit, einfache mit Zahlen zusammenhängende Probleme zu behandeln, so liegen die Anfänge weit im Dunkel der Geschichte. Schon bei den Babyloniern und den Ägyptern wurde fleißig gerechnet. Wie viel Getreide wurde geerntet, wie lang muss eine Rampe für den Pyramidenbau sein?

Für die dazu erforderlichen Rechnungen gab es Anleitungen, man verwendete schon brauchbare Näherungen für die Kreiszahl π, und dass rechte Winkel etwas mit dem (heute so genannten) Satz von Pythagoras zu tun haben, war auch schon bekannt.

Üblicherweise setzt man den Anfang der Mathematik auf die Mitte des ersten vorchristlichen Jahrtausends an. So etwa um 500 vor unserer Zeitrechnung waren nämlich griechische Mathematiker nicht mehr mit Faustregeln und Beispielrechnungen zufrieden. Sie wollten der Sache auf den Grund gehen und eine sichere Basis für das Finden von Wahrheit haben. Damals wurden die ersten Beweise entwickelt, ein frühes allgemein bekanntes Beispiel ist der Satz von Thales: Liegt die Spitze eines Dreiecks auf einem Halbkreis über der längsten Seite, so ist das Dreieck rechtwinklig. Und das gilt immer, man kann es nämlich aus einfachen Annahmen streng beweisen.

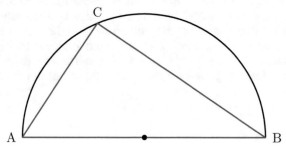

Abbildung 42: Der Satz von Thales: Bei C entsteht ein Winkel von 90 Grad

Einen ersten Höhepunkt erlebten diese Bemühungen mit dem Erscheinen der „Elemente" des Euklid, der das damalige geometrische Wissen zusammenfasste und gleichzeitig ein oft kopiertes Modell für die Entwicklung einer Wissenschaft vorlegte. Man geht von offensichtlich wahren Tatsachen (den Axiomen) aus und entwickelt dann streng logisch alle weiteren. Auf diese Weise ist zum Beispiel die Newtonsche Physik aufgebaut, auch Kant nannte diesen Ansatz vorbildlich: *„In jeder reinen Naturlehre ist nur soviel an eigentlicher Wissenschaft enthalten, als Mathematik in ihr angewandt werden kann."* (aus: I. Kant, Kritik der Reinen Vernunft).

Diese durch griechische Mathematiker erstmals realisierte „abgesicherte Wahrheitssuche" führte zu bemerkenswerten Erfolgen. Es zeigte sich nämlich im Laufe der Neuzeit, dass immer mehr Phänomene der uns umgebenden Wirklichkeit durch Tatsachen beschrieben werden können, die in der von den Mathematikern untersuchten idealisierten Welt gefunden wurden. Das war bei Newton noch vergleichsweise einfach, man kam mit Vektoren und Funktionen aus. Heute tun sich aber auch Fachleute schwer, ständig auf der Höhe der Zeit bei all den gekrümmten Räumen, Tensoren und Wahrscheinlichkeiten zu bleiben.

Über die Frage, warum das so gut geht, kann man natürlich streiten. War der liebe Gott ein Mathematiker? Oder sehen wir nur das, was wir durch die Auswahl unserer Methoden sehen wollen? Für Mathematiker ist das eher zweitrangig. Sie finden es faszinierend und befriedigend, Wahrheiten zu finden, die in alle Zukunft Bestand haben werden.

Von Halbkreisen und rechten Winkeln

Der Satz von Thales ist ein schönes Beispiel dafür, dass man mathematische Sachverhalte manchmal dadurch leicht verifizieren kann, dass man sie nur auf die „richtige" Weise ansieht. Noch einmal die Aussage (siehe das vorstehende Bild): Es wird der Halbkreis über dem Durchmesser eines beliebigen Kreises betrachtet. Die Endpunkte des Durchmessers sollen mit A und B bezeichnet werden. Ist dann C irgendein Punkt auf dem Halbkreis, so ist das Dreieck ABC rechtwinklig, der rechte Winkel liegt bei C.

Der Beweis beginnt damit, dass man sich eine Hilfslinie vom Mittelpunkt M des Kreises nach C vorstellt:

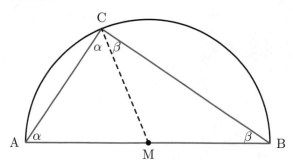

Abbildung 43: Der Satz von Thales: Beweis

Das Dreieck AMC hat dann zwei gleiche Seiten, denn sowohl die Seite AM als auch die Seite MC sind gleich dem Kreisradius. Deswegen muss – im Dreieck AMC – der Winkel bei A gleich dem bei C sein. Gleiches gilt im Dreieck MBC: Der Winkel bei B ist gleich dem bei C. Mit den Bezeichnungen des Bildes ist also im Originaldreieck ABC der Winkel bei C gleich $\alpha + \beta$.

Andererseits weiß man, dass die Winkelsumme (Winkel bei A plus Winkel bei B plus Winkel bei C) in jedem Dreieck gleich 180 Grad sein muss. In unserem Fall bedeutet das

$$\alpha + \beta + (\alpha + \beta) = 180,$$

und das bedeutet, dass das Doppelte von $\alpha + \beta$ gleich 180 ist. Und deswegen muss $\alpha + \beta$ selbst, also der Winkel bei C, gleich 90 Grad sein.

Der Satz von Thales wird oft angewandt. Als Beispiel sei auf die Möglichkeit hingewiesen, allein mit Zirkel und Lineal die *Wurzel aus einer Zahl* zu ziehen. Das wurde in Beitrag 33 ausführlich erläutert.

48. In der Mathematik gibt es Transzendenz, doch mit Mystik hat das nichts zu tun

Manchmal verwenden Mathematiker zur Beschreibung eines Sachverhalts Begriffe, die es auch in anderen Bereichen gibt und die dort eine ganz andere Bedeutung haben. Das ist für Außenstehende dann manchmal ein bisschen verwirrend.

So wird oft vermutet, dass transzendente Zahlen etwas irgendwie Mystisches und Geheimnisvolles sind. Sicher erklärt sich die Faszination der Kreiszahl π für viele Nichtmathematiker zum Teil auch dadurch, dass sie transzendent ist.

Um zu verstehen, was transzendente Zahlen sind, muss man die Grundbegriffe der Hierarchie der Zahlen kennen. Für unsere Zwecke reicht es, mit den Brüchen zu beginnen: $3/8$ und $-7/19$ usw. Sie heißen auch die „rationalen Zahlen", wobei man „Ratio" hier aber nicht mit „Vernunft" übersetzen sollte.

Mit rationalen Zahlen kann man fast alle Alltagsaufgaben lösen, kompliziertere Zahlen wie die Kreiszahl π oder die Wurzel aus Zwei werden aber bei vielen Problemen dann erforderlich, wenn man es ganz genau wissen möchte.

Zahlen, die nicht rational sind, heißen logischerweise irrational, die mathematische Welt ist voll davon. Und unter diesen gibt es nun eine ganze Menge, die noch vergleichsweise einfach zu beschreiben sind. Man hat vereinbart, sie „algebraisch" zu nennen. Naiv gesprochen sind das die, über die man sich noch dadurch verständigen kann, dass man nur Begriffe der Algebra verwendet, wie „Plus", „Mal", „Minus" und „Geteilt".

Und die, für die das nicht geht, heißen transzendent. Wenn man mit ihnen arbeiten möchte, reicht es nicht, sich nur auf algebraische Methoden zu beschränken. Oft treten sie dann auf, wenn Zahlen durch Grenzwertbildungen entstehen.

Und wozu? Das detaillierte Studium der Zahlenhierarchie hat schon zu spektakulären Ergebnissen geführt. Das bekannteste ist sicher der Nachweis der Unmöglichkeit der Quadratur des Kreises. Dazu musste man sich zuerst überlegen, dass man mit Zirkel und Lineal nur vergleichsweise einfache (nämlich algebraische) Zahlen konstruieren kann, dass man aber für die Quadratur eine transzendente Zahl erzeugen muss. Immerhin war das ein Problem, das über zweitausend Jahre offen war.

Die Hierarchie der Zahlen

Transzendente Zahlen sind die kompliziertesten Vertreter in der *Hierarchie der Zahlen*, die in diesem Buch in verschiedenen Beiträgen eine Rolle spielte. Es folgt eine systematische Übersicht.

Natürliche Zahlen

Das sind die allereinfachsten Zahlen: $1, 2, 3, \ldots$ Irgendwann im Kleinkindalter versteht man die Abstraktion „Zahl", und schon Vorschüler können einfache Rechenaufgaben damit bewältigen.

Wissenswertes dazu

1. Für eine axiomatische Einführung der natürlichen Zahlen geht man heute von den *Peano-Axiomen* aus. Durch sie wird festgelegt, dass die natürlichen Zahlen mit Eins beginnen und dass man dann „immer weiter zählen kann".

Fundamental wichtig ist das Induktionsaxiom: Jede Aussage, die für Eins gilt und für die man aus der Gültigkeit für n auf die Gültigkeit für $n+1$ schließen kann, gilt für alle natürlichen Zahlen (siehe Beitrag 34).

2. Die Gesamtheit der natürlichen Zahlen wird mit $\mathbb{N}$ bezeichnet.

Ganze Zahlen

Betrachtet man alle möglichen Differenzen natürlicher Zahlen, so erhält man die *ganzen Zahlen*. Die Zahlen 3, 0 und -12 sind ganz, denn man kann sie (zum Beispiel) als $5-2$, $4-4$ und $2-14$ schreiben. Die ganzen Zahlen sind gut geeignet, um einfache Rechnungen im Wirtschaftsbereich durchführen zu können, denn es ist möglich, auch Schulden und Kredite zu berücksichtigen.

Wissenswertes dazu

1. Es hat sich eingebürgert, die Gesamtheit der ganzen Zahlen mit $\mathbb{Z}$ zu bezeichnen.

2. Jede natürliche Zahl ist insbesondere eine ganze Zahl, die Umkehrung stimmt aber nicht.

3. Summen, Produkte und Differenzen beliebiger ganzer Zahlen sind wieder ganz. Für Quotienten muss das nicht stimmen: $44/11$ ist zwar ganz, $3/2$ aber nicht.

Rationale Zahlen

Eine Zahl heißt *rational*, wenn sie als Bruch m/n geschrieben werden kann, wobei m eine ganze und n eine natürliche Zahl ist. Beispiele: $33/12$ und $-1111/44$.

Wissenswertes dazu

1. Es ist international üblich, die Gesamtheit der rationalen Zahlen mit dem Symbol $\mathbb{Q}$ zu bezeichnen.

2. Ist m eine ganze Zahl, so kann man m (etwas gekünstelt) als $m/1$ schreiben. Deswegen sind ganze Zahlen insbesondere rational.

Irrationale Zahlen

Zahlen, die nicht rational sind, heißen *irrational*. Es war für die griechische Mathematik ein Schock, als sich herausstellte, dass man solche Zahlen berücksichtigen muss. Das berühmteste Beispiel für eine irrationale Zahl ist die Wurzel aus Zwei, über die es in Beitrag 56 noch detailliertere Informationen geben wird.

Es gibt kein allgemein übliches Symbol für die Gesamtheit der irrationalen Zahlen.

Algebraische Zahlen

Stellen wir uns ein Spiel vor: Der erste Spieler (Spieler A) sucht sich eine Zahl x aus, und der zweite (Spieler B) muss versuchen, aus dem x unter Verwendung natürlicher Zahlen und der Symbole „$+$", „$-$" und „$\cdot$" die Zahl Null zu erzeugen (das vorgegebene x darf dabei mehrfach auftreten).

Hier einige Beispiele:

- Spieler A wählt $x = 17$. Es ist leicht für B, zu gewinnen, er bietet einfach die Formel $x - 17 = 0$ an. So kann Spieler B immer siegreich sein, wenn A als x eine ganze Zahl anbietet.

- Diesmal entscheidet sich Spieler A für $x = 21/5$. Auch hier kann B gewinnen: Die Formel $5 \cdot x - 21 = 0$ zeigt, dass man aus x mit erlaubten Methoden die Null erreichen kann. Allgemeiner gilt: B kann gewinnen, wenn x eine rationale Zahl ist.

- Nun strengt sich A mehr an und legt $x = \sqrt{2}$ vor. Für B ist es etwas schwieriger zu gewinnen als bisher, aber es geht: $x \cdot x - 2 = 0$ zeigt wieder, dass man auch dieses x zu Null machen kann.

Zahlen x heißen nun *algebraisch*, wenn B bei Vorgabe von x gewinnen kann. Wir haben uns gerade davon überzeugt, dass ganze Zahlen, Brüche und die Wurzel aus Zwei algebraisch sind.

Transzendente Zahlen

Das ist nun einfach zu verstehen, wenn man weiß, was algebraische Zahlen sind: Eine Zahl heißt *transzendent*, wenn sie nicht algebraisch ist. Wenn also Spieler B nicht gewinnen kann, auch wenn er sich die kompliziertesten Formeln ausdenkt.

Wissenswertes dazu

Man beachte den fundamentalen Unterschied beim Nachweis, ob eine Zahl algebraisch oder transzendent ist. Im ersten Fall muss man einen Weg angeben und die Rechnung durchführen. Im zweiten Fall, muss man zeigen, dass die Null niemals herauskommt, auch wenn man Formeln betrachtet, die so lang sind wie die Strecke von hier bis zur Sonne. Klar, dass das viel schwieriger ist, und wirklich hat es auch bis in die Mitte des 19. Jahrhunderts gedauert, bis man zum ersten Mal von einer Zahl streng nachweisen konnte, dass sie transzendent ist.

Einige der wichtigsten Zahlen der Mathematik sind transzendent, die bekanntesten Beispiele sind die Eulersche Zahl e und die Kreiszahl π (vgl. die Beiträge 16 und 42).

49. Kann man jede gerade Zahl als Summe von zwei Primzahlen schreiben?

Von Primzahlen war hier schon oft die Rede: $2, 3, 5, 7, 11, \ldots$ Es geht um die Zahlen, die nur durch sich selbst und 1 teilbar sind. Obwohl sie so einfach beschreibbar sind, gibt es in ihrem Umfeld viele schwierige Probleme. Eins ist seit einigen Jahrhunderten offen, die so genannte Goldbach-Vermutung.

Goldbach war ein Mathematik-interessierter Diplomat, er teilte sein Problem 1742 dem berühmten Mathematiker Euler mit. Die Goldbach-Vermutung ist schnell beschrieben, es geht um eine additive Eigenschaft der Primzahlen. Ist es richtig oder falsch, dass jede gerade Zahl, die größer als drei ist, als Summe von zwei Primzahlen geschrieben werden kann? Betrachten wir als Test die gerade Zahl 30. Man kann sie als 7+23 schreiben, wobei 7 und 23 Primzahlen sind. Es gibt sogar noch mehr Möglichkeiten, 30 ist ja auch gleich $11 + 19$. Überhaupt ist es so, dass alle bis zum heutigen Tag untersuchten geraden Zahlen in zwei Primzahlen zerlegt werden können, und bei großen Zahlen gibt es stets sogar eine Unmenge von Möglichkeiten.

Wegen dieses überwältigenden experimentellen Befundes wird es unter Mathematikern allgemein als Skandal angesehen, dass bisher noch kein schlüssiger Beweis dafür vorliegt, dass es immer gehen wird. Der direkte Nutzen eines solchen Beweises für den anwendbaren Teil der Mathematik wäre sicher gering. Es sollte aber in dieser Kolumne deutlich geworden sein, dass Mathematiker ihre Energie nicht nur in die Entwicklung von Verfahren investieren, die für die Anwendungen wichtig sind, sondern dass sie es auch faszinierend finden, allgemeine Gesetze in der Welt der Zahlen, Formen und Wahrscheinlichkeiten zu entdecken.

Probleme werden für Mathematiker auch dadurch interessant, dass sie seit langem offen sind und dass sich die klügsten Köpfe in der Vergangenheit vergeblich die Zähne daran ausgebissen haben. Ein bisschen motivierend mag auch sein, dass man durch eine Lösung zu bescheidenem Wohlstand kommen könnte, denn es ist vor einiger Zeit ein Preisgeld ausgesetzt worden.

Ist die Goldbach-Vermutung wichtig?

Die Wichtigkeit der Goldbach-Vermutung ist unter Mathematikern umstritten. Spannend ist sie natürlich, weil sich seit einigen hundert Jahren viele vergeblich bemüht haben. Im Falle einer Lösung müsste das Gefühl des oder der Glücklichen so ähnlich sein wie bei dem ersten Bergsteiger, der den Mount Everest bezwungen hat oder dem ersten Läufer, der die hundert Meter unter zehn Sekunden gelaufen ist.

Um die Skepsis in Bezug auf die Bedeutung der Vermutung zu verstehen, ist nur daran zu erinnern, dass Primzahlen durch eine *multiplikative* Eigenschaft definiert sind: Die Zahl darf nicht als *Produkt* kleinerer Zahlen schreibbar sein. Auch das wichtigste Ergebnis über Primzahlen dreht sich um das Malnehmen: Jede natürliche

Zahl[48], die größer als Eins ist, kann als Produkt von Primzahlen geschrieben werden; dabei sind die Primzahlen, die man zur Produktdarstellung braucht, sogar eindeutig bestimmt. Und bei der Goldbach-Vermutung geht es um *Summen* von Primzahlen. Warum, sagen die Kritiker, sollte das interessant sein?

Der „experimentelle" Befund

In der folgenden Graphik sieht man auf der x-Achse die geraden Zahlen $z = 4, 6, 8 \ldots$, und über jedem z ist ein Punkt eingezeichnet. Aus der Höhe kann man ablesen, auf wie viele Weisen z als Summe von Primzahlen dargestellt werden kann. Ein Beispiel: Der Punkt über der Zahl 14 ist grün. Seine Höhe über der x-Achse ist 2, weil 14 auf 2 Arten als Summe von Primzahlen dargestellt werden kann ($14 = 3 + 11 = 7 + 7$).

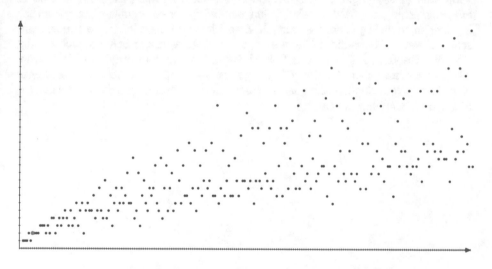

Abbildung 44: Goldbach-Vermutung: die ersten 240 Werte

Die Goldbach-Vermutung besagt dann, dass es niemals einen Punkt auf der x-Achse gibt, dass zu keinem z also die Höhe Null gehört. Aufgrund der Skizze könnte man sogar noch viel mehr vermuten. Auch wenn das Muster ein bisschen chaotisch aussieht, scheint es doch so zu sein, dass es sogar bei den Zahlen z mit „wenigen" Darstellungen – also bei denen, die zu den Punkten am unteren Rand der Punktwolke gehören – irgendwie „immer aufwärts" geht. Anders ausgedrückt: Gerade Zahlen sollten nicht nur als Summe von zwei Primzahlen darstellbar sein, die Anzahl der verschiedenen Möglichkeiten sollte sogar für große z beliebig groß werden.

---

[48] Das sind die Zahlen $1, 2, 3 \ldots$

Ein „Beweis" der Goldbach-Vermutung

Immer wieder einmal versuchen sich auch Laien an der Goldbach-Vermutung. Vor wenigen Wochen kam ein Brief bei einem mathematischen Institut an, der den folgenden „Beweis" enthielt:

Erstens: Es gibt unendlich viele Primzahlen[49].

Zweitens: Damit entstehen auch unendlich viele Zahlen, wenn man Summen von zwei Primzahlen bildet, und das beweist die Goldbach-Vermutung.

Leider liefert das keinen vollständigen Beweis. Es ist zwar richtig beobachtet, dass es unendlich oft vorkommt, dass eine Zahl Summe von zwei Primzahlen ist, und besser kann man das auch gar nicht beweisen. Das heißt aber noch lange nicht, dass es mit *jeder* Zahl geht. Wahrscheinlich hat der Schreiber so argumentiert: Wenn ich in einer unendlichen Menge unendlich viele Elemente auszeichne, so müssen das schon alle sein. Für endliche Mengen ist ja ein entsprechender Schluss auch richtig: Wer fünf Briefumschläge hat und fünf Mal eine Marke draufklebt, kann sicher sein, alle frankiert zu haben. Im Unendlichen gelten aber andere Gesetze, und deswegen wartet die Goldbach-Vermutung immer noch auf eine Lösung (und das für die Lösung ausgesetzte Geld auf die Übergabe).

---

[49] Siehe Beitrag 4

50. Von der Unfähigkeit, bedingte Wahrscheinlichkeiten richtig umzukehren

Durch die Evolution sind wir gut darauf vorbereitet, Wahrscheinlichkeiten abzuschätzen. In Sekundenbruchteilen bewerten wir eine Situation und entscheiden uns dann: weglaufen oder kämpfen, löschen oder lieber alle in Sicherheit bringen, ...? Auch sind wir perfekt darin, die Auswirkung von Informationen auf die Veränderung von Wahrscheinlichkeiten zu erfassen. Wenn Sie zum Beispiel einschätzen wollen, ob Ihre neue Freundin an klassischer Musik interessiert ist, so wird die Wahrscheinlichkeit dafür, dass das zutrifft, wohl sehr klein sein, wenn sich herausstellt, dass sie Schumann und Schubert verwechselt.

Diese etwas vage Vorstellung kann man mathematisch präzisieren, man spricht von bedingten Wahrscheinlichkeiten. Als mathematisches Beispiel betrachten wir die Wahrscheinlichkeit für eine gerade Zahl bei einem fairen Würfel, sie ist sicher gleich $1/2$. Wenn man die Information hat, dass die gewürfelte Zahl eine Primzahl war, so sinkt diese Wahrscheinlichkeit auf $1/3$, denn nur eine der drei Primzahlen $2, 3, 5$ auf dem Würfel, die Zahl 2, ist gerade.

Es gibt nun eine mathematische Formel, die berühmte Bayes-Formel, durch die sich bedingte Wahrscheinlichkeiten umkehren lassen. Man denke an einen Kellner, der so seine Erfahrungen hat, welche Leute Trinkgeld geben. Im Mittel sind es – zum Beispiel – 40 Prozent, unter den Touristen liegt der Anteil bei 80 Prozent: Die Information „Es ist ein Tourist" bewirkt also eine Erhöhung. Und durch die Bayes-Formel können nun umgekehrt aus der Tatsache, dass ein Trinkgeld gegeben wurde, Rückschlüsse darauf gezogen werden, dass der Gast mit einer gewissen Wahrscheinlichkeit ein Tourist war.

Das ist, zugegeben, kein für das Verständnis der Welt fundamental wichtiges Problem. Die gleichen Techniken werden aber auch angewandt, wenn es um wesentlich brisantere Fragen geht. Berühmt ist das Beispiel der Effektivität von medizinischen Tests. Mit welcher Wahrscheinlichkeit muss ich damit rechnen, eine spezielle Krankheit zu haben, wenn der entsprechende Test positiv ausfiel? Allen, die so etwas jemals erleben werden, kann die Mathematik die beruhigende Gewissheit geben, dass diese Wahrscheinlichkeit wesentlich geringer ist, als man naiv vermuten würde. Da hat uns die Evolution ausnahmsweise einmal viel zu pessimistisch programmiert.

Der Masern-Test

Zum Thema „bedingte Wahrscheinlichkeiten" und zur Bayes-Formel ist in den Ergänzungen zum Beitrag 14 (Ziegenproblem) schon einiges gesagt worden. Die wichtigsten Punkte kann man so zusammenfassen:

- Sind A und B zwei mögliche Ausgänge bei einem Zufallsexperiment, so bezeichnet man mit $P(A\,|\,B)$ die Wahrscheinlichkeit, dass A eintrat, wenn man schon weiß, dass B eingetreten ist. Ein Beispiel: Man zieht aus einem vollständigen Skatspiel, es soll um $A=$ „Pik Bube" und $B=$ „Pik" gehen. Die Wahrscheinlichkeit für A ist dann $1/32$, da es 32 Karten gibt und alle die gleiche Wahrscheinlichkeit haben, gezogen zu werden. Wenn man aber schon weiß, dass eine Pik-Karte gezogen wurde (also B eingetreten ist), so erhöht sich die Wahrscheinlichkeit für den Pik-Buben auf $1/8$, da es 8 Pik-Karten im Spiel gibt.

- Bei der Bayes-Formel in der einfachsten Variante geht es, wie eben, um mögliche Ergebnisse A und B. Es wird vorausgesetzt, dass man $P(B)$, die Wahrscheinlichkeit für B, und die Zahlen $P(A \mid B)$ und $P(A \mid \neg B)$ kennt[50]. Durch die Bayes-Formel kann man dann $P(B \mid A)$ bestimmen:

$$
P(B \mid A) = \frac{P(A \mid B)P(B)}{P(A \mid B)P(B) + P(A \mid \neg B)\big(1 - P(B)\big)}.
$$

Das im Beitrag angesprochene Beispiel aus der Medizin kann nun präzisiert werden. Es soll um die Diagnose einer seltenen Krankheit gehen. Es muss ja nicht gleich immer Krebs oder Aids sein, denken wir etwa an Masern. Man findet also am Morgen einige Pickelchen im Gesicht und möchte gern wissen, ob man die Masern hat. Der Arzt macht einen Masern-Test, der positiv ausfällt. Hat man die Krankheit nun wirklich?

Zur Analyse vereinbaren wir, dass A die Abkürzung für „Der Masern-Test fällt positiv aus" sein soll, und B heißt einfach „Ich habe die Masern". Um das mit der Bayes-Formel zu behandeln, brauchen wir die Zahlen $P(B)$, $P(A \mid B)$ und $P(A \mid \neg B)$. Die erste ist die Wahrscheinlichkeit für Masern. Diese Krankheit tritt bei Erwachsenen recht selten auf, wir setzen einmal $P(B) = 0.05$ an, das sind 5 Prozent. $P(A \mid B)$ beschreibt die Zuverlässigkeit des Tests: Mit welcher Wahrscheinlichkeit werden Masern-Erkrankte auch wirklich als solche erkannt? Ideal wäre, wenn man hier 1 (gleich 100 Prozent) einsetzen könnte. Solche Tests gibt es aber nicht, man kann nur hoffen, dem Ideal möglichst nahe zu kommen. Wir setzen einmal optimistisch $P(A \mid B) = 0.98$ an. Es fehlt noch $P(A \mid \neg B)$: Wie wahrscheinlich ist es, dass es auch ohne Masern zu einem positiven Testergebnis kommt? Hier wäre eine exakte Null wünschenswert, aber auch das ist nicht zu erreichen. Ein realistischer Wert könnte bei $P(A \mid \neg B) = 0.20$ liegen. Nun wird gerechnet. Uns interessiert $P(B \mid A)$, die Wahrscheinlichkeit, dass ein positives Testergebnis auf die Krankheit schließen lässt. Mit der Bayes-Formel geht das so:

---

[50] Dabei ist $\neg B$ die Abkürzung für das zu B komplementäre Ergebnis (B ist *nicht* eingetreten). Ist, wie eben, B das Ergebnis „Pik", so wäre $\neg B$ das Ergebnis „Kreuz, Herz oder Karo".

$$P(B \mid A) = \frac{P(A \mid B)P(B)}{P(A \mid B)P(B) + P(A \mid \neg B)(1 - P(B))}$$

$$= \frac{0.98 \cdot 0.05}{0.98 \cdot 0.05 + 0.20 \cdot (1 - 0.05)}$$

$$= 0.205\ldots$$

Die Wahrscheinlichkeit, wirklich krank zu sein, liegt damit nur bei beruhigenden 20 Prozent. Das ist überraschend, die meisten hätten einen höheren Wert erwartet. Der Grund ist wohl der, dass man beim Abschätzen von Wahrscheinlichkeiten nur unzureichend die Tatsache berücksichtigt, dass die Krankheit sehr selten auftritt.

Eine geometrische Veranschaulichung

Um sich klar zu machen, wie die Fehleinschätzung zustande kommt, betrachten wir das nachstehende hellblaue Rechteck:

Es soll die Gesamtheit der hier interessierenden Ereignisse symbolisieren. Der dunkelblaue kleine Kreis steht für das Ereignis B: „Masern!". Der Kreis ist sehr klein, weil Masern ja sehr selten sind. Der andere Kreis repräsentiert die Aussage A: „Testergebnis positiv". Er schneidet weit in den kleinen Kreis hinein, da der Test ja im Falle einer wirklichen Krankheit auch ansprechen soll. Und sein Anteil außerhalb des kleinen Kreises ist klein, da wir von einer vernachlässigbaren Irrtumswahrscheinlichkeit ausgehen.

Trotz dieser Bedingungen kann es sein, dass der Anteil der B-Fläche an der A-Fläche nur mäßig ist: Ein positives Testergebnis bedeutet nicht gleich, dass man nun ziemlich sicher die Masern hat.

51. Milliardär oder Billionär?

Hin und wieder werden sehr große Zahlen gebraucht: Bruttosozialprodukte, Staatsschulden usw. Dabei kann man wohl unterstellen, dass so gut wie alle wissen, dass eine Million eine Eins mit sechs Nullen ist. Wie sollte man auch sonst realistisch darüber spekulieren, was man mit dem erhofften Lottogewinn anstellen könnte?

Kritischer ist es schon mit der Milliarde, angeblich können sogar manche Spitzenpolitiker und Manager nicht mit absoluter Sicherheit sagen, was das genau bedeutet. Für alle, die es vergessen haben: Eine Milliarde sind tausend Millionen, ein Milliardär könnte also mit einem Promille seines Besitzes einen Habenichts in einen Millionär verwandeln.

Verwirrenderweise gibt es in verschiedenen Sprachen unterschiedliche Namen für große Zahlen. Im amerikanischen – und meist auch im britischen – Englisch ist unsere „Milliarde" eine „billion". Dort werden große Zahlen nämlich recht logisch dadurch bezeichnet, dass man nach der Million für jeweils drei weitere Nullen das nächste lateinische Zahlwort als Präfix davor schreibt: million, billion, trillion, usw. Im Deutschen werden noch Milliarden, Billiarden, dazwischen geschoben, die Verwirrung ist vollkommen.

Dabei sind wir hier in Deutschland noch gut dran, weil sich das System im Lauf der Zeit nicht geändert hat. Wenn man dagegen große Zahlen in englischen oder französischen Zeitschriften liest, sollte man bei älteren Ausgaben auch auf das Datum sehen. Dort gab es nämlich einige Zeit eine Koexistenz beider Systeme. Heute haben Franzosen ihre „milliard" (also so wie die Deutschen), und dafür sagen die meisten Engländer „billion" (wie die Amerikaner). Seien Sie also in Zukunft skeptisch, wenn irgendwelche reichen amerikanischen Popstars als „Billionäre" bezeichnet werden. Nach deutscher Rechnung sind es einfach „nur" Milliardäre. Tatsächlich kommen echte Billionen im Deutschen so gut wie nie vor, auch das Bruttosozialprodukt kann noch in Milliarden gemessen werden. Wenn man allerdings die gesamten Sparguthaben aller deutschen Haushalte beziffern möchte, kommt man um Billionen nicht herum.

Manchmal werden Mathematiker gefragt, wie denn noch viel größere Zahlen bezeichnet werden. Die Antwort fällt ziemlich trocken aus, denn alles wird einfach in Zehnerpotenzen ausgedrückt. Kaum ein Mathematiker würde von einer Milliarde reden, wenn er eine Eins mit neun Nullen meint, für ihn ist das einfach zehn hoch neun. Und sollte einmal zehn hoch tausend vorkommen, würde er auch nicht versuchen, mit Hilfe eines lateinischen Wörterbuchs die passende Bezeichnung zu finden.

Was machen zwei Nullen schon aus ... ?

Schade, dass uns die Natur kein gutes Vorstellungsvermögen für große Zahlen mitgegeben hat. Ob man 10 Euro oder 1000 Euro geschenkt bekommt, diesen Unterschied muss man niemandem erklären. Wenn man aber erfährt, dass das Licht in einem Jahr 9 460 800 000 000 Kilometer zurücklegt (das sind fast neuneinhalb – deutsche – Billionen!), so ist es mit der Vorstellungskraft vorbei. Zwei Nullen mehr oder weniger nehmen wir bei diesen Größenordnungen nicht wirklich wahr, so große Zahlen sind einfach nur „unermesslich viel".

Das vernebelt leider manchmal auch den Blick auf die Realitäten der Tagespolitik. Die Meldung „Berlin hat heute 59 253 104 304" Euro Schulden[51] ist sicher leichter zu ertragen, wenn man sie als „Berlin ist ziemlich stark verschuldet" abspeichert, als wenn man versucht, sich diese knapp 60 Milliarden etwas konkreter zu veranschaulichen. Es sind immerhin 60 000 Millionen Euro. Wenn man das Geld hätte, könnte man auf einen Schlag alle Bewohner einer mittleren Stadt wie etwa Herford zu Millionären machen. Oder 600 Kisten mit je einem Kubikmeter Fassungsvermögen mit Hundert-Euro-Scheinen füllen.

Wir werden es sicher nicht mehr erleben, dass rund um den Globus alle das Gleiche unter einer „Billion" verstehen. Es ist wie mit dem Linksverkehr oder der Spurweite von Eisenbahnen: Wenn sich ein Land erst einmal über Generationen an ein spezielles System gewöhnt hat, scheitert jede Änderung an tausend guten Gründen. Problematisch ist das allerdings fast nur für Journalisten. Jedesmal, wenn irgendwo von Billionen die Rede ist, müssen sie recherchieren, aus welcher Zeit und von wem die Meldung stammt.

---

[51] Aus dem Berliner „Tagesspiegel" vom 22. März 2006.

52. Mathematik und Schach

Können Sie ein bisschen Schach spielen, kennen Sie wenigstens die Regeln? Einige Aspekte der Mathematik kann man nämlich ganz gut erklären, wenn man sie in andere Bereiche übersetzt, heute soll dazu die Welt des Schachspiels verwendet werden.

 Da sind zunächst die Spielregeln, sie entsprechen den Axiomen der Mathematik. Es gibt kaum nennenswerte Bemühungen, neue Spielregeln zu erfinden. Vielmehr wird eine gewaltige intellektuelle Energie dafür investiert, unter Einhaltung der vereinbarten Regeln als Sieger vom Brett zu gehen. Genauso können Mathematiker Monate – manchmal auch Jahre – damit verbringen, endlich herauszubekommen, ob ein spezielles Ergebnis im Rahmen der Theorie beweisbar ist.

Auch weiß jeder, dass die Wahrheiten des Schachs unabhängig von speziellen Schachbrettern und Spielern sind. Gibt es für irgendeine Stellung einen Weg zum Gewinn, so kann man das bei Bedarf auch auf einem Zettel notieren (oder zur Not auch nur mündlich mitteilen). Entsprechend sind die Ergebnisse der Mathematik auch nicht an Personen, Bücher oder Sprachen gebunden. Es ist wirklich schwer, sie zu lokalisieren. Platon hat sie als ewig angesehen und im Reich der Ideen angesiedelt, für andere Philosophen handelt es sich lediglich um Folgerungen aus zwischenmenschlichen Vereinbarungen, die manchmal ganz nützliche Anwendungen haben.

Kommen wir nun zu gelösten und ungelösten Problemen. Schon Anfänger lernen schnell, dass man das Endspiel gewinnen kann, wenn man neben dem König noch einen Turm, der Gegner aber nur noch den König hat. Wir werden aber wohl nie erfahren, ob bei Partiebeginn „Weiß am Zug gewinnt" eine richtige Aussage ist. So lassen sich auch in der Mathematik zahlreiche Probleme finden, die offen sind und von denen niemand weiß, ob und wann sie gelöst werden. (Einige, wie zum Beispiel das Goldbachproblem, sind in dieser Kolumne ja schon zur Sprache gekommen.)

Es gibt allerdings einen prinzipiellen Unterschied zwischen den beiden Bereichen, und das erklärt, warum es an unseren Universitäten keine Fachbereiche für Schach gibt. Mit Schach kann man nämlich nicht die Stabilität von Brücken berechnen, Wahrscheinlichkeiten beim Lotto bestimmen und so weiter: Im Gegensatz zur Mathematik ist Schach nämlich nicht auf Probleme dieser Welt direkt anwendbar. Warum das „Buch der Natur in der Sprache der Mathematik geschrieben" ist (Galilei), weiß allerdings niemand so genau.

Wie sollte man Mathematik lernen?

Es gibt noch weitere Parallelen zwischen Schach und Mathematik. Betrachten wir etwa die Ausbildung von Mathematikern an Universitäten. In der Regel sollen sie Mathematik dadurch lernen, dass sie konkrete Aufgaben lösen: „Beweisen Sie, dass die Zahl x irrational ist." „Man zeige, dass das Problem einen unendlichdimensionalen Lösungsraum hat." ...

Das ist sehr ähnlich zum Lösen von Schachaufgaben: „Weiß zieht und setzt in drei Zügen matt." „Wie kann Weiß durch einen Opferzug das Spiel für sich entscheiden?" ...

Jeder Schachspieler weiß aber, dass man allein durch das Lösen von Problemen kein guter Schachspieler wird. Wenn man vor dem Schachbrett sitzt und einen guten Zug sucht, so weiß man ja gerade nicht, dass es die Möglichkeit für ein Matt in vier Zügen gibt oder dass jetzt ein spektakulärer Opferzug das Blatt wenden könnte.

Auf die Mathematik übertragen bedeutet das, dass man in die Ausbildung auch Situationen einbeziehen müsste, wo nicht von Anfang an klar ist, was denn nun bewiesen werden kann. Dann ist zunächst einmal Kreativität gefragt, um die Möglichkeiten der Mathematik zur Behandlung der gerade vorliegenden Fragestellung abzuschätzen. Das würde viel mehr der Berufspraxis entsprechen als die trainierten Reaktionen auf die Aufforderung „Zeigen Sie, dass ... ".

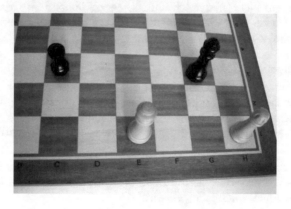

Abbildung 45: Schwarz zieht und gewinnt

53. „Das Buch der Natur ist in der Sprache der Mathematik geschrieben"

„Das Buch der Natur ist in der Sprache der Mathematik geschrieben": So poetisch formulierte es Galileo Galilei vor fast vierhundert Jahren.

Damit meinte er, dass man viele Aspekte der Wirklichkeit in Mathematik übersetzen kann. Stellen wir uns als Beispiel vor, dass Sie das Wohnzimmer Ihrer neuen Wohnung mit Auslegware verschönern wollen. Dann können Sie doch die voraussichtlichen Kosten sehr leicht mit elementarer Geometrie ermitteln: Sie müssen nur die Fläche eines Rechtecks berechnen.

Bei dieser Überlegung wurden gewisse Aspekte des realen Wohnzimmers in Mathematik übersetzt. In den Anwendungen dieses Verfahrens in den Ingenieur- und Naturwissenschaften ist die Idee die gleiche: Die gerade interessierenden Aspekte der Fragestellung werden in die Welt der Mathematik übertragen und dort gelöst. Die Rückübersetzung löst dann – hoffentlich – das Ausgangsproblem. Dabei kommen fast alle Teilgebiete zum Einsatz: Geometrie und Algebra, Numerik und Wahrscheinlichkeitsrechnung, die zu lösenden konkreten Probleme können beliebig kompliziert sein.

Das ist übrigens nicht wesentlich anders, als ob jemand im Urlaub in den USA ein Problem („Wo ist die nächste Tankstelle?") ins Englische übersetzt und auf die Hilfe von Einheimischen hofft. Auch da wird die Lösung in einer anderen Sprache ermittelt.

Niemand zweifelt heute ernsthaft daran, dass Galilei Recht hatte. Umstritten ist allerdings, warum das denn so ist. Ist es ein Mysterium, das wir nicht verstehen können? Ist der liebe Gott Mathematiker, ist also die Welt nach mathematischen Prinzipien konstruiert, die wir immer besser erfassen können? Oder ist alles nur eine Frage der Konvention, ist also die Anwendbarkeit der Mathematik lediglich eine Illusion?

Viele Jahrhunderte lang wurde von Philosophen und Mathematikern vergeblich versucht, eine allgemein akzeptierte Antwort zu finden. Inzwischen ist die Hoffnung gering, dass das irgendwann gelingen wird.

Der Mathematiker als Übersetzer

Mathematik auf Probleme der uns umgebenden Welt anzuwenden, wurde als Übersetzung beschrieben: Übersetze die Bausteine des Problems P in ein mathematisches Problem P', suche dort eine Lösung L' und fasse die Rückübersetzung L der mathematischen Lösung als (Vorschlag für die) Lösung des Ausgangsproblems auf.

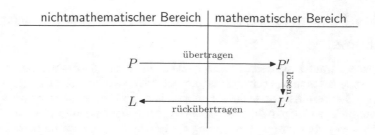

| nichtmathematischer Bereich | mathematischer Bereich |

$$P \xrightarrow{\text{übertragen}} P'$$

lösen

$$L \xleftarrow[\text{rückübertragen}]{} L'$$

Abbildung 46: Mathematik als Übersetzung

Formal hat das große Ähnlichkeit mit anderen Übersetzungstechniken innerhalb der Mathematik und aus der Lebenserfahrung. So wurde im Beitrag 36 darauf hingewiesen, dass einer der wichtigsten Vorteile der Logarithmenrechnung darin besteht, dass multiplikative Probleme in additive Probleme übersetzt werden. Und wer in New York auf dem Flughafen ankommt und ein Taxi sucht, wird ja auch sein Problem sinnvollerweise ins Englische übersetzen und von einem Einheimischen lösen lassen.

Der dänische Mathematiker *Vagn Lundsgaard Hansen* aus Kopenhagen hat die Rolle der Mathematik als „Brücke zur Welt" anlässlich des Jahrs der Mathematik 2000 sehr eindrucksvoll in einem Poster umgesetzt:

Zu sehen ist die 1624 Meter lange Storebælt-Brücke, die – damals – längste Hängebrücke Europas. Sie verbindet die dänischen Inseln Fyn und Sjælland.

Für den Schrebergarten braucht man keine sphärische Trigonometrie

Es muss darauf hingewiesen werden, dass durch die Auswahl eines mathematischen Modells schon Vorentscheidungen getroffen werden. Ist es zu stark vereinfacht, sind die Voraussagen kaum zu gebrauchen, und ist es zu kompliziert, ist die Berechnung viel zu aufwändig oder gar unmöglich. Niemand wird ja auch die Größe eines Schrebergartens unter Verwendung sphärischer Trigonometrie berechnen. Die mathematische Theorie kann dann nur im Rahmen dieser Vorentscheidungen angewandt werden.

Auch ist wichtig zu bemerken, dass es mit dem Übersetzen in ein mathematisches Modell nie getan ist. Wenn zum Beispiel der Bremsweg eines Kraftwagens bestimmt werden soll, so sind die Gesetze der Mechanik heranzuziehen, die einen Zusammenhang zwischen Massen, Kräften und Bewegungen herstellen.

Bei komplizierteren Situationen kann es sein, dass ein ganzes Bündel von Theorien über die Welt verwendet werden muss, um zu einem konkreten mathematischen Problem zu kommen. Und wenn die Lösung mit dem, was wirklich beobachtet wird, nicht übereinstimmt, ist gar nicht klar, welche der Theorien nun modifiziert werden muss.

54. Ein Pater eröffnete im 17. Jahrhundert die Jagd nach immer größeren Primzahlen

Langweilt sich Ihr Rechner manchmal? Soll er Ihnen helfen, Ihren Namen in der Mathematikgeschichte unsterblich zu machen? Dann surfen Sie doch einmal zur Internetseite www.mersenne.org. Dort ist ein Computernetzwerk mit dem Ziel entwickelt worden, besonders große Primzahlen zu finden.

Zur Erinnerung: Primzahlen sind Zahlen, die nur durch sich selbst und Eins teilbar sind, wie etwa 3, 11 und 31. Es ist bekannt, dass es beliebig viele davon gibt, deswegen müssen auch beliebig große vorkommen. Das heißt noch nicht, dass man solche großen Primzahlen auch konkret angeben könnte. Das Problem wird von verschiedenen Seiten angegangen, eine Mischung aus theoretischen Überlegungen und massiver Computerhilfe hat sich am erfolgreichsten erwiesen.

Naiv könnte man meinen, dass die Primzahleigenschaft einer Zahl schnell nachzuprüfen ist. Man muss ja nur für alle kleineren Zahlen testen, ob ein Teiler dabei ist. Leider ist das nur für Zahlen mit wenigen Stellen ein gangbarer Weg, sonst ist man leicht bei Rechenzeiten in der Größenordnung des Alters des Universums.

Deswegen werden bei der Rekordjagd auch nur ganz spezielle Kandidaten untersucht. Sie entstehen dadurch, dass man die Zahl Zwei mehrfach mit sich selbst multipliziert und dann Eins abzieht. Zum Beispiel entstehen die Zahlen 31 und 63 auf diese Weise, nämlich als $2 \cdot 2 \cdot 2 \cdot 2 \cdot 2 - 1$ und $2 \cdot 2 \cdot 2 \cdot 2 \cdot 2 \cdot 2 - 1$. Wenn dabei wie im ersten Fall eine Primzahl entsteht, spricht man von einer Mersenneschen Primzahl. Sie sind nach dem Pater Mersenne – er ist nebenstehend abgebildet – benannt, der von 1588 bis 1648 lebte und sich um die Wissenschaften sehr verdient gemacht hat.

Für Mersennesche Primzahlen gibt es einen Test, der auch für gewaltige Größenordnungen noch in überschaubarer Zeit durchgeführt werden kann. Dabei muss man für unglaublich große Zahlen ein einziges Mal einen Teilbarkeitstest durchführen. Am besten geht das, wenn sich mehrere Rechner die Arbeit teilen, die Feinheiten sind im Mersenne-Netzwerk organisiert.

Immer mal wieder wird auf diese Weise ein neuer Rekord aufgestellt. Der Primzahlchampion 2004 wurde im November gefunden, er hat über sechs Millionen Stellen. Ein gewisser Michael Shafer hatte das Glück, dass der Test auf seinem Computer positiv ausfiel. Damit ist er als Entdecker der 40. Mersenne-Primzahl bekannter als viele Berufsmathematiker.

Primzahlrekorde

Primzahlrekorde veralten schnell. Durch die Steigerung der Rechenleistung, der immer stärkeren Vernetzung der Computer und der immer ausgefeilteren Rechenmethoden werden immer größere Primzahlen entdeckt. Es ist deswegen wenig überraschend, dass der in der Kolumne im Jahr 2004 gemeldete Rekord inzwischen überholt ist. Während diese Zeilen geschrieben werden, ist die Zahl

$$2^{25964951} - 1$$

der Rekordhalter. Das kann sich, wie gesagt, schnell ändern. Wer es ganz genau wissen möchte, kann zu www.mersenne.org surfen, da wird Buch über Rekorde geführt.

Um eine Vorstellung von der gewaltigen Größenordnung der Zahlen, um die es hier geht, zu gewinnen, sollte man sich daran erinnern, dass die Zahl 2^{10} gleich 1024 ist. Anders ausgedrückt: 2^{10} ist so ungefähr 10^3. Ganz analog ergibt sich, dass $2^{20} \approx 10^6$, $2^{30} \approx 10^9$ usw. Allgemein: 2^n entspricht näherungsweise einer Zahl, die mit Eins beginnt und $3 \cdot (n/10)$ Nullen hat (jedenfalls, wenn dieser Bruch eine ganze Zahl ist). Für unser Beispiel $2^{25\,964\,951} - 1$ folgt, dass eine Zahl mit $3 \cdot 25\,964\,951/10$, also mit etwa 8 Millionen Stellen zu erwarten ist. Wollte man sie ausdrucken – auf jede Seite könnten 50 Zeilen zu 100 Ziffern passen – so ergibt das 5000 Ziffern pro Seite, also $8\,000\,000/5000 = 8000/5 = 1600$ Seiten. Das wäre schon ein ziemlich dicker Wälzer.

Primzahltests

Wie kann man einer großen Zahl n schnell ansehen, ob sie eine Primzahl ist oder nicht? Ist, zum Beispiel, $2\,403\,200\,604\,587$ eine Primzahl?

Der ganz naive Weg besteht darin, für alle kleineren Zahlen m zu testen, ob m ein Teiler von n ist. Dafür muss man (im Wesentlichen) n-mal rechnen, das dauert für große Zahlen viel zu lange.

Etwas weniger aufwändig geht es mit Hilfe einer Vorüberlegung. Ist nämlich n *keine* Primzahl, ist also $n = k \cdot l$, so können nicht beide der Zahlen k, l größer als die Wurzel aus n sein. (Aus $k > \sqrt{n}$ und $l > \sqrt{n}$ würde nämlich durch Multiplikation $k \cdot l > \sqrt{n} \cdot \sqrt{n} = n$ folgen.) Wenn es also im Bereich von 2 bis $\sqrt{n}$ keine Teiler gibt, muss n eine Primzahl sein.

Die Arbeitseinsparung ist dramatisch. Bei einer Zahl in der Größenordnung einer Million etwa sind nur noch 1000 Tests durchzuführen. Allerdings hilft auch das nicht allzuviel, wenn n die Größenordnung von einigen hundert Stellen hat. Dann ist die Wurzel so groß, dass eine systematische Suche auch bei mehreren hundert Jahren Rechenzeit nicht zum Ziel führen würde.

Deswegen muss man nach anderen Wegen suchen. Ein Verfahren, das sich für die Entdeckung neuer Rekordhalter eignet, steht allerdings nur für Zahlen des Typs $2^k - 1$ zur Verfügung. Es ist der *Lucas-Lehmer-Test:*

Wir setzen zur Abkürzung $M_k = 2^k - 1$. Wann ist M_k eine Primzahl? Man kann beweisen, dass das nur im Fall von Primzahlen k klappen kann, doch auch dann ist M_k nicht notwendig selbst eine Primzahl. (Zum Beispiel ist $M_{11} = 2^{11} - 1 = 2047 = 23 \cdot 89$.)

Man gibt also eine Primzahl k vor und definiert Zahlen $L_1, L_2, \ldots, L_k$ – die so genannten *Lucas-Zahlen* – wie folgt. Es ist $L_1 := 4$, $L_2 = L_1^2 - 2 = 14$, $L_3 = L_2^2 - 2 = 194$, usw.: Stets soll $L_{l+1} = L_l^2 - 2$ sein. Dann ist M_k genau dann eine Primzahl, wenn M_k ein Teiler von L_{k-1} ist.

Um das zu testen, berechnen wir versuchsweise die ersten Lucas-Zahlen:

$$4,\ 14,\ 194,\ 37\,634,\ 1\,416\,317\,954,\ \ldots$$

Man sieht, dass sie sehr schnell gigantische Größenordnungen erreichen. Andererseits sind wir ja auch nur daran interessiert, ob Teilbarkeit durch M_k vorliegt, und deswegen reicht es, die L_l modulo M_k zu berechnen[52].

Beispiel 1: Wir setzen $k = 5$. Dann ist $M_k = 2^5 - 1 = 31$. Da das eine Primzahl ist, sollte der Test positiv ausfallen. Wir müssen die Zahlen L_1, L_2, L_3, L_4 bestimmen und prüfen, ob die letzte durch 31 teilbar ist. Wir rechnen gleich modulo 31: 4, 14, 8, 0, der Test sagt damit die Primzahleigenschaft richtig voraus.

Beispiel 2: Nun untersuchen wir $k = 11$, wir wollen $M_{11} = 2047$ testen. So sehen die $L_1, \ldots, L_{10}$ modulo 2047 aus:

$$4,\ 14,\ 194,\ 788,\ 701,\ 119,\ 1877,\ 240,\ 282,\ 1736.$$

Die letzte dieser Zahlen ist *nicht* die Null, und deswegen kann M_{11} keine Primzahl sein. (Bemerkenswerterweise ist damit noch kein Teiler gefunden: Das gibt dieses Verfahren nicht her.)

---

[52] Vgl. Beitrag 22.

55. Die schönste Formel wurde im 18. Jahrhundert in Berlin entdeckt

Vor einigen Jahren gab es eine Umfrage unter Mathematikern: Was ist die schönste Formel? Zur Auswahl standen Beispiele aus verschiedenen Bereichen der Mathematik, am Ende siegte eine Formel, die auf den Mathematiker Euler zurückgeht. Sie stammt schon aus dem 18. Jahrhundert, Euler war damals Mathematiker am Hof Friedrichs des Großen in Berlin.

Um sie zu verstehen, muss daran erinnert werden, was denn eigentlich die wichtigsten Zahlen der Mathematik sind. Da sind zunächst natürlich die Null und die Eins, denn erstens kann man damit alle anderen Zahlen aufbauen, und zweitens sind ihre Eigenschaften beim Arbeiten mit Zahlen unersetzlich. Das liegt im Wesentlichen daran, dass die Addition einer Null und die Multiplikation mit Eins keine Auswirkungen haben.

Weiter braucht man sicher die Kreiszahl π (Pi), man lernt sie schon in der Schule bei der Kreisberechnung kennen. Auch ist für die Beschreibung von Wachstumsvorgängen die Zahl e ($= 2.7181\ldots$) unerlässlich: Exponentielles Wachstum (Bakterien) und exponentielle Abnahme (beim radioaktiven Zerfall) gehören zu den grundlegenden mathematischen Modellierungen, in beiden kommt die Zahl e vor. Schließlich ist seit einigen Jahrhunderten klar, dass man den Bereich der Zahlen um die komplexen Zahlen erweitern muss, um alle Gleichungen lösen zu können. Das gilt nicht nur für schwierigere mathematische Untersuchungen, komplexe Zahlen gehören auch zum Handwerkszeug von – zum Beispiel – Elektroingenieuren.

$$0 = 1 + e^{i\pi}$$

Bemerkenswerterweise gibt es nun einen Zusammenhang zwischen den Zahlen 0, 1, π, e und der wichtigsten komplexen Zahl i: Rechnet man nämlich Eins plus e hoch i mal π aus, bestimmt man also $1 + e^{i \cdot \pi}$, so kommt exakt Null heraus. Das ist die Eulersche Formel.

Für Mathematiker hat sie deswegen eine besondere Bedeutung, weil sie symbolisch für die Einheit der Mathematik steht. Es ist nämlich fast schon ein bisschen mysteriös, dass es zwischen Zahlen, die für völlig verschiedene Zwecke maßgeschneidert wurden, einen einfach zu beschreibenden Zusammenhang gibt.

Die schönste Formel: der Beweis

Zu fast allen Zahlen, die in der schönsten Formel auftreten, gibt es in den „Fünf Minuten Mathematik" Informationen: zu π (Beitrag 16), zur Null (Beitrag 28), zu e (Beitrag 42) und zu i (Beitrag 94). Wie ist Euler denn darauf gekommen?

Um die Formel zu verstehen, muss man einiges über Funktionen wissen. Es wird eine wichtige Rolle spielen, dass man komplizierte Ausdrücke manchmal durch einfache Summen ganz gut annähern kann. Ein Beispiel: Wenn eine Zahl x „klein genug" ist, so kann man die Wurzel aus $1+x$ durch $1+x/2$ annähern. Für $x = 0.02$ wollen wir das nachprüfen: Es ist $\sqrt{1.02}$ gleich $1.00995\ldots$, und das ist sehr nahe bei $1 + x/2 = 1.01$. Wenn man es noch genauer machen möchte, kann man noch einen Summanden mit einem Vielfachen von x^2 hinzufügen, noch genauer wird es, wenn man auch x^3 berücksichtigt usw.

Hier interessiert die Exponentialfunktion. Für e^z erhält man die besten Annäherungen, wenn man zwei, drei oder noch mehr Summanden der folgenden Summe betrachtet:

$$1 + z + \frac{z^2}{2!} + \frac{z^3}{3!} + \cdots .$$

(Zur Erinnerung: Es ist $2! = 1 \cdot 2$, $3! = 1 \cdot 2 \cdot 3$ usw.) Da der Fehler bei immer mehr Summanden beliebig klein wird, schreibt man dafür auch

$$e^z = 1 + z + \frac{z^2}{2!} + \frac{z^3}{3!} + \cdots .$$

Für die Sinus- und Cosinus-Funktion gibt es auch entsprechende Formeln:

$$\sin z = z - \frac{z^3}{3!} + \frac{z^5}{5!} - \frac{z^7}{7!} \pm \cdots ;$$

$$\cos z = 1 - \frac{z^2}{2!} + \frac{z^4}{4!} - \frac{z^6}{6!} \pm \cdots .$$

Wenn man dann mit der Formel für e^z den Ausdruck e^{ix} berechnet, wobei i die imaginäre Einheit ist, so ergibt sich unter Beachtung von $i^2 = -1$ (siehe Beitrag 94), dass

$$
\begin{aligned}
e^{ix} &= 1 + ix + \frac{(ix)^2}{2!} + \frac{(ix)^3}{3!} + \cdots \\
&= 1 - \frac{x^2}{2!} + \frac{x^4}{4!} - \frac{x^6}{6!} \pm \cdots + \\
&\quad i\left(x - \frac{x^3}{3!} + \frac{x^5}{5!} - \frac{x^7}{7!} \pm \cdots\right) \\
&= \cos x + i \sin x.
\end{aligned}
$$

Nun muss man nur noch speziell $x = \pi$ einsetzen und wissen, wie die trigonometrischen Funktionen im Bogenmaß berechnet werden: Dort ist $\cos \pi = -1$ und $\sin \pi = 0$. So folgt wirklich $e^{i\pi} = -1$, das ist im Wesentlichen die Eulersche Formel.

56. Die erste wirklich komplizierte Zahl

Aus zwei Gründen sind die durch Brüche darstellbaren Zahlen – die so genannten rationalen Zahlen – von fundamentaler Bedeutung. Erstens gibt es davon so viele, dass alle praktisch wichtigen Zahlen ohne große Verluste durch eine rationale Zahl ersetzt werden können. So darf man zum Beispiel ohne irgendwelche Nachteile bei der Berechnung des Saatguts für ein kreisrundes Beet die Kreiszahl π durch den Bruch $314/100$ ersetzen.

Und zweitens sind die Bruchzahlen sehr leicht zugänglich. Was $5/11$ ist, kann man Kindern schon ziemlich früh erklären. Die Pythagoräer vertraten sogar die Ansicht, dass *alle* für arithmetische und geometrische Probleme wichtigen Zahlen rational sein müssten. Immerhin konnten sie mit dieser Maxime viele wichtige Phänomene beschreiben. So entsteht zum Beispiel die pythagoräische Tonleiter dadurch, dass die Verhältnisse der Frequenzen der einzelnen Töne zueinander einfach zu beschreibende Brüche sind[53].

 Deswegen wurde es damals als besonders schockierend empfunden, dass schon in ganz naiven Zusammenhängen Zahlen auftreten können, die *nicht* rational sind; solche Zahlen heißen *irrational*. Bekanntestes Beispiel ist sicher die Quadratwurzel aus 2. Sie ist die Länge der Diagonale in einem Quadrat mit Seitenlängen Eins. Niemand, der Geometrie betreiben möchte, kommt an ihr vorbei.

Der Nachweis der Irrationalität ist nicht leicht. Computer und beliebig lange Rechenzeit helfen nicht weiter. Warum sollte man die Wurzel aus Zwei nicht als Bruch von zwei Zahlen schreiben können, die jeweils viele Billionen Stellen haben?

Die Lösung ist ein indirekter Beweis. Das ist ein Verfahren, das auch Sherlock Holmes manchmal gute Dienste leistet: Angenommen, es wäre so und so, dann müsste auch das und das gelten; das stimmt aber nicht, und deswegen war die zuerst gemachte Annahme falsch.

Das Verfahren klappt auch im vorliegenden Fall, die technischen Einzelheiten finden Interessierte nachstehend.

Zum Beweis der Irrationalität gibt es auch eine Anekdote. Angeblich wurde das Ergebnis von den Pythagoräern mit der höchsten Geheimhaltungsstufe belegt, und der Entdecker – ein gewisser Hipposus – bezahlte das Rütteln an den Grundlagen des Zahlverständnisses mit dem Leben.

Warum ist $\sqrt{2}$ nicht als Bruch darstellbar?

Die Wurzel aus 2 ist diejenige positive Zahl, deren Quadrat gleich 2 ist. Wir wollen sie hier w nennen. Durch Ausprobieren kann man sich schnell eine ungefähre Vorstellung von der Lage von w machen. Zum Beispiel ist das Quadrat von 1.4,

---

[53] Vgl. Beitrag 26.

also die Zahl $1.4 \cdot 1.4 = 1.96$, kleiner als 2, und deswegen muss w größer als 1.4 sein. Andererseits ist das Quadrat von 1.5 gleich 2.25, also zu groß: Deswegen ist w sicher kleiner als 1.5.

Jeder Taschenrechner weiß es genauer, eine für alle praktischen Zwecke ausreichende Annäherung an den wirklichen Wert von w ist 1.414213562. Das ist immer noch nicht exakt gleich der Wurzel aus 2, denn

$$1.414213562 \cdot 1.414213562 = 1.999999998944727844$$

ist eine Winzigkeit zu klein.

Mathematiker haben sich schon vor über 2000 Jahren gefragt, ob es überhaupt eine Möglichkeit gibt, w als Bruch darzustellen[54].

Der nachstehende klassische Beweis nutzt nur die folgende Tatsache aus:

Das Quadrat einer ungeraden Zahl ist ungerade und das Quadrat einer geraden Zahl ist gerade.

Der eigentliche Beweis beginnt mit der Annahme, dass w ein Bruch ist, und dann wird so lange argumentiert, bis Unsinn herauskommt. (So wie Sherlock Holmes: Wenn der Mörder das Restaurant durch die Küche verlassen hätte, wäre er von den Köchen gesehen worden. Die haben aber nichts bemerkt. Also muss er einen anderen Fluchtweg genommen haben.)

Wir schreiben w als p/q mit natürlichen Zahlen p, q. In dem Bruch soll schon fleißig gekürzt worden sein, insbesondere soll mindestens eine der Zahlen p, q ungerade sein.

Es ist also $p = w \cdot q$, und wenn man diese Gleichung quadriert und sich an $w \cdot w = 2$ erinnert, gelangt man zu $2 \cdot q^2 = p^2$. Deswegen ist p^2 eine gerade Zahl, und das geht nach Vorbemerkung nur, wenn p selber schon gerade war. Wir schreiben p als $2 \cdot r$ und setzen das in $2 \cdot q^2 = p^2$ ein. Es folgt – wegen $p^2 = 4 \cdot r^2$ – zuerst $2 \cdot q^2 = 4 \cdot r^2$ und daraus durch Kürzen $q^2 = 2 \cdot r^2$. Also war q^2 und damit auch q gerade. Das geht aber nicht: Einerseits hatten wir doch so weit wie möglich im Bruch p/q gekürzt, und nun kommt heraus, dass sowohl p als auch q gerade ist!

So ist gezeigt, dass w nicht als Bruch geschrieben werden kann. Auch nicht mit astronomisch großen Zahlen, und auch nicht in 100 000 Jahren.

---

[54] Man beachte, dass jede Zahl mit endlicher Dezimalentwicklung auch als Bruch geschrieben werden kann. So ist 1.41 doch das Gleiche wie $141/100$. Insbesondere kann eine Zahl, die nicht als Bruch geschrieben werden kann, keine endliche Dezimalzahl sein.

57. P=NP: Ist Glück in der Mathematik manchmal entbehrlich?

Hier soll ein Problem besprochen werden, für dessen Lösung eine Million Dollar ausgelobt sind.

Als Vorbereitung kümmern wir uns um die Klassifikation von Lösungsverfahren. Jeder weiß doch, dass Addieren leichter ist als Multiplizieren. Um das zu präzisieren, schaue man sich für irgendeine Aufgabe im Zusammenhang mit Zahlen die Anzahl der auftretenden Ziffern an. Treten n Ziffern auf, so braucht man für das Addieren im Wesentlichen n Rechenschritte, beim Multiplizieren sind es aber $n \cdot n$. Noch kompliziertere Verfahren (wie etwa das Lösen von Gleichungssystemen) bringen es auf $n \cdot n \cdot n$ Schritte. Allgemein nennt man einen Algorithmus polynomiell beschränkt, wenn die Anzahl der Rechenschritte höchstens gleich einer Potenz n^r (mit einer festen Zahl r) ist.

Nach allgemeiner Überzeugung sind solche Probleme „einfach" zu lösen, denn mit Hilfe von Computern lassen sie sich bis zu einer eindrucksvollen Größenordnung ohne Schwierigkeiten behandeln. Es gibt aber eine Reihe von Fragestellungen, die prinzipiell schwieriger zu sein scheinen. Ein berühmtes Beispiel ist das Problem des Handlungsreisenden, bei dem eine Reiseroute kürzester Länge gefunden werden muss[55].

Und unter den „schwierigen" Problemen gibt es nun einige, die man durch geschicktes Raten – also mit einer gehörigen Portion Glück – lösen kann. So lässt sich etwa ein Teiler einer vorgegebenen riesengroßen Zahl mit viel Glück durch Raten finden: Dass die geratene Zahl ein Teiler ist, kann ja leicht festgestellt werden.

Niemand glaubt ernsthaft, dass solche Probleme dann auch einfach sein müssten, denn das Glück, das hier gefordert ist, entspricht etwa dem, sein ganzes Leben lang jeden Sonntag sechs Richtige im Lotto zu haben. Skandalöserweise konnte noch niemand einen Beweis führen, um zu entscheiden, ob dieses Glück entbehrlich oder unentbehrlich ist. Seit Jahrzehnten wird versucht, das endlich zu klären, seit dem Jahr 2000 kann man mit einer Lösung eine Million Dollar reicher werden. Die besten Mathematiker der Welt haben es bisher allerdings vergeblich versucht.

Man sollte noch betonen, dass das Interesse an einer Lösung auch damit zusammenhängt, dass die Antwort die Sicherheit von Verschlüsselungssystemen wesentlich beeinflussen würde.

---

[55] Vgl. Beitrag 32.

Was genau sind P- und NP-Probleme?

Die für das Verständnis des Problems wichtigen Begriffe sollen noch präzisiert werden.

Was ist ein P-Problem?

Für das Addieren von 3-stelligen Zahlen muss man 3 elementare Additionen durchführen, allgemein n Additionen bei n-stelligen Zahlen. Beim üblichen Multiplizieren ist es komplizierter: Man muss $n \cdot n$ mal das kleine Einmaleins anwenden und dann noch einige Additionen ausführen. Nach höchstens $2n^2$ Rechenschritten liegt das Produkt dann vor. Ein Problem (wie hier: Berechne eine Summe! Berechne ein Produkt!) heißt vom Typ P, wenn man die Dauer, es für n-stellige Zahlen zu lösen, durch einen Ausdruck der Form $c \cdot n^r$ abschätzen kann. (Dabei sind c und r beliebige Zahlen, und der Buchstabe P soll an „Polynom" erinnern.) Dauert es also z.B. höchstens $1000 \cdot n^{20}$ lange, so liegt ein P-Problem vor.

Es ist weitgehend anerkannt, dass durch diese Definition beschrieben wird, was „vergleichsweise einfache Probleme" sind: Man kann sie in vernünftiger Zeit auf Computern lösen[56].

Was ist ein NP-Problem?

Es gibt allerdings Probleme, bei denen sich die Suche nach einer Lösung extrem kompliziert gestaltet. Für die Existenz einer Route des Handlungsreisenden mit vorgegebener Höchstlänge[57] sind bei n Städten $1 \cdot 2 \cdot 3 \cdots n$ Touren zu untersuchen, und das ist nicht durch einen Ausdruck der Form $c \cdot n^r$ abschätzbar. Auch wenn man c und r noch so groß wählt.

Wenn man aber eine Lösung rät und Glück hat, kann man das Problem schnell lösen: Man rate eine Route und stelle dann mit einer durch n beschränkten Rechenzeit fest, ob sie nicht zu lang ist.

Allgemein: Ein Problem heißt NP („nichtdeterministisch polynomial"), wenn man es mit Raten und Glück auf ein P-Problem zurückführen kann.

Es wird allgemein als Skandal empfunden, dass man bisher nicht nachweisen konnte, dass P-Probleme und NP-Probleme unterschiedliche Klassen repräsentieren. Von ganz besonderem Interessse wäre es zu wissen, ob das Problem „Finde einen Teiler einer Zahl!" zur Klasse P gehört. (Wie schon erwähnt, handelt es sich sicher um ein NP-Problem.) In Beitrag 23 wurde dargestellt, wie das mit der Sicherheit von Kryptosystemen zusammenhängt.

Für eine Antwort auf die Frage „P=NP?" sind eine Million Dollar Preisgeld von der Clay-Foundation ausgesetzt worden. Einzelheiten findet man auf der Internetseite http://www.claymath.org/.

---

[56] Das kann allerdings nur eine Faustregel sein: Wenn die Schranke $1000 \cdot n^{20}$ ist, muss man sich bei 5-stelligen Zahlen schon auf $95\,367\,431\,640\,625\,000$ Rechenschritte einrichten. Das schafft kein Computer.

[57] Vgl. Beitrag 32. Auch dort wird etwas zu P=NP gesagt.

58. Glückwunsch zum 32. Geburtstag!

Um ein Problem optimal erfassen zu können, sollte man es aus einem geeigneten Blickwinkel betrachten. In der Mathematik ist es genau so: Viel Mühe wird darauf verwendet, für die auftretenden Objekte eine Vielzahl von Darstellungsmöglichkeiten bereit zu stellen, um dann für die gerade anstehende Frage etwas Passendes zu finden.

Nehmen wir zum Beispiel die Zahlen. Da haben wir uns daran gewöhnt, dass sie im Zehnersystem notiert werden. Das bedeutet bekanntlich, dass wir eine konkrete Zahl dadurch beschreiben, dass wir angeben, wie oft man eine 1, eine 10, eine 100 usw. braucht, um sie darzustellen. 405 ist damit die Abkürzung für: 4-mal die „100", Null-mal die „10", 5-mal die „1".

Das ist äußerst praktisch, denn dadurch kann man auch die kompliziertesten Zahlenrechnungen auf das kleine Einmaleins zurückführen; ein erheblicher Teil des Rechenunterrichts in der Grundschule wird dafür verwendet.

Warum aber ausgerechnet das Zehnersystem? Das liegt sicher daran, dass wir zehn Finger (einschließlich Daumen) haben, einen tieferen Grund gibt es aber nicht. So wurde in anderen Kulturen auch im Zwölfersystem gerechnet. Das bedeutet, dass es zwölf Ziffernsymbole geben muss, etwa 0, 1, 2, 3, 4, 5, 6, 7, 8, 9, A, B, und dann werden zur Zahlendarstellung Potenzen der Zwölf zusammengesetzt. Das wäre für uns recht ungewohnt, es hat aber auch Vorteile. Die Zwölf hat nämlich mehr Teiler als die Zehn, und deswegen gibt es weniger Situationen, in denen man auf die Darstellung durch Brüche zurückgreifen muss.

Wirklich wichtig sind heute neben dem Zehnersystem eigentlich nur die Systeme zur Basis 2 und zur Basis 16, also das Dualsystem und das Hexadezimalsystem. Beides hat mit Computern zu tun. Das Dualsystem ist deswegen praktisch, weil es dort nur zwei Ziffern (nämlich 0 und 1) gibt und deswegen Zahlen in dieser Darstellung leicht in physikalische Zustände übersetzt werden können (nicht leitend, leitend). Und das Hexadezimalsystem entsteht, wenn man je vier Dualziffern zu einer neuen Ziffer zusammenfasst.

Übrigens: Die Zahl 50 schreibt sich im Hexadezimalsystem als 32 (nämlich als 2-mal die „1" plus 3-mal die „16"). So kann man seinen 50-ten Geburtstag in den 32-ten verwandeln, es ist also alles nur eine Frage des Standpunkts.

Der Brunnen in der neuen Nationalgalerie

Das *Dreiersystem* ist in der neuen Nationalgalerie in Berlin künstlerisch umgesetzt worden. Der Brunnen des amerikanischen Minimalisten *Walter de Maria* im Innenhof ist aus kleinen Säulen gestaltet, die drei verschiedene Formen haben. Interpretiert man diese Formen als Ziffernsymbole im Dreiersystem, so findet man alle möglichen Kombinationen, also die Darstellungen aller Zahlen von 0 bis $3 \cdot 3 \cdot 3 - 1 = 26$ in der Basis 3.

Abbildung 47: 27 Zahlen im Dreiersystem

Wie wird umgerechnet?

Wer selber seinen Geburtstag oder eine sonstige Zahl ins Hexadezimalsystem umrechnen möchte, kann nach den folgenden Schritten verfahren. Wir nehmen einmal an, dass die Zahl im Zehnersystem gegeben ist, als Beispiel behandeln wir 730.

1. Schritt: Die Zahl wird durch 16 geteilt, interessant ist zunächst nur der Rest, der beim Teilen übrig bleibt. Im Beispiel erhalten wir: 730 geteilt durch 16 ist gleich 45, Rest 10. Da die Ziffern im Hexadezimalsystem $0, 1, 2, 3, 4, 5, 6, 7, 8, 9,$ A, B, C, D, E, F sind, heißt die kleinste „Ziffer" der gesuchten Darstellung A. Sie kommt später ganz nach rechts.

2. Schritt: Nun wird das Ergebnis der eben durchgeführten Division wichtig: 45. Wir verfahren mit dieser Zahl so wie gerade mit der 730. Wir teilen 45 mit Rest durch 16. Als Ergebnis erhalten wir: 2, Rest 13. Die 13 ergibt die zweite Hexadezimalziffer von rechts, das D.

So wird das Verfahren fortgesetzt, bis erstmals das Ergebnis beim Teilen kleiner als 16 ist. Das wird dann die führende Ziffer. In unserem Fall waren wir nach zwei Schritten schon fertig, die größte Ziffer ist 2. Insgesamt haben wir errechnet, dass 730 die Hexadezimaldarstellung $2DA_H$ hat. Dabei soll durch den Index H klar gemacht werden, dass es sich um eine Hexadezimaldarstellung handelt. Würde das H fehlen, so könnte die Darstellung missverständlich sein, wenn – wie bei der Darstellung des 50-ten Geburtstags als 32_H-ter Geburtstag – keine der Hexadezimalziffern A, B, C, D, E, F auftreten.

59. Buffons Nadel

Heute wollen wir uns 250 Jahre zurückversetzen, und zwar nach Frankreich. Dort hatte die Wissenschaft einen bemerkenswert hohen gesellschaftlichen Stellenwert. Es gab eine Reihe von Adligen, die sich nach Kräften bemühten, die wichtigsten Entwicklungen der sich rasant entwickelnden Naturwissenschaften und der Mathematik zu verstehen oder sogar selbst aktiv in die Forschung einzugreifen. Wer etwas auf sich hielt, hatte neben dem Reitstall ein wissenschaftliches Kabinett, durchreisende Wissenschaftler waren hochwillkommen.

Einer dieser Wissenschafts-Enthusiasten war der Comte de Buffon, der zu Beginn des 18. Jahrhunderts geboren wurde und ein Jahr vor der französischen Revolution starb. Seine zahlreichen enzyklopädischen Werke, in denen das Wissen seiner Zeit gesammelt wurde, sind heute fast vergessen. Er ist aber durch ein berühmtes Experiment in die Mathematikgeschichte eingegangen.

Man stelle sich eine waagerechte Fläche vor, auf der parallele Linien gleichen Abstands zu sehen sind. Das kann liniertes Papier sein, das auf dem Tisch liegt, genau so gut aber ein Dielenfußboden. Nun wird eine Nadel in die Luft geworfen, sie soll irgendwo auf unserer Fläche landen. Bemerkenswerterweise kann man die Wahrscheinlichkeit ausrechnen, dass die Nadel eine der eingezeichneten Linien trifft. Es ist auch sehr überraschend, dass in dieser Formel die Kreiszahl π vorkommt. Dadurch ergibt sich die völlig unerwartete Möglichkeit, π experimentell zu bestimmen. Man muss die Nadel – oder ein Stöckchen – ja nur oft genug werfen, um die Wahrscheinlichkeit des Linientreffens genügend genau zu ermitteln.

Das Buffonsche Verfahren ist mittlerweile unter dem Namen „Monte-Carlo-Verfahren" in fast alle Bereiche der Mathematik vorgedrungen[58]. Mit Hilfe des Zufalls wird gezählt, es werden Integrale ausgerechnet und vieles mehr. Natürlich werden dabei keine Nadeln geworfen, das übernehmen Computer, die mit unglaublicher Geschwindigkeit Millionen von Simulationen durchführen.

Schade, dass die Wissenschaften heute so kompliziert geworden sind, dass Leute mit viel Zeit und Geld beides nur noch in Ausnahmefällen so verwenden wie der Comte.

Die Formel für die Wahrscheinlichkeit, die Linie zu treffen

Die Formel, die den gewünschten Zusammenhang zwischen der Wahrscheinlichkeit, eine Linie zu treffen, und der Kreiszahl π herstellt, findet man durch die richtige Interpretation des Problems.

---

[58] S.a. Beitrag 73.

Zunächst brauchen wir einige Bezeichnungsweisen: Die Dielen sollen den Abstand d und das Stöckchen soll die Länge l haben. Damit immer nur höchstens ein Dielenzwischenraum getroffen wird, soll l kleiner als d sein.

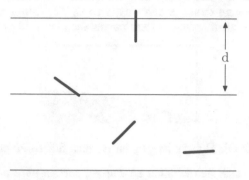

Abbildung 48: Die Ausgangssituation

Nun zum Zufall. Wir stellen uns ein Rechteck mit den Kantenlängen 90 und $d/2$ vor, das in den ersten Quadranten des Koordinatensystems eingezeichnet ist. Ein Punkt in diesem Rechteck entspricht dann zwei Zahlen α und y, wobei die Zahl α zwischen 0 und 90 und die Zahl y zwischen 0 und $d/2$ liegt.

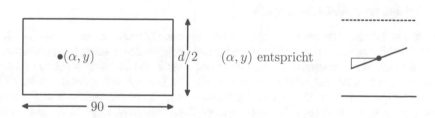

Abbildung 49: Zufälliges Werfen entspricht einem Punkt im Rechteck

Sind α und y gegeben, so soll daraus ein Stöckchen-fällt-auf-Dielen-Ergebnis erzeugt werden. Der Abstand des Mittelpunkt des Stöckchens zu der nächsten der Dielenkanten soll y sein, und das Stöckchen soll im Winkel α zu den parallelen Kanten liegen (siehe Skizze). Wenn also α klein ist, liegt das Stöckchen nahezu parallel, und bei $\alpha = 90$ liegt es senkrecht. Es ist dann offensichtlich, dass bei kleinem y schon kleine α ausreichen, damit das Stöckchen eine Linienkante trifft. Der genaue Zusammenhang kann mit elementarer Trigonometrie beschrieben werden: Die Dielenkante wird doch genau dann getroffen, wenn die senkrechte Seite des in

155

der Figur eingezeichneten Dreiecks größer als y ist. Es ist aber die Länge dieser Seite geteilt durch $l/2$ das Verhältnis von Gegenkathete zu Hypotenuse in einem rechtwinkligen Dreieck, also gleich dem Sinus des Winkels α. Das bedeutet: Die Dielenkante wird genau dann geschnitten, wenn $(l/2) \cdot \sin\alpha$ größer als y ist. Die Punkte, für die das zutrifft, sind in dem nachstehenden Bild grau eingezeichnet:

Abbildung 50: Die Punkte im grauen Bereich führen zu einem „Treffer"

Statt nun die Stöckchen wirklich zu werfen, suchen wir ganz zufällig Punke in unserem Rechteck und interpretieren das so wie eben beschrieben als Stöckchenwurf. Die Wahrscheinlichkeit, dass eine Dielenkante getroffen wird, kann dann aus der vorigen Zeichnung abgelesen werden: Sie ist gleich dem Anteil der Fläche unter der Sinuskurve im vorigen Bild an der Gesamtfläche des Rechtecks. Diesen Anteil kann man ausrechnen, und so erhält man:

Die Wahrscheinlichkeit dafür, dass ein zufällig geworfenes Stöckchen der Länge l eine Dielenkante trifft ist gleich

$$\frac{2 \cdot l}{\pi \cdot d},$$

dabei ist d die Dielenbreite[59].

Qualitativ ist die Formel plausibel: Die Wahrscheinlichkeit sollte größer werden, wenn l größer wird, und bei Vergrößerung der Dielenbreite d sollte sie abnehmen.

Nun kann das π-Experiment beginnen: Man werfe das Stöckchen (Länge 10 cm) sehr oft, etwa 1000 Mal, und notiere, wie oft eine Dielenkante getroffen wird (Abstand der Dielenbretter: 20 cm). Mal angenommen, das passierte 320 Mal. Dadurch erhält man eine Schätzung für die Treffer-Wahrscheinlichkeit: P sollte gut durch $320/1000 = 0.32$ anzunähern sein. Und wenn man noch die Formel für P – in unserem Fall hat sie die Form $P = 2 \cdot 10/(20 \cdot \pi)$ – nach π auflöst, führt das zu

$$\pi = \frac{2 \cdot 10}{20 \cdot P} \approx \frac{2 \cdot 10}{20 \cdot 0.32} = 3.125.$$

Kurz: Das Stöckchen-Experiment lässt auf $\pi \approx 3.125$ schließen. Das ist – zugegeben – nicht besonders genau, wer es genauer wissen möchte, kann ja noch öfter werfen.

---

[59] Um diese Formel zu erhalten, wird Integralrechnung benötigt. Die Zahl π kommt dadurch hinein, dass man zur Messung im Bogenmaß übergeht, dort entspricht ein Winkel von 90 Grad dem Winkel $\pi/2$.

60. Von heiß nach kalt: Kontrolliertes Abkühlen löst Optimierungsprobleme

Vor einiger Zeit hat ein technischer Fachausdruck seinen Weg in die Mathematik gefunden. „Annealing" ist ursprünglich ein Begriff aus der Glasherstellung, er bezeichnet das kontrollierte Abkühlen einer Glasschmelze.

In der Mathematik hat sich das „simulated annealing", das „simulierte Abkühlen", als universelles Hilfsmittel etabliert, um schwierige Optimierungsaufgaben zu lösen. Es geht dabei darum, eine gewisse Anzahl von Parametern so zu finden, dass ein Zielwert möglichst groß ist. Sind die Parameter etwa Längengrad und Breitengrad und der Zielwert die Höhe über dem Meeresspiegel, so besteht die Aufgabe einfach darin, den höchsten (manchmal auch: den tiefsten) Punkt im Gelände zu finden. Es könnten aber auch die Anteile verschiedener Substanzen bei einer chemischen Reaktion sein oder die Einstellungen eines Motors: Gesucht ist vielleicht ein Kunststoff mit besonders guten Eigenschaften oder die Einstellung mit dem besten Wirkungsgrad.

Klassisch versucht man, solche Probleme mit Differentialrechnung zu lösen. Das scheitert allerdings oft daran, dass der Zusammenhang zwischen Eingangsgrößen und Zielfunktion nicht explizit bekannt oder viel zu kompliziert für konkrete Rechnungen ist.

Da hilft dann oft das simulated annealing. Dieses Verfahren kann gut an unserem ersten Beispiel erklärt werden, in dem man den höchsten Punkt in einem hügeligen Gelände sucht. Stellen Sie sich vor, dass es sehr neblig ist, wie könnten Sie an die höchste Stelle kommen? Immer bergauf gehen? Dann landen Sie vielleicht auf einem kleinen Hügel, obwohl viel höhere Punkte erreichbar wären. Die Idee besteht darin, beim Herumirren im Nebel zwar im Wesentlichen bergauf, hin und wieder aber auch einmal bewusst ein Stück bergab zu gehen. So hat man die Chance, den höchsten Gipfel wirklich zu finden. Dabei muss man nur dafür sorgen, dass man den dann nicht wieder verlässt. Das wird dadurch erreicht, dass im Laufe der Zeit die Tendenz, hin und wieder auch bergab zu gehen, gegen Null geht. Das ist das Analogon zum kontrollierten Abkühlen.

Bei anderen Aufgaben ist es im Wesentlichen genauso, an die Stelle des Spaziergangs im Gelände tritt ein Spaziergang im Parameterraum. Und wenn der nicht zu groß ist und man genügend viel Rechenzeit zur Verfügung hat, steht der Lösung der Optimierungsaufgabe nichts im Wege.

Der Handlungsreisende

Es ist ein bisschen gewöhnungsbedürftig, konkrete Optimierungsaufgaben als „Spaziergang" aufzufassen. Als Beispiel wollen wir dem Handlungsreisenden aus Beitrag 32 eine Hilfestellung zukommen lassen: Gegeben sind zum Beispiel 20 Städte, und gesucht ist eine Rundreise kürzester Länge. Wir wollen die Städte mit den

Zahlen $1, 2, \ldots, 20$ durchnummerieren und Reiserouten einfach durch Zahlenfolgen abkürzen. So wäre

$$6, 1, 19, 2, 15, 12, 3, 5, 20, 11, 16, 10, 7, 13, 8, 4, 9, 17, 14, 18$$

derjenige Rundweg, der bei Stadt 6 startet, zunächst nach Stadt 1 führt, von da nach Stadt 19 usw. (Nach der 20-ten Station, also in Stadt 18, geht es wieder nach Stadt 6 zurück.)

Die Anzahl solcher Reisen ist astronomisch hoch. Mit elementarer Kombinatorik (Beitrag 29) ergeben sich $2\,432\,902\,008\,176\,640\,000$ Möglichkeiten, es ist unrealistisch, alle Reiselängen durch einen Computer nachprüfen zu wollen. Man kann aber jede Reise als Punkt im Gelände und die zugehörige Länge der Rundreise als Höhe über dem Meeresspiegel auffassen. Wir suchen dann den tiefsten Punkt.

Mit *simulated annealing* würde man versuchen, eine Lösung wie folgt zu finden. Starte das Verfahren mit irgendeiner konkreten Route, etwa mit der eben angegebenen $(6, 1, 19, \ldots)$. Suche dann zwei Positionen der Route zufällig heraus und vertausche die in dem Reiseplan. Wenn etwa Position 3 und Position 8 zufällig gewählt wurden, so verändert sich die obige Reise zu

$$6, 1, 5, 2, 15, 12, 3, 19, 20, 11, 16, 10, 7, 13, 8, 4, 9, 17, 14, 18 :$$

die Städte 5 und 19 haben ihre Plätze getauscht. Wenn das zu einer kürzeren Länge führt, mache dort weiter, andernfalls probiere es noch einmal. Das Besondere ist aber, dass man mit einer gewissen Wahrscheinlichkeit auch eine Stadt-Reihenfolge mit einer größeren Gesamtlänge akzeptiert, und zwar am Anfang des Verfahrens bereitwilliger als am Ende. So soll sichergestellt werden, dass man nicht in einem lokalen Minimum hängenbleibt (also wirklich das tiefste Tal findet und nicht den tiefsten Punkt in einer Hochebene).

Es folgt ein konkretes Beispiel, bei dem simulated annealing eingesetzt wurde. Vorgegeben sind 20 „Städte" in der Ebene: Sie sind in dem folgenden Bild links eingezeichnet. Die Entfernung soll einfach durch die Länge der Verbindungsgeraden – also durch die Luftlinie – gemessen werden. (Bei konkreten Problemen könnten andere Zahlen von Interesse sein, etwa die Länge der Bahnverbindung.) Dann wird ein erster Reisevorschlag gemacht, indem durch einen Zufallsprozess irgendein Route ausgewählt wird. Das ziemlich chaotische Ergebnis ist rechts zu sehen:

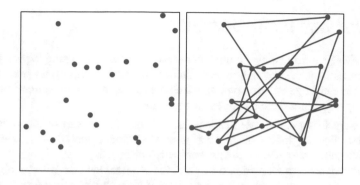

Abbildung 51: Die Städte und ein erster Vorschlag

Es ist nun Zeit für die Anwendung des annealing-Algorithmus. Er sucht, wie vorstehend beschrieben, Variationen der gerade aktuellen Route und verfolgt in der Regel nur die Vorschläge weiter, die zu einem kürzeren Weg führen. Nach wenigen Millisekunden Rechenzeit hat der Computer die folgende Route gefunden:

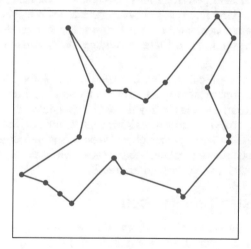

Abbildung 52: Eine mit simulated annealing ermittelte Route

Das sieht schon ganz vernünftig aus, viel besser scheint es nicht zu gehen.

Es ist zu beachten, dass man nie sicher sein kann, dass es vielleicht doch noch eine sparsamere Wegstrecke gibt. Eine entsprechende Garantie wäre allerdings nur mit einem wesentlich höheren Aufwand an mathematischer Theorie und Rechenzeit zu geben.

61. Wer hat nicht bezahlt?

In der Mathematik ist es hin und wieder so, dass man zwingend logisch beweisen kann, dass es Objekte mit den geforderten Eigenschaften gibt, dass man eventuell aber nicht in der Lage ist, ein konkretes Beispiel zu nennen. Man spricht dann etwas schwerfällig von „nichtkonstruktiven Existenzaussagen".

Als Beispiel betrachten wir das klassische Ergebnis, dass es beliebig viele Primzahlen gibt. Damit gibt es sicher auch eine, die mindestens 100 Trillionen Stellen hat[60]. Wir sind jedoch weit davon entfernt, solche Riesen zu Papier bringen zu können, der derzeitige Rekordhalter unter den Primzahlen hat „nur" einige Millionen Stellen. Und man kann davon ausgehen, dass sich diese Situation zu unseren Lebzeiten auch nicht prinzipiell verbessern wird.

Vom Nachweis der Existenz bis zu konkreteren Informationen ist es – wenn es überhaupt geht – oft ein weiter Weg. Zum Beispiel war durch ein Argument von Georg Cantor, dem Schöpfer der Mengenlehre, klar, dass unter den Zahlen die überwältigende Mehrheit „sehr kompliziert", nämlich transzendent sein muss. Es war aber dann noch eine gewaltige Anstrengung erforderlich, solche Zahlen auch wirklich anzugeben. (Und noch weit schwieriger war es, die „Kompliziertheit" konkreter Zahlen zu berechnen; im Fall der Kreiszahl π hat es dem Entdecker, dem Mathematiker Lindemann, einen Platz im Olymp der Mathematiker gesichert; vgl. Beitrag 48.)

Man könnte nun glauben, dass es im „wirklichen" Leben keine vergleichbaren Probleme gibt. Das stimmt aber nicht. Um ein Beispiel zu finden, begeben wir uns in die nächste Jazzbar. Drinnen drängeln sich 100 Leute, die Stimmung ist hervorragend. Am Eingang wird jedoch berichtet, dass nur 90 Eintrittskarten verkauft wurden. Und nun? Man kann ganz sicher davon ausgehen, dass sich 10 Besucher irgendwie hineingeschummelt haben. Aber trauen Sie sich zu, es auch nur einem einzigen davon wirklich nachweisen zu können?

Von Schubkästen und Tauben

Es gibt ein wichtiges Beweisverfahren, das sehr suggestiv *Schubkastenprinzip* genannt wird. Es ist typisch für mathematische nichtkonstruktive Existenzbeweise.

Abbildung 53: 5 Kugeln in 3 Schubladen: Mindestens einmal sind 2 Kugeln drin.

Die Idee ist einfach. Wenn ein Schrank n Schubladen hat und mehr als n Kugeln in diesen Schubladen versteckt werden, so muss es mindestens eine geben, in der

---

[60] Vgl. Beitrag 4.

sich mindestens zwei Kugeln befinden. Das kann man garantieren, ohne die Schubladen zu öffnen, allerdings ist dann nicht klar, in welchen Schubladen das wirklich vorkommt.

Inhaltlich ist das jedem geläufig, auch wenn es nicht um Schubladen und Bälle geht. Wenn man zum Beispiel drei Taschentücher in seine zwei Hosentaschen gesteckt hat, dann muss eine Tasche mindestens zwei Tücher enthalten.

> Und wie beweist man das Schubkastenprinzip?
>
> Bemerkenswerterweise kann man das Ergebnis nicht direkt zeigen. Man muss das Verfahren der logischen Kontraposition anwenden, das auch Sherlock Holmes geläufig war: *Wenn* Herr X. nicht der Täter war, dann hätte ihn Frau Y. sehen müssen. Hat sie aber nicht, und damit ist Herr X. überführt.
>
> Im vorliegenden Fall beweist man wie folgt. *Wenn* in jeder Schublade nur eine Kugel läge, so gäbe es höchstens n Kugeln. Es gibt aber mehr, und deswegen kann die Annahme „Stets höchstens eine Kugel in einer Schublade" nicht stimmen.

Eine typische mathematische Anwendung könnte so aussehen. Gegeben sind 11 beliebige natürliche Zahlen. Dann kann garantiert werden, dass mindestens zwei mit der gleichen Ziffer enden. Man muss sich ja nur 10 Schubladen vorstellen, die mit „0", „1", . . . „9" beschriftet sind und die gegebenen 11 Zahlen nach den Endziffern einsortieren.

Man kann auch an n Taubenverschläge denken, in denen mehr als n Tauben Unterschlupf suchen. In mindestens einem der Verschläge könnte dann geturtelt werden. Dieses etwas romantischere Beispiel hat im Englischen bei der Namensgebung Pate gestanden: Das Schubkastenprinzip heißt dort *pigeon hole principle* (Taubenschlag-Prinzip).

62. Was kann Statistik?

Fast täglich kann man sich – auch in seriösen Zeitungen – in der Abteilung „Vermischtes" über die neuesten statistischen Ergebnisse informieren: Forscher haben herausgefunden, dass Mathematiker älter werden als Physiker, dass Rennfahren gefährlicher ist als Spazierengehen usw.

Wie kommen diese Aussagen zustande, was kann Statistik eigentlich? Die Antwort ist leider etwas ernüchternd, wir wollen ein typisches Beispiel diskutieren.

Nehmen wir einmal an, Sie kaufen sich einen neuen Würfel. Der Verkäufer versichert, dass er völlig ausgewogen ist. Zu Hause angekommen, stellen Sie fest, dass Ihre Neuerwerbung immer nur Dreien würfelt. Haben Sie ein Recht auf Umtausch, ist der Würfel gefälscht?

Abbildung 54: Geht das mit rechten Dingen zu?

Das ist gar nicht so einfach zu beantworten, denn mit einer gewissen (unglaublich kleinen) Wahrscheinlichkeit kann auch ein absolut fairer Würfel hundert Dreien hintereinander produzieren. Nun sind sehr unwahrscheinliche Ereignisse aber normalerweise nicht zu erwarten, und deswegen geht man so vor. Man sucht sich vor Beginn des Würfeltests eine Menge M von Ergebnissen, die mit großer Wahrscheinlichkeit, etwa mit 99 Prozent, bei hundert Würfen eines fairen Würfels zu erwarten sind. Zum Beispiel könnte M die Menge der Ergebnisfolgen sein, bei denen die Drei nicht öfter als 40 Mal vorkam. Und wenn dann bei dem frisch gekauften Würfel 100 Dreien (oder auch nur 45) erscheinen, geht man davon aus, dass der Verkäufer Sie reingelegt hat. Damit tut man dem Verkäufer eventuell Unrecht, aber es ist sehr unwahrscheinlich (höchstens ein Prozent), dass dieser Irrtum passiert.

Das wird üblicherweise noch in eine Fachsprache verpackt, in der von abzulehnenden Hypothesen und Vertrauensniveaus die Rede ist, die Grundidee ist aber immer die gleiche: Verlasse dich drauf, dass unwahrscheinliche Sachen nicht passieren werden.

Der Würfel war natürlich dabei nur die harmlose Verpackung viel brisanterer Fragestellungen. Bei der Wirksamkeit von Medikamenten, der Krebsgefahr in der Nähe von Windrädern und der Gefährdung durch Passivrauchen steht man vor genau den gleichen Problemen.

Leider gehen die korrekten und vorsichtigen Formulierungen der Statistiker meist irgendwo auf dem Weg in die Zeitungsspalten verloren. Das ist leicht zu erklären, denn das, was guten Gewissens ausgesagt werden kann, ist in der Regel nicht besonders spektakulär.

Sollte man den Lieferanten wechseln?

Für ein etwas realistischeres Beispiel statistischer Methoden versetzen wir uns in die Rolle des Einkäufers einer Radiofabrik. Gerade eben sind 1000 Transistoren angekommen. Ist die Fehlerquote wirklich, wie vom Zulieferer zugesichert, kleiner als 3 Prozent?

Natürlich könnte man sie nun alle testen, aber erstens würde das viel zu lange dauern, und zweitens gehen Transistoren beim Testen manchmal kaputt. Deswegen werden nur 20 Exemplare einer eingehenden Prüfung unterzogen. Das Ergebnis: zwei sind defekt.

Der Einkäufer stellt nun die folgende Überlegung an. *Wenn* die Fehlerquote wirklich bei drei Prozent liegt, wie wahrscheinlich ist es dann, dass das, was beobachtet wurde, eintritt? Er erstellt eine kleine Tabelle, in der abzulesen ist, mit welcher Wahrscheinlichkeit 0, 1, ... defekte Stücke in einer Auswahl von 20 zu erwarten sind:

defekte Stücke:	0	1	2	3	4
Wahrscheinlichkeit dafür:	0.55	0.33	0.10	0.02	0.003

Man kann zum Beispiel ablesen, dass die Wahrscheinlichkeit für 2 defekte Stücke unter 20 zufällig ausgewählten gleich 0.1 (d.h. 10 Prozent) ist.

Das ist nicht besonders unwahrscheinlich, und deswegen gibt es keinen vernünftigen Grund, die Sendung zurückzuweisen. Ganz anders hätte es bei 4 defekten Transistoren ausgesehen. Das ist zwar auch nicht ausgeschlossen, denn unter den 1000 Transistoren dürfen sich ja 3 Prozent defekte, also 30 Stück verstecken, und durch Zufall könnten ja mehr als durchschnittlich zu erwarten in unsere Auswahl von 20 Testbeispielen gelangt sein. Das ist aber mit 3 Promille extrem unwahrscheinlich, und deswegen kann man nicht mehr so ohne weiteres von der Versicherung „Fehlerquote höchstens drei Prozent" ausgehen.

Es gibt noch eine quantitative Version des Misstrauens[61]. Bei einem Zulieferer, mit dem man gerade eben ins Geschäft gekommen ist, wird man misstrauischer sein: Schon bei einem mäßig unwahrscheinlichen Testergebnis wird man die Sendung nicht akzeptieren. Bei einem langjährigen Geschäftspartner müsste es aber schon extrem unwahrscheinlich sein, um die zugesicherte Fehlerquote anzuzweifeln.

---

[61] In der Fachsprache spricht man von *Konfidenzniveau*.

63. Von Pferden und Finanzmärkten: Arbitrage

Eines der Schlüsselworte der modernen Finanzmathematik ist die Arbitrage. Das ist ein Begriff, der auch in anderen Bereichen gebraucht wird: Für Reiter ist die „Arbitrage" ein Teil des Zaumzeugs, das verhindern soll, dass das Pferd den Kopf nach oben reißt.

Wir bleiben bei den Finanzmärkten, da muss man zur Arbitrage zwei Dinge wissen. Erstens die Definition: Arbitrage ist die Möglichkeit, ohne Risiko und ohne Einsatz von Kapital einen Gewinn zu machen. Wenn zum Beispiel die Bank A den Dollar für 0.90 Euro verkauft und die Bank B ihn für 1 Euro ankauft, so sollten Sie sich ganz schnell irgendwoher 900 Euro borgen: Kaufen Sie davon 1000 Dollar, verkaufen Sie die für 1000 Euro und geben Sie die 900 Euro zurück. So haben Sie ganz schnell 100 Euro verdient. Besser wäre es natürlich, wenn Sie sich 9000 Euro borgen könnten oder gar 90 000: Arbitrage ließe sich wie ein Goldesel verwenden.

Leider ist da die zweite Tatsache, die man zur Arbitrage wissen muss: Arbitrage gibt es nicht. Für dieses „Grundgesetz der Finanzmathematik" wurde der Slogan „no free lunch" geprägt. Ganz streng wie bei einem Naturgesetz kann man sich allerdings nicht darauf verlassen. Wenn zum Beispiel der Wechselkurs in Hongkong auch nur minimal anders ist als in Frankfurt, werden gewaltige Summen bewegt, um einen Arbitragegewinn zu machen. Der ist zwar prozentual minimal, bei einigen Milliarden Euro Einsatz ist das Ergebnis aber immer noch bemerkenswert. Für Sie und mich ist das allerdings keine Möglichkeit, reich zu werden, denn die Bankgebühren würden höher sein als der Gewinn.

Nun zur Mathematik. Da wird das Prinzip „no free lunch" für die Finanzen genau so ausgenutzt wie etwa die Newtonschen Gesetze oder der zweite Hauptsatz der Thermodynamik in der Physik. Es dient insbesondere dazu, Formeln für Preise von allen möglichen Optionen auszurechnen. Diese Finanztitel haben eine immer noch zunehmende Bedeutung, mit ihnen werden heute die verschiedensten Risiken abgesichert. (Mehr dazu findet man in Beitrag 64.) Das Arbitrageprinzip spielt dabei eine wichtige Rolle, es wird wie folgt angewendet: Nur wenn der Preis für eine bestimmte Option einen ganz speziellen Wert hat, gibt es keine Arbitrage. Deswegen muss diese Zahl als Preis der Option angesetzt werden.

Vor einigen Jahren gab es für – allerdings ziemlich komplizierte – Rechnungen nach diesem Muster sogar einen Nobelpreis. Der wurde für die Herleitung der Black-Scholes-Formel verliehen, die bei der Bewertung von Optionen eine ganz fundamentale Rolle spielt.

Arbitrage als „Naturgesetz"

Das Prinzip „Arbitrage gibt es nicht!" spielt in der Finanzmathematik die gleiche Rolle wie ein Naturgesetz (etwa: Kraft gleich Masse mal Beschleunigung) in der Physik. Man kann es verwenden, um damit zu neuen Erkenntnissen zu kommen.

Als Beispiel betrachten wir ein Geschäft, bei dem mir in einem Jahr die garantierte Auszahlung von 100 000 Euro zugesichert wird. Das kann zum Beispiel die Überschreibung eines kompliziert zusammengestellten Aktienpakets sein, dessen Wert durch professionelle Absicherung bis zum Vertragsende den Zielwert 100 000 Euro haben wird. Wieviel sollte mir der Vertrag Wert sein?

Mal angenommen, der bankübliche Zinssatz ist zurzeit 4 Prozent[62]. Das Arbitrageprinzip impliziert dann, dass der Vertrag exakt den Wert $100\,000/1.04 = 96\,154$ Euro hat. Die Begründung ist die folgende:

- Was wäre, wenn der Vertrag schon für weniger, etwa für 90 000 Euro zu haben wäre? Dann borge ich mir 90 000 Euro von der Bank und schließe den Vertrag ab. Nach einem Jahr werden mir daraus 100 000 Euro überwiesen. Davon zahle ich sofort meine Bankschulden zurück: 90 000 Euro einschließlich Zinsen, also $90\,000 \cdot 1.04 = 93\,600$. Es bleiben 6700 Euro für mich übrig, ein völlig risikolos erzielter Gewinn. Arbitrage! Da aber Arbitrage nicht möglich ist, kann der Vertrag nicht für 90 000 Euro abzuschließen sein. Genau so kann man bei allen Preisen argumentieren, die niedriger als 96 154 Euro sind.

- Was würde passieren, wenn derartige Verträge auch für Preise über 96 154 Euro Käufer finden, etwa für 98 000 Euro?

  Dann trete ich selbst als Verkäufer für solche Transaktionen auf. Der Kunde gibt mir 98 000 Euro. Ich lege davon 96 154 Euro bei der Bank an und verprasse die Differenz von $98\,000 - 96\,154 = 1846$ Euro. Arbitrage! Meinen Vertrag kann ich prima erfüllen, denn aus den 96 154 Euro sind einschließlich Zinsen nach einem Jahr 100 000 Euro geworden, die ich sofort an meinen Kunden weiterleite.

  Die Moral ist also: Auch bei Preisen über 96 154 Euro gibt es Arbitrage, und deswegen kann das nicht eintreten.

Es gibt damit nur einen einzigen Preis, nämlich 96 154 Euro, der *nicht* zu Arbitrage führt, das ist folglich die einzig angemessene Bewertung dieses Geschäfts.

---

[62] Das soll sowohl für Guthaben- als auch für Kreditzinsen gelten.

64. Risiko ade: Optionen

Mal angenommen, Sie haben ein Weingut, auf dem einigermaßen zuverlässig in jedem Herbst zehn Tonnen Trauben geerntet werden. Die werden an eine Kellerei verkauft, da Ihnen selbst die Geduld und die Sachkenntnisse für die Umwandlung von Trauben in guten Wein fehlen.

Es ist leider ziemlich ungewiss, was der Verkauf einbringen wird. Um sich abzusichern, wäre für Sie eine „Versicherung" günstig. Sie denken sich einen Ihnen vernünftig erscheinenden Preis P aus, und dann versuchen Sie jemanden zu finden, der mit Ihnen den folgenden Vertrag schließt: Falls im Herbst der Trauben-Einkaufspreis unter P liegt, schießt Ihnen der Vertragspartner die Differenz zu; liegt der Preis über P, können Sie sich freuen, und der Partner hat keine Verpflichtungen.

Solche Geschäfte werden täglich zigtausendfach abgewickelt, man spricht von *Optionen*. Das sind Verträge, mit denen das Risiko aus einer ungewissen Entwicklung aufgefangen werden soll. Dabei kann quasi alles versichert werden: Ankaufspreise für Trauben, Rohrzucker und Gold, Verkaufspreise für Dollar, Elektrizität, Telekom-Aktien usw. Mittlerweile hat sich alles verselbständigt. Sie können zum Beispiel zu Ihrer Bank gehen und eine Option darauf abschließen, im Oktober 10 000 Telekom-Aktien zu je 20 Euro zu kaufen. Liegt der Preis dann im Oktober darunter, freut sich die Bank, denn sie hat nichts zu zahlen. Liegt er drüber, streichen Sie die Differenz ein. Und niemand fragt, ob Sie nun wirklich Aktien davon kaufen oder doch lieber eine Reise machen.

Mathematik kommt dadurch ins Spiel, dass die Vertragspartner ja wissen müssen, was ihnen das Geschäft Wert ist. Bei dieser Rechnung lässt man sich vom Grundsatz der Arbitragefreiheit leiten, von der in Beitrag 63 die Rede war: Niemand kann einen risikolosen Profit machen. Nach Eingabe der für das Geschäft wesentlichen Parameter − Zinssatz am Markt, zu erwartende Kursschwankungen, gewünschter Auszahlungspreis, Laufzeit − kann der Preis am Rechner sofort abgelesen werden.

Da es einen ganzen Zoo von möglichen Optionen gibt, zu dem fast täglich neue Kandidaten hinzukommen, haben die Mathematiker viel zu tun. Großbanken haben einige Hundert von ihnen angestellt, und auch an Universitäten wird intensiv geforscht, um mit immer besseren Modellen das tatsächliche Geschehen immer präziser voraussagen zu können.

Zum Schluss eine Warnung. Der Optionshandel ist sehr verführerisch, denn man kann den Einsatz mit etwas Glück innerhalb weniger Wochen verdoppeln. Manchmal ist das schöne Geld allerdings auch weg, und deswegen sollte man als Laie vielleicht doch besser beim Lottospielen bleiben.

Put oder Call?

Die Fachsprache der Finanzmathematik ist – fast könnte man heute sagen: natürlich – Englisch. Einige häufig vorkommende Begriffe sollen hier erläutert werden.

Wenn man etwas verkaufen möchte, so sind *Put-Optionen* interessant. Das gilt zum Beispiel für den im Beitrag beschriebenen Weingutbesitzer. Dann kann man sich noch mit der Bank über einige Feinheiten verständigen. Etwa: Wieviel sollen denn am Ende der Laufzeit für die Trauben bezahlt werden (was natürlich nur dann interessant ist, wenn der dann gültige Ankaufspreis unter diesem Betrag liegt). Das ist der *strike price*. Logischerweise wird die Option teurer, wenn der strike price höher ist.

Die wichtigsten Typen der „Spielregeln der Auszahlung" sind *europäische und amerikanische Put-Optionen*. Bei der europäischen Option steht eindeutig fest, wann das Geschäft eingelöst wird. Es könnte zum Beispiel der Traubenpreis am 31. Oktober für die Auszahlung relevant sein. Bei amerikanischen Optionen dagegen kann man zu jedem Zeitpunkt bis zum Einlösetag, also etwa schon Ende Juli, zur Bank gehen und die Vertragseinlösung veranlassen. Das wird man dann tun, wenn der Traubenpreis besonders niedrig liegt.

Für Leute, die etwas kaufen wollen, sind *Call-Optionen* maßgeschneidert. Wenn ich am 13. Dezember fünf Tonnen Würfelzucker brauchen werde, kann ich mir den Preis mit einer Call-Option absichern lassen. Etwa zu einem strike price von 5000 Euro. Wenn dann im Dezember der Weltmarktpreis für Würfelzucker gestiegen ist und ich eigentlich 6000 zahlen müsste, so wird mir die Bank 1000 Euro dazugeben müssen. Auch hier gibt es wieder den europäischen und den amerikanischen Typ, und diesmal ist klar, dass die Option mit sinkendem strike price teurer werden wird.

P.S.: Interessanterweise kann man so ein Geschäft auch machen, wenn man eigentlich keine Verwendung für fünf Tonnen Würfelzucker hat, sondern nur durch Spekulation reich werden möchte. Tatsächlich geht es bei einem immer größer werdenden Teil derartiger Optionsgeschäfte weniger um das zugrunde liegende Gut (das *underlying*) als um Spekulationsgewinne.

65. Passt die Mathematik zur Welt?

Betreiben wir die „richtige" Mathematik? Die naive Antwort ist ein klares „ja", denn viele mathematische Regeln sind an der Lebenserfahrung modelliert und geben diese deswegen auch richtig wieder. Zum Beispiel hängt das abstrakte Ergebnis „Ungleichungen dürfen addiert werden" mit der Erfahrung zusammen, dass ein Einkauf bei Aldi am Ende billiger ist, als wenn man sich alles in einem Feinkostgeschäft besorgt: Für jeden einzelnen Artikel ist Aldi günstiger, und deswegen muss das auch für die Summe stimmen.

Nicht ganz so klar ist die Antwort, wenn man von Zahlen zu komplizierteren Objekten übergeht. Man muss zum Beispiel schon ziemlich genau über die Grundlagen Bescheid wissen, um streng zeigen zu können, dass Funktionen irgendwann einmal exakt gleich Null sein müssen, wenn sie das Vorzeichen ändern. Das „sieht" doch jeder, Mathematiker sind aber erst dann zufrieden, wenn sie einen hieb- und stichfesten Beweis gefunden haben. Noch komplizierter ist es zu zeigen, dass in dem nachstehenden Bild jeder Weg von A nach B irgendwann einmal die Kreislinie schneiden muss:

Abbildung 55: Jeder Verbindungsweg schneidet die Kreislinie

Es gibt, was ja eigentlich jeder „weiß", wirklich immer einen Schnittpunkt. Die richtigen Konzepte, das exakt zu formulieren und zu beweisen, wurden allerdings erst vor wenig mehr als 150 Jahren erarbeitet. Das Problem besteht aus zwei Teilen: Was genau ist ein Verbindungsweg, wie drückt man aus, dass es keine „Sprünge" gibt? Und wenn man das präzisiert hat, wie beweist man dann die Existenz von Schnittpunkten?

Manchmal verstreicht sehr viel Zeit zwischen der Formulierung eines Problems und einer befriedigenden Lösung. Ein berühmtes Beispiel ist die Theorie der Knoten[63]. Wieder „weiß" jeder, dass es Knoten gibt, die mit noch so viel Geschick nicht aufgelöst werden können. Es war jedoch eine große Anstrengung nötig, bis diese Lebenserfahrung in den Rang eines mathematischen Satzes aufsteigen konnte.

Dieser Aufwand ist erforderlich, weil man der Lebenserfahrung nicht so recht trauen kann. Ganz kompliziert wird es, wenn es um Bereiche geht, zu denen wir keinen direkten sinnlichen Zugang haben. Nehmen wir als Beispiel das Thema „Unendlichkeit". Da gelten Gesetze, die uns sehr merkwürdig vorkommen. So hat etwa eine Gerade in einem streng zu begründenden Sinn genau so viele Punkte wie eine Ebene.

---

[63] Mehr dazu findet man in Beitrag 76.

Auch wenn es um kosmische oder mikroskopische Entfernungen geht, sind nach dem heutigen Stand der Wissenschaft zur Beschreibung mathematische Modelle gefordert, die für Laien recht unanschaulich sind. Nur so kann man aber die vierdimensionale Raumzeit, den gekrümmten Raum der allgemeinen Relativitätstheorie und die Gesetze der Quantenmechanik fassen.

In diesem Sinn stellt die Mathematik die „richtigen" Bausteine zur Verfügung. Welche davon zum Modellieren der Welt verwendet werden sollten, stellt sich allerdings in der Regel erst nach langem Suchen heraus.

Die Verdoppelung der Orange

Auch bei der mathematischen Beschreibung von Phänomenen, die der direkten sinnlichen Wahrnehmung nicht zugänglich sind, ergeben sich Folgerungen, die mit dem „gesunden Menschenverstand" übereinstimmen. Manchmal muss man allerdings feststellen, dass es Ergebnisse gibt, die man bei naiver Übertragung der Lebenserfahrung nicht erwartet hätte. Der heute allgemein akzeptierte Begriff der Gleichheit für unendliche Mengen lässt es zum Beispiel zu, dass sich die Anzahl der Elemente einer Menge nicht verändert, wenn ich 3 (oder auch 3000) Elemente entferne (vgl. Beitrag 78).

Die Situation ist aber noch ein bisschen dramatischer. Beim Unendlichkeitsbeispiel kann man sich ja noch damit beruhigen, dass die Paradoxien einen Bereich betreffen, auf den uns unsere Gene nicht vorbereitet haben. Es gibt aber Paradoxien, die wesentlich elementarere Begriffe betreffen. Ein berühmtes Beispiel ist das *Banach-Tarski-Paradoxon*. Es besagt, dass man mit heute allgemein akzeptierten Methoden eine Kugel – etwa eine Orange – so aufteilen kann, dass bei geeignetem Umsortieren der Teile und geschicktem Zusammensetzen eine doppelt so große Kugel entsteht.

Abbildung 56: Zauberei?

Man muss schon sehr genau nachdenken, um einzusehen, dass das nur scheinbar ein falsches Ergebnis ist. (Es liegt daran, dass beim „Zerschneiden" der Kugel Teile entstehen, die so zerklüftet sind, dass man für sie keine vernünftige Volumenmessung einführen kann. Und deswegen kann man nicht so argumentieren, dass beim Umsortieren das Gesamtvolumen erhalten bleiben müsste.)

Falls es in der Zukunft doch einmal vorkommen sollte, dass der mathematische Ansatz Folgerungen ermöglicht, die nicht zur Welt „passen", so wird man wohl oder übel am Fundament einige Umbauten vornehmen müssen.

66. Mathematik, die man hören kann

Die heutige Hauptperson ist Joseph Fourier, der seine „Fourier-Analyse" zu Beginn des 19. Jahrhunderts entwickelte. Er hatte, bedingt durch die Wirren während und nach der französischen Revolution, ein sehr abwechslungsreiches Leben. Unter anderem war er mit Napoleon in Ägypten, dort schrieb er als Erster einen systematischen wissenschaftlichen Bericht über ägyptische Geschichte und Kultur.

Fourier-Analyse gehört heute zum Handwerkszeug aller Mathematiker und Ingenieure. Es geht dabei darum, wie man Schwingungen aus einfachen Bausteinen zusammensetzen kann. Wir wollen uns hier auf Töne, also auf hörbare Schwingungen beschränken. Die „Atome" der Töne sind die Sinusschwingungen verschiedener Frequenz. Wenn Sie wollen, können Sie sofort so einen Ton hören: Sie brauchen nur zu pfeifen, das kommt dem Sinus schon recht nahe.

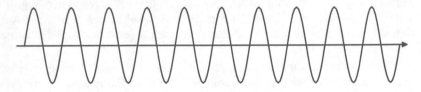

Abbildung 57: Eine Sinusschwingung

Die Theorie sagt nun voraus, mit welchen Intensitäten man Sinusschwingungen verschiedener Frequenzen mischen muss, um eine vorgegebene Wellenform zu erhalten. Man braucht den Sinus der Grundfrequenz, ein bisschen vom Sinus der doppelten Frequenz, dann vielleicht noch einen Anteil der dreifachen Frequenz usw.

Und das kann man durch Hören nachprüfen. Man suche sich eine Wellenform, die aus einem Sinus und einem Anteil der dreifachen Frequenz besteht. Die so genannte Rechteckschwingung ist gut dafür geeignet. Es sollte dann so sein, dass der Unterschied zwischen einer Sinusschwingung und einer Rechteckschwingung bis zu einer Frequenz hörbar ist, die einem Drittel der höchsten hörbaren Frequenz entspricht. Die dürfte bei den meisten Lesern so um die 15 Kilohertz liegen, der Unterschied zwischen beiden Schwingungstypen sollte also bis 5 Kilohertz zu bemerken sein.

Um das selbst bestätigen zu können, braucht man im Idealfall einen Frequenzgenerator (vielleicht gibt es im Bekanntenkreis einen Ingenieur). Oder gehören ein Synthesizer oder ein anderes elektronisches Musikinstrument zu Ihrem Haushalt? Dann müssen Sie nur die Wellenformen „Sinus" und „Rechteck" suchen, und schon kann das Experiment beginnen.

Wer sich mit einer eher qualitativen Bestätigung von Fouriers Theorie zufrieden geben muss, kann bei der nächste Party einmal aufmerksam auf die Stimmen achten: Es ist leichter, sehr tiefe Männerstimmen voneinander zu unterscheiden als

sehr hohe Frauenstimmen. Das liegt daran, dass bei tiefen Stimmen sehr viele Ober-
schwingungen im hörbaren Bereich liegen und das Ohr dadurch viele Chancen zur
Differenzierung hat.

Eine „black box"

Es gibt noch andere mathematische Ergebnisse, die man mit den Ohren mindestens qualitativ nachprüfen kann. Man stelle sich einen schwarzen Kasten vor –
heute sagt man „black box" –, in den man Signale eingeben kann, die dann „irgendwie" verarbeitet und dann ausgegeben werden. Elektronikbastler können an
eine beliebig komplizierte Schaltung denken, in die an eine Stelle ein elektrisches
Signal eingespeist und an einer anderen Stelle abgegriffen wird.

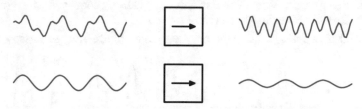

Abbildung 58: So arbeitet ein „schwarzer Kasten"

Der schwarze Kasten soll nun die folgenden Eigenschaften haben:

- Er soll „linear" sein: Ein doppelt so starkes Eingangssignal bewirkt eine Ver-
  doppelung des Ausgangssignals, und wenn man eine Schwingung eingibt, die
  eine Überlagerung von zwei Teilschwingungen ist, so erscheint am Ausgang
  die Überlagerung derjenigen Ausgangssignale, die von den Teilschwingungen
  produziert werden würden.

- Er soll „zeitinvariant" sein: Wenn man eine Schwingung eingibt und das Ausgangssignal protokolliert, so ist morgen bei gleichem Eingangssignal das gleiche Ausgangssignal zu erwarten.

Für den Elektronikbastler bedeutet das: Bitte keine Transistoren verwenden (die
sind nicht linear), und nirgendwo dürfen während der Experimente Einstellungen
verändert werden. Am besten, man beschränkt sich auf Widerstände, Induktivitäten
und Kapazitäten, und die auftretenden Ströme und Spannungen sollten nicht zu
groß sein.

Obwohl derartige schwarze Kästen eine sehr allgemeine Situation beschreiben,
haben sie alle eine Eigenschaft gemeinsam. Sinusschwingungen, die Bausteine der
Fourier-Analyse, gehen durch so einen schwarzen Kasten im Wesentlichen ungeändert
hindurch. Sie können abgeschwächt werden und die Phase kann sich verschieben,
das ist aber auch schon alles.

171

Die hörbare Konsequenz: Ein Filter für akustische Signale (Hochpass, Tiefpass usw.), der als schwarzer Kasten mit den eben beschriebenen Eigenschaften aufgefasst werden kann, verändert den Charakter von Sinustönen nicht. Wenn man einen Pfeifton eingibt (in guter Näherung eine Sinusschwingung), so kommt ein Pfeifton der gleichen Frequenz heraus. Dagegen kann ein gesungener Ton seinen Charakter völlig verändern, zum Beispiel viel dumpfer oder irgendwie piepsig klingen.

Das „Kochrezept" für periodische Schwingungen: Fouriers Formel

Periodische Schwingungen sind aufgrund der Ideen von Fourier aus Sinusschwingen zusammengesetzt. Wie sieht das „Rezept" aber genau aus, d.h. in welchen Anteilen treten die Sinusfunktionen auf?

Gegeben soll eine periodische Funktion f sein, sie könnte etwa so aussehen:

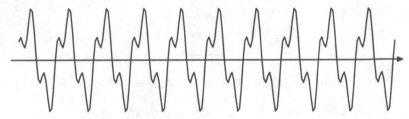

Abbildung 59: Eine periodische Funktion f

Es gibt also eine Zahl p (die Periodenlänge), so dass die Funktion an der Stelle $x+p$ stets den gleichen Wert wie an der Stelle x hat. Deswegen reicht es, die Funktion auf einem Intervall I der Länge p zu kennen, also nur den folgenden Ausschnitt:

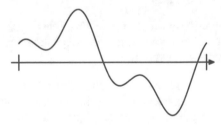

Abbildung 60: Der wesentliche Teil von f

Meist nimmt man an, dass $p = 2 \cdot \pi$ ist, denn dann werden die Formeln besonders einfach. Das ist durch eine Änderung der Maßeinheit auf der x-Achse stets leicht zu erreichen.

Als letzte Vorbereitung muss man wissen, was Mathematiker unter einem *Integral* verstehen. Die Idee ist einfach: Wenn g eine Funktion ist, die auf einem Intervall erklärt ist, so soll das Integral von g die Fläche sein, die zwischen dem Graphen von g und der x-Achse liegt. Doch Achtung: Dabei wird der Anteil, der unterhalb der x-Achse liegt, negativ gerechnet. Wenn also zum Beispiel die Fläche zwischen den positiven Werten und der x-Achse gleich 4 und zwischen den negativen Werten und der x-Achse gleich 3 ist, so hat das Integral den Wert $4 - 3 = 1$. Und wenn beide Anteile gleich groß sind, so ist das Integral gleich Null. (Im vorstehenden Bild ist ein Beispiel für eine derartige Funktion zu sehen.)

Nun können die „Zutaten" berechnet werden: Wenn f eine Funktion mit Periode $2 \cdot \pi$ ist, so kann man f schreiben als

$$f(x) = a_0 + a_1 \cos x + a_2 \cos(2x) + a_3 \cos(3x) + \cdots$$
$$+ b_1 \sin x + b_2 \sin(2x) + b_3 \sin(3x) + \cdots .$$

Dabei bezeichnet „sin" die Sinus- und „cos" die Cosinusfunktion[64]. Die „Gewichte" $a_0, a_1, \ldots, b_1, b_2, \ldots$, mit der diese Funktionen beim Aufbau verwendet werden, ermittelt man wie folgt:

- a_0 ist das Integral von f (auf dem Intervall von 0 bis 2π), geteilt durch 2π.

- a_1 ist das Integral der Funktion $f(x) \cos x$ (auf dem Intervall von 0 bis 2π), geteilt durch π.

- a_2 ist das Integral der Funktion $f(x) \cos(2x)$ (auf dem Intervall von 0 bis 2π), geteilt durch π.

- $\ldots$

- b_1 ist das Integral der Funktion $f(x) \sin x$ (auf dem Intervall von 0 bis 2π), geteilt durch π.

- b_2 ist das Integral der Funktion $f(x) \sin(2x)$ (auf dem Intervall von 0 bis 2π), geteilt durch π.

- $\ldots$

Fazit: Wer Integrale ausrechnen kann, ist auch in der Lage, die genauen Anteile für das Zusammensetzen aus einfachen Bausteinen zu bestimmen.

---

[64] Die Cosinusfunktion ist eine zeitversetzte Sinusfunktion. Deswegen treten in der Formel eigentlich nur Sinusfunktionen auf.

67. Der Zufall als Komponist

Das Thema „Der Zufall als Schriftsteller" ist in Beitrag 10 schon einmal behandelt worden: Ein Affe an einer Schreibmaschine produziert bei genügend großzügiger Zeitvorgabe alle Werke der Weltliteratur.

In der Musik wird der Zufall ernsthafter verwendet. Von Mozart gibt es eine „Würfelkomposition", die nach folgender Gebrauchsanleitung umzusetzen ist: Man werfe zwei Würfel und zähle die geworfenen Augen zusammen. Dann wähle man aus der Abteilung „erste Takte" den zugehörigen Takt aus, dort stehen 11 Takte mit den Nummern 2 bis 12 zur Auswahl. Genauso verfahre man mit Takt 2, Takt 3 usw., bis am Ende 16 Takte zusammengekommen sind.

Die ausgewürfelten Takte müssen dann nur noch hintereinander gelegt werden, und schon kann es losgehen. Das Ergebnis klingt dann sicher nicht begnadet inspiriert, kann es aber hin und wieder mit mancher Sonatine von Mozarts Zeitgenossen aufnehmen.

Da es für jeden der 16 Takte 11 Auswahlmöglichkeiten gibt, stehen 176 Takte zur Verfügung, die man auf 11 hoch 16 verschiedene Weisen kombinieren kann. Einige sind dabei doppelt gezählt, denn Mozart hat manchmal den gleichen Baustein mehrfach verwendet. Trotzdem bleibt die gigantische Zahl von 759 499 667 166 482 „Kompositionen". Nach jedem Auswürfeln darf man sich also ziemlich sicher sein, dass dieses Werk zum ersten Mal erklingt.

Eine noch größere Bedeutung hat der Zufall in der zeitgenössischen Musik. Bei Xenakis zum Beispiel entscheidet der Zufall nicht nur über die Noten und die Reihenfolge, in der sie gespielt werden, sondern auch darüber, mit welcher Wellenform sie zum Klingen gebracht werden.

Nun ruft die Musik von Xenakis möglicherweise nur bei recht wenigen wirkliche Begeisterung hervor. Es ist aber eine interessante Frage, welche Rolle der Zufall in der klassischen Musik spielt. Was bewegte Schubert, in Takt 6 eines Walzer in C-Dur nach E-Dur zu modulieren, warum entschied sich Mozart im Alla-turca-Schlusssatz der A-Dur-Sonate für die Tonart a-Moll? Handelt es sich um Genies, die Eingebungen einer uns unzugänglichen Welt aufschreiben oder hat das zufällige Feuern gewisser Neuronen im Gehirn eine Rolle gespielt?

So weit können wir heute noch nicht ins Gehirn sehen. Überraschungen sind nicht ausgeschlossen, denn in den letzten Jahrzehnten hat sich in verschiedenen Bereichen die Einsicht durchgesetzt, dass Zufallseinflüsse durchaus einen produktiven und stabilisierenden Einfluss haben können.

Mozart aus dem Computer?

Wer Gelegenheit hat, eine größere Zahl der Mozartschen Würfelkompositionen durchzuspielen, wird feststellen, dass man nach einer Weile das Gefühl hat, alles irgendwie schon einmal gehört zu haben. Auch dann, wenn die Noten in dieser Zusammenstellung noch nie gespielt wurden. Der Grund liegt darin, dass das Gehirn in der Lage ist, musikalische Strukturen zu erkennen: Welche Harmonien wurden verwendet, in welcher Abfolge traten sie auf? Wie ist die rhythmische Struktur, welche Intervalle werden bevorzugt? Und wenn diese Aspekte bei zwei Musikstücken gleich sind, so kommen sie uns schon sehr ähnlich vor.

Das kann man sich zunutze machen, um einen Computer nach sorgfältiger Analyse „wie Mozart" oder „wie Bach" komponieren zu lassen. Man muss die für die jeweilige musikalische Struktur wichtigen Aspekte herausfiltern und mit diesen Vorgaben etwas Neues erschaffen. Mit welcher Wahrscheinlichkeit etwa wurde in einem C-Dur-Stück nach den Noten G und C das H verwendet, mit welcher Wahrscheinlichkeit war es das E? Dann macht der Computer es genauso: Falls gerade eben G und C erzeugt wurden, folgt mit den richtigen Wahrscheinlichkeiten das H bzw. die Note E.

Für musikalische Laien hört sich das dann „irgendwie wie Mozart" oder „irgendwie wie Bach" an. Es fehlt natürlich jegliche neue Idee, und inspiriert wird man das auch nicht bezeichnen können.

Der Komponist Orm Finnendahl hat, aufbauend auf diesem Ansatz, ein Verfahren entwickelt, um Komponisten sozusagen miteinander zu kreuzen. Man starte mit der Analyse zweier Komponisten A und B[65] und beginne die Komposition mit den zu A gehörigen Parametern: Alle Wahrscheinlichkeiten für Harmonie-, Rhythmus- und Tonauswahl sind wie bei A. Dann verändert er die Parameter allmählich, bis sie gegen Ende des Stückes denen von B gleichen. Und so erhält man ein Stück, das von A begonnen und von B beendet wurde.

759 499 667 166 482 Möglichkeiten?

Für den Schlusstakt des ersten Teils, also für Takt 8, sind 11 verschiedene Taktnummern vorgesehen. Die zugehörigen Takte sind aber alle gleich, Takt 8 liegt also von vornherein fest. Auch für den allerletzten Takt (Takt 16) sind 11 Takte zur Auswahl angegeben, doch darunter befinden sich nur zwei verschiedene. Fazit: Nur für die 14 Takte mit den Nummern $1, 2, 3, 4, 5, 6, 7, 9, 10, 11, 12, 13, 14, 15$ gibt es 11 Möglichkeiten, dazu kommt einer mit 2 Möglichkeiten zur Auswahl. Das ergibt die Zahl

$$11^{14} \cdot 2 = 759\,499\,667\,166\,482.$$

Übrigens haben diese verschiedenen Kompositionen unterschiedliche Chancen, ausgewählt zu werden. Wenn man nämlich zwei Würfel wirft, so sind die Augensummen 2 und 12 ziemlich unwahrscheinlich: Sie erscheinen jeweils nur mit Wahrscheinlichkeit $1/36$. Mittlere Augensummen sieht man viel häufiger, die Augensumme 7 etwa mit Wahrscheinlichkeit $1/6$. Deswegen sind Kompositionen extrem unwahrscheinlich, bei denen alle Taktnummern zu sehr kleinen oder sehr großen Augensummen gehören.

---

[65] Finnendahl experimentierte mit den Komponisten Josquin und Gesualdo.

68. Hat der Würfel ein schlechtes Gewissen?

Es ist wirklich verwirrend mit der Wahrscheinlichkeitsrechnung. Stellen Sie sich bitte einen Würfel vor, wir wollen ihn ganz oft werfen. Einerseits wird immer gesagt, dass bei „vielen" Versuchen im Mittel alle Zahlen etwa gleich oft vorkommen. Gleichzeitig wird aber behauptet, dass der Zufall kein Gedächtnis hat, die Chancen also bei jedem neuen Wurf genauso sind wie am Anfang.

Das kann doch irgendwie nicht stimmen: Wenn man sehr oft gewürfelt hat und keine Sechs dabei war, muss sich der Würfel doch wohl ein bisschen anstrengen und verstärkt Sechsen produzieren, um die erste Forderung zu erfüllen; die Chancen für „Sechs" sollten also deutlich steigen. Entsprechend setzen viele beim Lotto ja auch auf diejenigen Zahlen, die lange nicht gezogen wurden.

Der Widerspruch löst sich dadurch auf, dass die Chancengleichheit aller Zahlen genau genommen kein Muss ist, sondern nur mit überwältigender Wahrscheinlichkeit erwartet werden darf. Man kann berechnen, dass bei einem Würfelexperiment die Chancen nahe bei 100 Prozent sind, dass alle Zahlen in etwa gleich oft auftreten. Es ist aber – mit unglaublich kleiner Wahrscheinlichkeit – durchaus möglich, dass etwas Unerwartetes passiert, dass etwa nur Dreien gewürfelt werden.

Zur Veranschaulichung stellen wir uns eine Unmenge von Parallelwelten vor, in denen jeweils ein Würfelexperiment durchgeführt wird: Es wird 600 Mal gewürfelt. Dann wird man in der Mehrzahl der Welten feststellen, dass alles seine Ordnung hat, dass nämlich die Zahlen von 1 bis 6 ziemlich genau je 100 Mal gewürfelt wurden. Es wird aber auch einige wenige Welten geben, wo das Ergebnis verwirrend ist, wo zum Beispiel nur Dreien vorkamen (Anteil dieser Welten: 0.00...01286..., mit 466 Nullen vor der „1286...").

Oder Welten, wo keine einzige Sechs gewürfelt wurde (Anteil 0.00...31, mit 47 Nullen vor der „31").

Moral: Ihr Würfel ist unbestechlich, er hat sich nichts gemerkt. Wenn er verrückt spielt, so heißt das nur, dass Sie gerade an einem Experiment in einer ganz außergewöhnlichen Welt beteiligt sind.

Unser defizitäres Verständnis vom Zufall

Die in diesem Beitrag beschriebene Fehleinschätzung von Wahrscheinlichkeiten ist sehr weit verbreitet. Kindern beim Mensch-Ärger-Dich-nicht ist es ganz plausibel, dass eine Sechs besonders wahrscheinlich ist, wenn lange keine gewürfelt wurde.

Hier gehört auch die Meinung her, dass es in Kalifornien nun wohl sicher bald wieder ein gewaltiges Erdbeben geben müsse, denn der mittlere Abstand derartiger Katastrophen ist schon eine Weile verstrichen.

Jeder kann sich durch ein kleines Experiment von unserem leicht defizitären Verständnis vom Zufall überzeugen. Nehmen Sie ein Blatt Papier und notieren Sie, ohne eine Münze in die Hand zu nehmen, eine ausgedachte zufällige Folge von Münzwürfen: 0 für Kopf und 1 für Zahl. Vielleicht entsteht dann etwas, das so ähnlich wie die nachstehende Folge aussieht:

10011100101101000111010100101100101000111001011000101000...

Bei einem richtigen Zufallsgenerator dagegen entstehen Folgen wie

11010100111010001111101111111100111101001011011010011000...

Sehen Sie den Unterschied? Es ist bei einer wirklich zufälligen Folge gar nicht so unwahrscheinlich, dass irgendwelche Ergebnisse sehr oft hintereinander vorkommen. Wenn man das Experiment aber nur virtuell durchführt, wird der Zufall unbewusst ein bisschen manipuliert.

69. Erdbeereis kann tödlich sein!

Es ist wie mit den Gutachten: Fast egal, welche These man vertreten möchte, es ist nicht allzu schwer, das durch eine geeignete Statistik zu illustrieren. Es folgen einige Beispiele.

Mal angenommen, es soll eine Umfrage gemacht werden, ob man den Pfingstmontag nicht wieder zu einem gewöhnlichen Arbeitstag degradieren könnte. Je nach Fragestellung werden dann die Antworten sehr unterschiedlich aussehen: Aus Gewerkschaftssicht wird die Frage ganz anders formuliert werden als vom Verband der Unternehmer: Sozialer Besitzstand gegen Erhöhung der Attraktivität des Standorts Deutschland. Beide haben aus ihrer Sicht Recht, aber durch die Formulierung werden schon Vorentscheidungen getroffen, die durch noch so viel Mathematik nicht wieder korrigiert werden können.

Oder denken wir an den Filialleiter, dem beim Gedanken an die nächste Präsentation in der Zentrale ganz mulmig wird. Es gab im letzten Jahr nur eine Umsatzsteigerung von 100 000 auf 101 000 Euro, also um kümmerliche 1 Prozent. Falls er das naiv durch das im folgenden Bild links zu sehende Balkendiagramm darstellt, wird das verdächtig nach Stagnation aussehen.

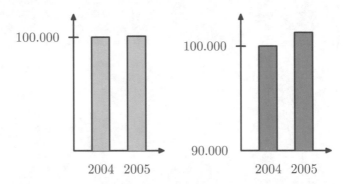

Abbildung 61: Es ist alles nur eine Frage der Darstellung ...

Die Lösung: Er zeigt in seinem Diagramm nur den oberen Teil der Balken: Der vom Vorjahr geht von 90 000 bis 100 000, der diesjährige von 90 000 bis 101 000. Der zweite ist damit 10 Prozent länger als der erste, das sieht doch schon viel erfreulicher aus!

Sehr beliebt ist auch die Verfälschung dadurch, dass aus komplexen statistischen Aussagen die passenden Teile zusammengesucht werden. Sollte also demnächst eine streng wissenschaftliche Untersuchung ergeben, dass das übermäßige Essen von Erdbeereis den Blutdruck stabilisiert und die Gefahr von Blutzucker erhöht, so hat man als Redakteur die freie Auswahl zwischen den Überschriften „Gesund durch Erdbeereis!" und „Erdbeereis macht krank!".

Die Moral: Der Weg zum Finden und zur Darstellung der „Wahrheit" ist mit Fallen übersät. Es beginnt mit dem Problem, eine allgemein akzeptierte Definition von „Wahrheit" zu finden. Dann ist der Weg von Fallenstellern belagert, die eigene Interessen verfolgen. Kommt die Frage schließlich in der mathematischen Statistik an, so kann eine hieb- und stichfeste und deswegen sehr vorsichtige Antwort formuliert werden. Und die wird dann auch noch nach Belieben interpretiert: „Erdbeereis kann tödlich sein!"

Arm oder reich?

Man muss die Statistik wirklich vor denen in Schutz nehmen, die sie als Selbstbedienungsladen zur Untermauerung ihrer Interessen auffassen. Hier noch einige weitere Beispiele.

Es ist alles eine Frage der Definition
Wer ist arm? Wenn man in den letzten Jahren Zeitung liest, so könnte man den Eindruck gewinnen, dass das menschliche Elend in Deutschland immer erschreckendere Ausmaße annimmt. Jemand, der die Hintergründe nicht kennt, würde erwarten, bei einem Deutschlandbesuch auf Scharen von ausgehungerten, zerlumpten Bürgern zu treffen.

In Wahrheit wird ein großer Teil des Phänomens auf dem Papier erzeugt[66]. Der Grund ist die Definition von „arm": Als arm gilt, wer weniger hat als der Durchschnitt der Bevölkerung. Das ist eine äußerst merkwürdige Festsetzung, höchstens kann dadurch auf sehr grobe Weise so etwas wie „gefühlte Armut" gemessen werden. Es ist vielleicht richtig, dass Jugendliche sich ausgegrenzt fühlen, wenn Handy und Jeans trendmäßig nicht korrekt sind, aber ist das wirklich die Armut, die vordringlich bekämpft werden sollte?

Zufallsstreuungen
Es war in diesem Buch schon mehrfach von den Launen des Zufalls die Rede. So, wie es beim Würfeln durchaus vorkommen kann, dass die Sechs fünf Mal hintereinander erscheint, so können sich auch Ereignisse, die unabhängig voneinander an verschiedenen Orten auftreten, zufällig häufen.
Mal angenommen, eine Krankheit tritt etwa tausend Mal pro Jahr in Deutschland auf. Wenn man für jeden Fall eine Nadel in eine Landkarte stecken würde, ergäbe sich ein Muster, das wie von einem Zufallsgenerator erzeugt aussähe. Es ist dann überhaupt nicht verwunderlich, dass es zu zufälligen Häufungen kommt, und es ist alles andere als erstaunlich, dass das auch im Umkreis einer Autobahn, eines Atomkraftwerks oder einer Mülldeponie passieren kann. Das ist dann eine Steilvorlage für die Gegner von Autobahnen usw., statistische Relevanz kann diese Argumentation aber nicht für sich beanspruchen.

---

[66] Bevor der Verlag nun böse Briefe bekommt, soll hier betont werden, dass es in Deutschland natürlich so wie in anderen Ländern auch wirkliche Armut gibt.

70. Wohlstand für alle!

Schon Galilei fiel auf, dass die Unendlichkeit voll von Überraschungen ist. Als Gedankenexperiment wollen wir heute Kettenbriefe in einer unendlichen Welt verschicken.

Die Idee der Kettenbriefe ist bestechend[67]: Ich schicke einen Euro an eine angegebene Adresse und halte die Kette am Leben, indem ich einen Brief an zehn Bekannte weiterleite. Die suchen sich wieder zehn Freunde, und jeder von denen schreibt wieder zehnmal. Insgesamt sind das dann 1000 Personen, die mir nun jeweils einen Euro schicken. Es ist nur schade, dass die gute Idee regelmäßig recht bald daran scheitert, dass es keine neuen Mitspieler mehr gibt.

In einer unendlichen Welt wäre das anders. Zur Vorbereitung des Spiels nummerieren wir die Mitbürger einfach durch: 1, 2, 3, 4, usw. Zu jeder Zahl gibt es dann eine Person, die Zahl darf dabei beliebig groß sein.

Das Spiel geht los. Person Nummer 1 schreibt an die nächsten 10 also an die Nummern 2 bis 11 den Kettenbrief. Jeder dieser zehn leitet das an jeweils 10 Personen weiter, es geht also um die Nummern 12 bis 111. Jetzt müssen diese 100 Personen jeweils 10 Briefe schreiben, Empfänger sind die Nummern 112 bis 1111. So geht das immer weiter.

Irgendwo im Kettenbrief steht: Schicke einen Euro an die Person, die drei „Generationen" vor Dir in der Kette war. So erhält die Nummer 1 tausend Briefe mit je einem Euro von den Nummern 112 bis 1111, die Nummern 2 bis 11 erhalten ebenfalls je 1000 Euro, usw. Kurzum, nach dem Spiel ist jeder Erdbewohner um mindestens 999 Euro reicher, denn er hat 1000 Euro bekommen und höchstens einen Euro verschicken müssen (von der Nummer 112 an).

Niemand kann natürlich verbieten, statt mit einem Euro gleich mit 10 oder 100 oder gar noch mehr Euro zu spielen. Im Nu sind alle zu Millionären geworden. Geht das mit rechten Dingen zu? Ja, im Grunde ist es nur eine Kapitalverlagerung von den Leuten mit einer hohen Nummer zu denen mit einer niedrigen. Aber da es beliebig große Nummern gibt, kann es jedem Einzelnen egal sein. Eigentlich schade, dass die wirkliche Welt begrenzt ist, finanziell gesehen wäre die Unendlichkeit das reine Paradies.

Eine wundersame Schuldenverschiebung . . .

Als Variante zu den Kettenbriefen betrachten wir ein anderes System der Geldvermehrung. Wieder nummerieren wir die Bevölkerung mit den Zahlen 1, 2, 3, . . . durch. Person Nummer 1 braucht 1000 Euro, die möchte sie sich von Person 2 borgen. Leider wäre da nichts zu holen, aber Person 2 borgt sich 2000 Euro von Person 3: Davon werden 1000 Euro an Person 1 verborgt, und 1000 Euro bleiben noch für die Erfüllung eigener Wünsche übrig. Leider ist auch Person 3 arm dran:

---

[67] Von ihnen war in Beitrag 6 schon einmal die Rede.

Um die 2000 Euro vorzustrecken, hat sie sich 3000 Euro von Person 4 geborgt. 1000 Euro bleiben, um sich selbst etwas Gutes zu tun, und 2000 Euro gehen an Person 2. Und so weiter. Wenn es eine letzte Person in dieser Reihe gäbe, würde die natürlich auf einem Berg Schulden sitzen bleiben. So aber sind alle glücklich und zufrieden, und die Wirtschaft wird auch angekurbelt.

Wenn man „Personen" durch „Generationen" ersetzt und von Tausenden zu einigen Milliarden übergeht, entsteht ein ziemlich treffendes Bild von der Finanzpolitik der Bundesrepublik (und anderer Industriestaaten) in den letzten Jahrzehnten. Die Staatsverschuldung steigt in gewaltige Größenordnungen, und das Zusammenleben zukünftiger Generationen kann nur dadurch funktionieren, dass weitere Kredite aufgenommen werden, deren Tilgung dann noch weiter in die Zukunft verschoben wird.

Ein Schönheitsfehler dieser Idee besteht darin, dass das Borgen nicht für umsonst zu haben ist. Auch die Zinsen müssen durch neue Kredite finanziert werden. Das führt dann zu einem exponentiellen Wachstum der Schulden, und man darf gespannt sein, wie lange der Finanzmarkt immer wieder neues Geld bereitstellt, um das System am Laufen zu halten.

Immer einmal wieder wenden auch ganz gewöhnliche Betrüger dieses Verfahren an. Sie versprechen sagenhafte Zinsen und nehmen von den vielen Gutgläubigen, die es gibt, die erste Million ein. Davon machen sie sich ein schönes Leben, es muss nur so viel übrig bleiben, dass nach einem Jahr sagenhafte 20 Prozent Zinsen gezahlt werden können. Die Effektivität der Firma spricht sich herum. So fließt die nächste Million hinein, die reicht wieder für die Zinsen und ein gutes Leben, und wenn sich wirklich mal einer von den ersten Kunden auszahlen lassen möchte – doch wozu sollte er das eigentlich tun? – ist auch dafür genug Geld da. So kann das lange weitergehen, bis das Ganze mit einem Mal mit einem großen Krach zusammenbricht.

71. Bitte kein Risiko!

Mal angenommen, Sie leiten eine traditionsreiche Bank. Ein Kunde betritt Ihr Büro, er will mit Ihnen einen Vertrag schließen. Er möchte am 1. 1. des nächsten Jahres fünfhundert Telekomaktien kaufen. Dabei hofft er, dass jede einzelne höchstens 20 Euro kostet. Sollte es mehr sein, möchte er von Ihnen – der Bank – den fehlenden Differenzbetrag zugeschossen bekommen.

Solche Geschäfte sind heute nichts Ungewöhnliches, man spricht von Optionen[68]. Für den Kunden ist diese Sicherheit natürlich nicht umsonst zu haben, er wird Ihnen bei Vertragsabschluss einen gewissen Betrag überweisen. Was sollten Sie mit diesem Geld machen, um am 1. 1. den Vertrag erfüllen zu können?

Das Zauberwort, mit dem dieses Problem gelöst werden kann, heißt „hedging". Wörtlich übersetzt bedeutet es so viel wie „hegen, pflegen", in der Finanzmathematik steht es für die geschickte Absicherung von Risiken.

Aus dem Wörterbuch:

hedge: 1. Hecke, Heckenzaun; 2. Mauer, Absperrung; 3. Behinderung; 4. Deckung, Sicherung; 5. minderwertig, zweifelhaft; 6. einhegen, einzäunen; 7. absperren, einengen, behindern; 8. schützen, hegen; 9. sichern, decken; 10. sich nicht festlegen, sich winden, ...
hedgehog: Igel.

Die zugrunde liegende Idee ist einfach und genial. Zusätzlich zu dem vom Kunden überwiesenen Betrag wird nämlich Geld zum marktüblichen Zinssatz geborgt, und davon – Kundengeld plus geborgtes Geld – werden jetzt Telekomaktien gekauft.

Und wozu? Wenn die Aktien bis zum 1. 1. steigen, sind sie so viel wert, dass erstens der Vertrag mit dem Kunden erfüllt werden und zweitens der Kredit einschließlich Zinsen zurückgezahlt werden kann. Wenn sie fallen sollten, ist das zwar schade, aber dann hat der Kunde ja auch keine Forderungen, und für die Rückzahlung des Kredits wird der Erlös noch reichen.

Kurz: Zur Absicherung eines Geschäfts mit Telekomaktien werden einige dieser Aktien erworben. Egal, wie sie sich entwickeln, man ist immer auf der sicheren Seite.

Mathematik kommt dadurch ins Spiel, dass man ja noch ausrechnen muss, welcher Kaufpreis fair ist und wie die Anteile – Bank bzw. Aktienkauf – zu wählen sind. Unter Zugrundelegung des „Naturgesetzes der Finanzmärkte" aus Beitrag 63, dass es nämlich keinen risikolosen Profit gibt, ergeben sich die fraglichen Größen durch Auflösen einer einfachen Gleichung. Kompliziert wird es nur dadurch, dass man das Geschäft auch zwischendurch im Auge behalten muss. Immer wieder ist

---

[68] Vgl. Beitrag 64.

nämlich aufgrund der Kursentwicklung zu prüfen, ob nicht ein Teil des Aktienpaketes abgestoßen werden soll oder ob es durch weitere Kreditaufnahme aufzufüllen ist.

Ein „hedging" für 1000 Aktien

Das Hedging soll einmal an einem konkreten Beispiel durchgespielt werden. Mal angenommen, es geht um tausend Aktien der Firma XY, die Sie am Jahresende kaufen wollen (jetzt sind wir im Januar). Die würden heute 10 000 Euro kosten, am Jahresende ist dafür ein ungewisser Betrag fällig: Es können 16 000 Euro sein oder auch nur 8000 Euro, je nachdem, wie sich die Firma entwickelt. (Es soll einmal angenommen werden, dass es nur diese beiden Möglichkeiten gibt und dass die Aktie zwischendurch nicht gehandelt wird.) Sie werden am Jahresende 12 000 Euro zur Verfügung haben. Wenn Sie nur 8000 zum Aktienkauf brauchen würden, wäre ja alles in Ordnung, andernfalls soll Ihnen die Bank unter die Arme greifen. Was darf die jetzt von Ihnen für ein derartiges Geschäft verlangen, und was soll sie mit diesem Geld tun?

Der Bankbeamte, mit dem Sie den Vertrag machen wollen, ruft zunächst bei der Kreditabteilung an: Der Bank-interne Zinssatz ist 6 Prozent: Wenn man am Jahresende E Euro zurückzahlt, bekommt man sofort $E/1.06$ Euro ausgezahlt. Und dann kann der Vertrag ausgestellt werden. Die Bank verlangt von Ihnen als Gegenleistung $5000 - 4000/1.06$ Euro, also etwa 1226 Euro[69].

Sie lassen sich darauf ein, das Hedging läuft dann wie folgt ab. Die Kreditabteilung überweist sofort $4000/1.06$ Euro (gleich 3774 Euro), so dass Ihrem Bankbeamten $1226 + 3774$, also 5000 Euro zur Verfügung stehen. Davon werden 500 XY-Aktien gekauft, und dann passiert bis zum Dezember gar nichts.

Angenommen, die Aktien sind gestiegen. Dann ist das Paket der Bank 8000 Euro Wert. (Sie hat ja nur 500 Aktien, tausend wären auf 16 000 gestiegen.) Davon bekommen Sie 4000, zusammen mit den eingeplanten 12 000 können Sie für 16 000 Euro XY-Aktien erstehen. Und mit den restlichen 4000 Euro werden die Bank-internen Schulden ausgeglichen.

Falls die Aktien fallen sollten, ist das Aktienpaket noch gerade einmal 4000 Euro wert, was aber ausreicht, die Kreditabteilung zufrieden zu stellen. Sie selbst bekommen aber diesmal nichts, weil Ihre 12 000 Euro ja zum Kauf mehr als ausreichen.

Die Moral: Durch die Hedging-Strategie konnten Sie vergleichsweise preiswert (1226 Euro) ein Risiko von 4000 Euro abdecken, denn die hätten Ihnen bei steigenden Kursen zum Kauf gefehlt.

---

[69] Dazu kommen noch die Gebühren, denn die Bank will ja auch von irgend etwas leben. Das wollen wir hier einmal ignorieren.

72. Der mathematische Nobelpreis

Gibt es einen Nobelpreis für Mathematik? Bis vor wenigen Jahren hätte man darauf mit einem klaren „Nein" antworten müssen. Als Ersatz haben die Mathematiker die prestigeträchtigen Fields-Medaillen, die alle vier Jahre auf dem Weltkongress der Mathematik vergeben werden. Auch wenn die Preisträger ausgesorgt haben, weil sie aufgrund des hohen Ansehens dieser Auszeichnung mit Angeboten für gut bezahlte Stellen überhäuft werden, so ist die ausgelobte Summe doch eher bescheiden. Der Preis für den besten Nachwuchsdichter der Stadt Wanne-Eickel dürfte höher dotiert sein.

Das ist nun seit zwei Jahren anders, die Vorgeschichte des neuen Preises beginnt vor vielen Millionen Jahren. Damals fanden nämlich diejenigen geologischen Entwicklungen statt, die zu einem Erdölsee unter der norwegischen Küste geführt und dieses kleine Land (nur vier Millionen Einwohner!) in den letzten Jahrzehnten sehr wohlhabend gemacht haben.

Außerdem hat Norwegen einen der begabtesten Mathematiker des 19. Jahrhunderts hervorgebracht: Niels Henrik Abel (1802 – 1829). Der hatte nur ein kurzes, von Krankheit und materieller Not gekennzeichnetes Leben. Der Ruf auf eine Professorenstelle (bemerkenswerterweise nicht an eine Universität in Norwegen, sondern nach Berlin) erreichte ihn zu spät: Er konnte sie wegen seines Gesundheitszustands schon nicht mehr antreten.

Erst nach seinem Tod erkannte man auch in seinem Heimatland, welch genialer Mensch er gewesen war. Um ihn nachträglich ganz besonders zu würdigen, wurde 2002 der Abel-Preis geschaffen. Er wird jährlich an Mathematiker verliehen, deren Lebenswerk einen besonderen Einfluss auf die Entwicklung des Faches hatte. Die Preissumme beträgt stattliche 700 000 Euro, entspricht also der von Nobelpreisen.

Der erste Preis (2003) ging an Jean-Pierre Serre, es folgten Sir Michael Atiyah und Isidore Singer (2004), Peter Lax (2005) und Lennart Carleson (2006). Und Berlin ist auch immer dabei: Die norwegische Botschaft spendierte sehr großzügig eine Reise zur Preisverleihung für das Siegerteam vom Berliner „Tag der Mathematik", der jährlich veranstaltet wird und sich an Schülerinnen und Schüler richtet.

Abel und die Gleichung fünften Grades

Abel hat in verschiedenen Bereichen der Mathematik Großes geleistet. Als Beispiel soll hier über seine Ergebnisse im Zusammenhang mit dem Auflösen von Gleichungen berichtet werden.

Das Problem

Viele Probleme in den Anwendungen reduzieren sich auf die Aufgabe, alle Zahlen x zu finden, die einer mit der Fragestellung zusammenhängenden Gleichung des Typs $x^2 - 2.5x + 3 = 0$ oder $x^7 - 1200x^6 + 3.1x - \pi = 0$ genügen[70]. Funktionen, wie sie hier auftreten (also $x^2 - 2.5x + 3$ und $x^7 - 1200x^6 + 3.1x - \pi$), nennt man *Polynome*. Das allgemeinstmögliche Polynom kann als

$$a_n x^n + a_{n-1} x^{n-1} + \cdots + a_1 x + a_0$$

geschrieben werden; dabei ist n irgendeine natürliche Zahl und die „Koeffizienten", d.h. die $a_n, a_{n-1}, \ldots, a_1, a_0$, sind beliebige Zahlen.

Die höchste auftretende Potenz heißt der *Grad* des Polynoms. In den Beispielen war der Grad 2 bzw. 7, und das allgemeine Polynom $a_n x^n + a_{n-1} x^{n-1} + \cdots + a_1 x + a_0$ hat den Grad n. Dabei sollte a_n von Null verschieden sein. (Wäre dieser Koeffizient Null, so könnte man den Summanden $a_n x^n$ einfach weglassen.)

Das Positive

Es hat bis ins 19. Jahrhundert gedauert, bis wirklich bewiesen war, dass für alle Polynome die Gleichung $a_n x^n + a_{n-1} x^{n-1} + \cdots + a_1 x + a_0 = 0$ Lösungen hat. Wenn man den Bereich der Zahlen bis zu den komplexen Zahlen erweitert, kann das auch für die kompliziertesten Fälle garantiert werden[71]. Das bedeutet aber noch lange nicht, dass man dann auch eine einfache Formel finden kann, durch die man die gesuchten Zahlen ausdrücken kann. Das geht nur dann, wenn der Grad des Polynoms „sehr klein" ist. Hier die wenigen positiven Ergebnisse:

- *Grad = 1*

  Das ist das folgende Problem: Gesucht ist ein x, so dass $a_1 \cdot x + a_0 = 0$ gilt, dabei sind a_1 und a_0 vorgegebene Zahlen. Die Lösung lernt man in der Schule: Die fragliche Gleichung ist einfach nach x aufzulösen, das Ergebnis ist $x = -a_0/a_1$.

- *Grad = 2*

  Diesmal möchte man alle x finden, für die – bei vorgegebenen a_2, a_1, a_0 – die Gleichung

  $$a_2 \cdot x^2 + a_1 \cdot x + a_0 = 0$$

  erfüllt ist. Die Lösung ist Schülern seit vielen Generationen unter dem Stichwort „p-q-Formel für quadratische Gleichungen" beigebracht worden: Wenn man die Gleichung nach Teilen durch a_2 in die Form $x^2 + p \cdot x + q = 0$ gebracht hat, so sind die Lösungen x_1, x_2 durch

---

[70] Ingenieure haben damit täglich zu tun: Aus der Lage der Lösungen x können sie etwa ablesen, ob ein System stabil bleiben oder zu empfindlich auf Störungen reagieren wird.

[71] Vgl. Beitrag 94.

$$x_1 = -\frac{p}{2} + \sqrt{-q + \frac{p^2}{4}}, \ x_2 = -\frac{p}{2} - \sqrt{-q + \frac{p^2}{4}}$$

gegeben.

- Grad = 3

  Auch in diesem Fall kann man die Lösungen noch explizit angeben. Man findet sie mit der *Cardano-Formel*, die von dem berühmten italienischen Mathematiker Girolamo Cardano schon im 16. Jahrhundert gefunden wurde.

  Ausgangspunkt ist eine Gleichung dritten Grades, die durch eine Variablentransformation in die Form

  $$x^3 - ax - b = 0$$

  gebracht wurde. Eine Lösung ist dann durch

  $$x = \sqrt[3]{\frac{b}{2} + \sqrt{\left(\frac{b}{2}\right)^2 - \left(\frac{a}{3}\right)^3}} + \sqrt[3]{\frac{b}{2} - \sqrt{\left(\frac{b}{2}\right)^2 - \left(\frac{a}{3}\right)^3}}$$

  gegeben.

- Grad = 4

  Für Gleichungen vierten Grades gibt es ebenfalls geschlossene Ausdrücke für die Lösungen: Man muss wieder nur unter Verwendung von +, −, · und : geeignete – ziemlich komplizierte – Ausdrücke aus den Koeffizienten bilden und Wurzeln ziehen. Das Ergebnis stammt von Ludovico Ferrari (1522 – 1565), einem Zeitgenossen Cardanos.

Eigentlich könnte es nun immer so weiter gehen. Warum sollte es nicht möglich sein, mit immer komplizierteren Formeln für Gleichungen immer höheren Grades eine Lösung geschlossen aufschreiben zu können? Danach wurde über 200 Jahre lang intensiv gesucht, bis das Problem von Niels Henrik Abel ein für alle Mal geklärt wurde.

Abels Unmöglichkeits-Satz

Abel zeigte im Jahr 1824 (also im Alter von 22 Jahren!): Mehr positive Ergebnisse als im vorstehenden Unterpunkt zusammengestellt sind nicht zu erwarten. Schon für die Gleichung fünften Grades ist es unmöglich, eine Formel zu finden – und sei sie noch so kompliziert –, die bei gegebenen Koeffizienten eine Lösung darstellt.

Seit dieser Zeit wissen die Mathematiker, dass sie in vielen Fällen nicht mehr finden können als (allerdings beliebig) genaue Näherungen der gesuchten Lösungen.

Ein Nachtrag zur dritten Auflage

Es sei noch nachgetragen, dass man weitere Informationen zum Abelpreis (und eine Tabelle der Abelpreisträger bis zur jeweiligen Gegenwart) unter der Adresse `http://de.wikipedia.org/wiki/Abelpreis` findet.

Der Preis wird ja für das Lebenswerk eines Mathematikers vergeben, und es kann im Einzelfall recht schwierig sein, einer nicht mathematisch vorgebildeten Öffentlichkeit zu vermitteln, was denn bei dem jeweiligen Laureaten als besonder preiswürdig angesehen wurde. Der Autor hat es versucht: Jeweils am Sonntag vor der Preisverleihung im Mai erschien bisher ein ganzseitiger Artikel in der WELT mit dem Versuch der Darstellung des mathematischen Hintergrunds.

73. Der Zufall als Rechenknecht: Monte-Carlo-Verfahren

Monte-Carlo ist allgemein bekannt: durch das regierende Fürstenhaus, die Rallye und die Spielbank. Mathematiker haben bei diesem Namen noch eine andere Assoziation, sie denken an Monte-Carlo-Verfahren. Das sind Rechenverfahren, bei denen der Zufall als Rechenknecht eingesetzt wird.

Zur Erläuterung stellen wir uns eine komplizierte Fläche F vor, die in einem Quadrat mit der Kantenlänge Eins liegt. Wie groß ist der Flächeninhalt? Der klassische Weg wäre, die Fläche in einfache Bestandteile zu zerlegen, dafür den Flächeninhalt zu berechnen und dann die Summe zu bilden.

Die Monte-Carlo-Methode geht ganz anders vor. Der wichtigste Bestandteil ist ein Zufallsgenerator, der einen Punkt in dem Quadrat erzeugt. Der Generator muss so programmiert sein, dass alle Punkte die gleiche Chance haben, man spricht von einer Gleichverteilung. Heutige Computer können derartige Punkte mehrere Millionen Mal pro Sekunde erzeugen. Dann ist die Wahrscheinlichkeit, dass der Punkt in unserer Fläche F landet, proportional zum Flächeninhalt. Der Monte-Carlo-Flächenmesser muss also nur experimentell feststellen, wie groß diese Wahrscheinlichkeit ist. Liegt also – zum Beispiel – bei einer Million Versuchen der Punkt 622 431 Mal in der Fläche, so heißt das, dass die Wahrscheinlichkeit für Treffer ungefähr gleich 62.2 Prozent ist. Der Flächeninhalt sollte also 62.2 Prozent der Gesamtfläche sein, und da die gleich Eins ist, ist das Ergebnis der Monte-Carlo-Flächenberechnung 0.622.

Das Verfahren hat Vorteile und Tücken. Der Hauptvorteil besteht darin, dass Monte-Carlo-Verfahren auch für komplizierte Situationen leicht umzusetzen sind: Das zugehörige Programm ist schnell geschrieben, da ja der wichtigste Baustein – die Erzeugung des Zufalls – in die modernen Rechner schon werksseitig eingebaut ist. Leider ist der Zufall alles andere als zuverlässig. Es könnte ja sein, dass die erzeugten Punkte doch nicht gleichmäßig über das Quadrat verteilt sind, so dass die Trefferwahrscheinlichkeit gar nicht den wirklichen Flächeninhalt wiedergibt.

Die typischen Ergebnisse von Monte-Carlo-Verfahren sollten daher auch vorsichtig interpretiert werden, etwa als: „Mit 99 Prozent Wahrscheinlichkeit liegt der gesuchte Wert zwischen 0.62 und 0.63."

Es ist deswegen kein Wunder, dass Mathematiker – wann immer möglich – exakte Verfahren bevorzugen. Oder würden Sie gern über eine Brücke fahren, deren Stabilität nur mit einer Wahrscheinlichkeit von 99 Prozent garantiert werden kann?

Eine Monte-Carlo-Parabelflächenmessung

Als Beispiel für eine typische Monte-Carlo-Flächenberechnung wollen wir die Fläche unter einem Parabelbogen ausrechnen: Wie groß ist die Fläche zwischen Parabel und x-Achse zwischen den Abszissen $x = 0$ und $x = 1$?

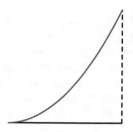

Abbildung 62: Wie groß ist die Fläche unter der Parabel?

Das ist leicht exakt möglich: Schon Archimedes konnte es vor 2000 Jahren, und heute gehört es zum Standard-Schulstoff: Die Parabel ist durch die Gleichung $f(x) = x^2$ gegeben, eine Stammfunktion ist mit $x^3/3$ leicht gefunden, und Einsetzen von oberer und unterer Grenze führt zum Flächeninhalt $1/3$.

Mit Monte-Carlo-Verfahren kann man sich das alles sparen. Es gibt sogar *zwei Möglichkeiten*.

Möglichkeit 1: Man zeichnet um die zu bestimmende Fläche F ein Rechteck R, im vorliegenden Fall kann man ein Quadrat mit den Kantenlängen 1 wählen. Dann lässt man den Computer „viele" zufällige Punkte in diesem Rechteck erzeugen, und zwar so, dass kein Bereich des Rechtecks bevorzugt ist. Es ist dann nur noch zu zählen, wie viele dieser Punkte in der Fläche liegen: Da die Punkte gleichmäßig verteilt sind, wird der Anteil der „Treffer" so sein wie das Verhältnis der Flächeninhalte von F zu R. Hier ein Beispiel:

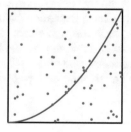

Abbildung 63: Flächenberechnung mit dem Monte-Carlo-Verfahren

Es wurden 60 Punkte erzeugt, davon lagen 22 in der zu bestimmenden Fläche. Also sollte der Flächeninhalt durch $22/60$ mal Flächeninhalt des Quadrats, also durch $0.366\ldots$ geschätzt werden können.

Das ist für so wenige Punkte gar nicht schlecht. Für den Computer ist es kein Problem, die Anzahl um ein Vielfaches zu erhöhen, damit man verlässlichere und genauere Ergebnisse erhält.

Möglichkeit 2: Dieses Verfahren beruht auf einer wahrscheinlichkeitstheoretischen Interpretation: Die gesuchte Fläche stimmt mit dem mittleren Gewinn überein, falls

Punkte x im Einheitsintervall erzeugt werden und jeweils x^2 ausgezahlt wird. Um das auszunutzen, verfährt man wie folgt. Man setzt zu Beginn ein Register r auf Null und lässt den Computer Zufallszahlen zwischen 0 und 1 produzieren. Die werden quadriert und zu r addiert. (Wird z.B. die Zufallszahl 0.22334455 ausgegeben, so erhöht man den Wert von r um $0.22334455 \cdot 0.22334455 = 0.04988278801$.) Das macht man ganz oft und teilt durch die Anzahl der Versuche (die soll hier n genannt werden). In der üblichen Programm-Kurzschreibweise sieht das so aus:

$\vdots$

```
n := 10 000;
r := 0;
for i := 1 to n do
   begin y :=random; r := r + y * y; end;
r := r/n;
```

$\vdots$

In r steht dann ein approximativer Wert für die Fläche unter dem Parabelstück. Hier das Ergebnis einiger Computersimulationen:

Versuchsanzahl n	10 000	10 000	100 000	100 000
r	0.333839	0.336283	0.33350	0.33304

Es ist bemerkenswert, dass man eine recht gute Näherung an den wirklichen Wert $0.33333\ldots$ ohne jegliche Integrationskenntnisse erhält. Es dauerte nur Sekundenbruchteile, und die Funktion hätte auch beliebig kompliziert sein können. Nachteilig ist wirklich nur, dass man nie sicher sein kann. Nur wenn man weiß, was wirklich herauskommt, kann man einschätzen, ob die Näherung gut ist. Wenn nicht, muss man dem Computer vertrauen, und das wird man sich bei Rechnungen mit schwerwiegenden Folgerungen lieber noch einmal überlegen.

74. Die „fusselige" Logik

Vor einiger Zeit war es bei Waschmaschinen und Staubsaugern noch ein Gütesiegel, wenn sie mit Fuzzy-Logik arbeiteten. Die bestechende Idee dieser von dem kalifornischen Mathematikprofessor Lotfi Zadeh in den siebziger Jahren vorgeschlagenen Logik besteht darin, der alltäglichen Art zu denken eine mathematische Grundlage zu geben.

Geht man ganz präzise vor, so gibt es in der Mathematik nur „wahr" und „falsch". Irgendeine gegebene Zahl ist Primzahl oder auch nicht, es gibt keinen Platz für eine Grauzone zwischen diesen beiden Eigenschaften.

Im täglichen Leben sieht das ganz anders aus. Oft haben wir – je nach verfügbarer Information – nur recht vage Vorstellungen darüber, ob eine spezielle Aussage wahr sein könnte: Ist dieses Verkehrsmittel sicher, dieses Geschäft lohnend?

Mit der Fuzzy-Logik wird nun versucht, die Mathematik quasi weiter zu „vermenschlichen". Es gibt für Aussagen nicht nur „wahr" und „falsch", es sind vielmehr alle Werte zwischen Eins („ganz sicher wahr") und Null („ganz sicher falsch") zugelassen. Ein Wert von 0.9 etwa könnte dann eingesetzt werden, wenn man sich „ziemlich sicher" ist.

Bemerkenswerterweise lassen sich große Teil der klassischen Logik übertragen. Man kann zum Beispiel Fuzzy-Aussagen miteinander verknüpfen: Haben p und q einen hohen Wahrheitswert, so auch die Aussage „p und q". Das modelliert ganz gut die Lebenserfahrung, und deswegen ist die Fuzzy-Logik auch bei vielen Anwendern besonders beliebt.

Ähnliche Ansätze kann man auch zum Steuern mehr oder weniger komplizierter Vorgänge verwenden. Angenommen etwa, es soll eine Stange auf einer von einem Roboter gesteuerten waagerechten Fläche balanciert werden. Die exakte Modellierung ist äußerst delikat, eine Fuzzy-Steuerung kann dagegen ganz leicht umgesetzt werden. Man ordnet dazu den Auslenkungen von der Senkrechten Fuzzy-logische Werte der Aussagen „etwas nach links", „stark nach links" usw. zu. Bei 10 Grad nach links könnte der erste Wert etwa 0.6 und der zweite 0.4 sein. Weiter hat man vorzuschreiben, welche Reaktion vom Roboter bei „etwas nach links", „stark nach links" usw. erwartet wird: „Grundplatte 1 cm nach rechts", „3 cm nach rechts" usw. Bei der konkret beobachteten Auslenkung wird dann eine Wichtung vorgenommen: Je „wahrer" eine Aussage eingeschätzt wird, umso größer ist der Anteil der zugehörigen Reaktion.

Mit diesem Verfahren ist es auch möglich, das Wissen von Menschen nutzbar zu machen, die ihre Erfahrungen nicht in der Sprache der Mathematik ausdrücken können. Für die meisten Mathematiker sind Fuzzy-Techniken allerdings eher ein Notbehelf. Viel lieber hätten sie in ihrem Staubsauger eine präzise Logik, auch wenn man das am Endergebnis vielleicht gar nicht so genau sieht.

Fuzzy-Steuerung

Die *klassische Kontrolltheorie* ist eine sehr schwierige mathematische Disziplin. Wichtige Beiträge wurden von dem amerikanischen Mathematiker Norbert Wiener (1894 bis 1964) geleistet, der auch den Namen *Kybernetik* prägte. Da geht es darum, ein System optimal zu steuern: Gewisse Zielgrößen sollen möglichst schnell (oder möglichst billig) erreicht werden, zwischendurch kann man durch Steuergrößen Einfluss auf den Ablauf nehmen. Das „System" kann dabei etwa eine Kette chemischer Reaktionen in einer pharmazeutischen Fabrik, ein Hochofen oder eine feindliche Rakete sein, die abgeschossen werden soll. Der Anwendungsbereich der hier entwickelten Methoden ist wirklich sehr vielfältig. Alles kann dadurch sehr kompliziert werden, dass man nur unvollständige Informationen hat, dass eventuell nur eine stark verzögerte Beeinflussung möglich ist oder dass zufällige Entwicklungen den Ablauf auf unvorhergesehene Weise stören können. Im Normalfall ergeben sich für die Steuerfunktionen sehr komplexe Gleichungen, eine exakte Lösung ist nur in Ausnahmefällen möglich.

Bei der *Fuzzy-Steuerung* macht man sich – wie im Beitrag schon bemerkt – das Leben viel leichter. Das System wird beobachtet, und dann wird ausgewertet, welchen Anteil die jetzige Situation an verschiedenen Szenarien hat. Ist die zu balancierende Stange etwa um 5 Grad nach vorn ausgelenkt, so könnte das zu den folgenden Anteilen an den vorgesehenen Szenarien (von „stark nach hinten ausgelenkt" über „etwas nach hinten", „nicht ausgelenkt", „etwas nach vorn", „stark nach vorn") führen: $0, 0, 0.2, 0.8, 0$. Dann werden „Experten" befragt: Was soll man bei starker Auslenkung nach hinten tun, was bei schwacher Auslenkung nach hinten, usw. Wenn man dann – unter anderem – erfährt, dass bei fehlender Auslenkung nichts zu tun ist[72] und bei kleiner Auslenkung nach vorn die Auflage um 5 cm nach vorn zu bewegen ist, so kombiniert man diese Reaktionen entsprechend der Anteile an den Szenarien: Mit 0.2 Anteil mache nichts und mit 0.8 schiebe die Auflage 5 cm nach vorn.

Das bedeutet: Schiebe um $0.8 \cdot 5$ cm, also um 4 cm.

Bemerkenswerterweise kann man so auch ziemlich komplizierte Steuerungsprobleme vernünftig behandeln. Es ist zwar manchmal etwas ruckeliger als bei der perfekten klassischen Lösung, aber dafür ist „Fuzzyfizierung" viel leichter umzusetzen.

---

[72] Darauf wäre man natürlich zur Not auch selbst gekommen.

75. Geheime Nachrichten in der Bibel?

Für Mathematiker sind Zahlen Gegenstand der Untersuchung und Arbeitshilfsmittel, eine mystische Bedeutung haben sie für sie nicht. Es gibt jedoch eine lange, auf Pythagoras zurückgehende Tradition, in Zahlen noch mehr zu sehen. Man kann ihnen zum Beispiel Eigenschaften zuordnen („Die Zweiheit ist die Quelle der Veränderung . . . ", „Dreiheit heißt Klugheit und Weisheit . . . ") und sich dann bei schwierigen Entscheidungen von diesen Eigenschaften leiten lassen.

Sollte man wirklich in ein Haus einziehen, bei dem die Quersumme der Ziffern der Hausnummer eine „schlechte" Zahl ist? Genauso kann man sich vom Kennzeichen des Autos (kaufen oder nicht kaufen?) oder dem Geburtsdatum des Lebenspartners beeinflussen lassen, Zahlen sind ja allgegenwärtig.

Im 19. Jahrhundert war die Zahlenmystik besonders ausgeprägt. Sehr beliebt war das Verfahren, Buchstaben Zahlen zuzuordnen und dann für Namen einen Wert durch Addition der Buchstabenwerte zu erhalten. Wenn sich dann die 666 ergab, vor der schon in der Offenbarung des Johannes als der „Zahl des Tieres" gewarnt wurde, so musste das doch etwas bedeuten.

„Wer Verstand hat, der deute die Zahl des Tieres; denn es ist die Zahl eines Menschen, und seine Zahl ist 666. "
(Offenbarung des Johannes, 13.18.)

Der Schwachpunkt dieses Verfahrens besteht darin, dass es viele Möglichkeiten gibt, Buchstaben mit Zahlen zu versehen, dabei sind alle irgendwie willkürlich. Und klappt es nicht gleich, so kann man ja auch noch die Schreibweise des Namens ein bisschen manipulieren. In Tolstois „Krieg und Frieden" etwa ist Napoleon erst dann mit der 666 in Verbindung zu bringen, wenn man seinen Namen sprachlich nicht ganz korrekt als „Le Empereur" eingibt.

Eine andere Variante der Zahlenmystik schreckte die Menschheit im Jahr 1997 auf. Damals erschien der „Bibelcode" von M. Drosnin, in dem die These vertreten wird, dass in der hebräischen Urfassung der Bibel viele Nachrichten über vergangene und zukünftige Ereignisse verschlüsselt sind.

Die Diskussion erreichte auch die mathematischen Fachzeitschriften, denn es ist durchaus nicht klar, warum sich so viele aussagekräftige Sätze entdecken lassen. Inzwischen weiß man, dass man Hiobsbotschaften in jedem genügend umfangreichen Text nach der Drosninschen Methode finden kann, wenn man nur lange genug sucht.

Übrigens gibt es auch eine sehr zeitgemäße Variante der Zahlenmystik. Microsoft-Kritiker können bei Bedarf auch *Bill Gates* in ein 666-Wesen verwandeln: Man muss den Namen nur „richtig" als „B. & GATES" schreiben und die Werte im ASCII-Code (!) zählen:

	B	.	&	G	A	T	E	S	Summe
ASCII-Wert	66	190	38	71	65	84	69	83	**666**

Es geht aber auch anders[73]. Da der vollständige Name „William Henry Gates III."
lautet, kann man es doch auch mit „BILL GATES 3" versuchen. Und wirklich:

	B	I	L	L	G	A	T	E	S	3	Summe
ASCII-Wert	66	73	76	76	71	65	84	69	83	3	**666**

Das ist natürlich – zugegeben – ein bisschen geschummelt. Erstens hat die 3 nicht
3 als ASCII-Code, sondern 51. Und zweitens fehlt eigentlich die Leertaste (ASCII-
Code 32) zwischen dem Vor- und dem Nachnamen. Mit einer direkten Übersetzung
wäre Bill Gates aber nicht zu entlarven gewesen ...

Die Zahlenmystik beginnt mit Pythagoras

Die Geschichte der Zahlenmystik lässt sich weit zurückverfolgen. Erstmals findet
sie sich bei den Pythagoräern, den Anhängern des Pythagoras (um 500 v.Chr.). Bei
den Ägyptern und Babyloniern waren Zahlen wichtige Hilfsmittel, um notwendige
Berechnungen – etwa für die Astronomie oder in der Architektur – durchführen zu
können, eine weiter gehende Bedeutung wurde ihnen nicht beigemessen. Auch die
griechische Mathematik hatte mit Mystik nichts im Sinn, in den großen Standard-
werken wie z.B. den „Elementen" des Euklid findet sich kein Wort davon.

Nach Pythagoras geriet die Zahlenmystik fast in Vergessenheit, sie wurde erst
nach der Zeitenwende von den *Neupythagoräern* wieder aufgenommen. Und seit
dieser Zeit gehört sie zum festen Reservoir des Irrationalen. Wenn Menschen –
verstärkt in schlechten Zeiten – nach Welterklärungen und Lebenshilfen suchen und
ihnen die Religion dafür nicht geeignet erscheint, kann es plötzlich wichtig werden,
dass die Eins eine „gute" und die Zwei eine „schlechte" Zahl ist.

Auch wenn das für die Mathematik nie auch nur die geringste Rolle gespielt
hat, sollte man doch nicht glauben, dass Wissenschaftler immun gegen Weltsichten
gewesen wären, die wir heute als irrational ansehen. Kepler, dem wir die Erkenntnis
der elliptischen Bahnen der Planeten verdanken, hat versucht, die Gesetze des Son-
nensystems durch Eigenschaften ineinandergeschachtelter platonischer Körper[74] zu
erklären. Und der große Newton hat wahrscheinlich mehr Zeit in seinem Alchimi-
stenlabor und beim Aufspüren geheimer Botschaften in der Bibel verbracht als für
das Verfassen seiner „Principia Mathematica", dem Werk, mit dem der Siegeszug
der mathematischen Methoden durch die Naturwissenschaften begann.

Das „Gesetz der kleinen Zahlen"

„Mystische" Zusammenhänge entstehen manchmal einfach deswegen, weil es
nur wenige kleine Zahlen gibt. Das ist – halb ironisch – von dem Mathematiker
Richard Guy als das „Gesetz der kleinen Zahlen" bezeichnet worden.

---

[73] Das ist *Harper's magazine* schon 1995 aufgefallen.
[74] Dodekaeder, Ikosaeder, Oktaeder, Tetraeder, Würfel.

Der mathematische Hintergrund ist unstreitig. Wer fünf Kugeln in vier Kästen verstecken möchte, der kann gar nicht anders, als in mindestens einen Kasten mehr als eine Kugel zu legen. Mathematiker sprechen vom „Schubkastenprinzip", mehr über die Rolle dieses Prinzips als Beweisverfahren findet man in den Ergänzungen zum Beitrag 61 auf Seite ??.

Es ist daher unvermeidlich, dass beim Zusammenfassen von verwandten Begriffen die gleichen Anzahlen sehr oft auftreten werden. Als Dreiergruppen können zum Beispiel auftreten:

- Die Grazien (Aglaia, Euphrosyne und Thalia).

- Die Heiligen Könige (Kaspar, Melchior und Balthasar).

- Die Musketiere (Athos, Porthos und Aramis).

- Zeit (Vergangenheit, Gegenwart und Zukunft).

- usw.

Das besagt natürlich überhaupt nichts, für Numerologen jedoch sollte es für das Auftreten als Dreiheit einen tieferen Grund geben.

Allen, die an einer ausführlicheren Darstellung des Themas interessiert sind, können zwei Bücher empfohlen werden:

- Underwood Dudley: Die Macht der Zahl. Birkhäuser 1999.

- Harro Heuser: Die Magie der Zahlen. Herder Spektrum 2003.

76. Wie verknotet kann ein Knoten sein?

Stellen Sie sich vor, dass Sie in Ihrem Bastelkeller eine ziemlich lange Verlängerungsschnur haben. Sie stecken das eine Ende – den Stecker – in das andere Ende – die Dose – und haben dann einen geschlossenen Stromkreis.

Wenn die Verlängerungsschnur vor dieser Aktion mehr oder weniger verschlungen war, so wird sie nun hoffnungslos verknotet sein. Kann man sie, ohne die Stecker zu lösen, entknoten, d.h. in einen großen Kreis legen? Es ist offensichtlich, dass das manchmal klappen wird, manchmal aber auch nicht.

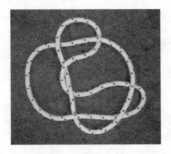

Abbildung 64: Kann man dieses Gewirr entknoten?

Doch wann genau? Das Thema beschäftigt die Mathematik seit einigen Jahrhunderten. Es ging dabei natürlich nicht um Verlängerungsschnüre, sondern um die Theorie allgemeiner Knoten. Ein erstes Problem besteht darin, erst einmal die richtige Sprache zur Behandlung derartiger Fragen zu finden. Es wurde schon von Leibniz aufgeworfen, aber erst gegen Ende des 19. Jahrhunderts befriedigend gelöst. Die präzise Fassung ist etwas technisch, deswegen bleiben wir bei Verlängerungsschnüren.

Skandalöserweise dauerte es dann noch mehrere Jahrzehnte, bis eine der einfachsten Fragen entschieden werden konnte. Was jeder Bastler weiß, ist erst seit den dreißiger Jahren des vorigen Jahrhunderts auch wirklich streng beweisbar: Ja, es kann vorkommen, dass ein Entknoten auch mit den raffiniertesten Methoden unmöglich ist. Hier ist das einfachste Beispiel, der Kleeblattknoten:

Wesentlich schwieriger ist dagegen das so genannte *Klassifikationsproblem*: Welche Typen von wirklich verschiedenen Knoten gibt es eigentlich? Das ist Gegenstand aktueller Forschung.

Die Hauptmotivation, sich mit Knotentheorie zu beschäftigen, ergab sich aus ihrer Bedeutung für die Physik. Im Jahr 1867 hatte nämlich der englische Physiker William Thomson, der spätere Lord Kelvin, eine sehr originelle Atomtheorie vorgeschlagen. Danach sollten Atome Wirbel-Linien im Äther sein, man kann sie sich als ineinander verschlungene winzige Rauchringe vorstellen. Die Vielzahl der möglichen Atome wäre dann dadurch zu erklären, dass bei verschiedenen Atomen prinzipiell verschiedene Verknotungen realisiert sind. Das gab den Anlass zu einer systematischen Theorie der Knoten.

Für Kelvins Ideen ist in der heutigen Physik kein Platz mehr. Inzwischen ist aber die Knotentheorie für Physiker aus einem anderen Grund brandaktuell. In der so genannten Stringtheorie spielt sie nämlich eine wichtige Rolle, um die Welt im Kleinen beschreiben zu können.

Knoteninvarianten

Es dauerte 230 Jahre, bis es in der Knotentheorie nach der Formulierung des Problems „Gibt es Knoten, die man nicht entknoten kann?" eine erste Lösung durch den Göttinger Mathematiker Kurt Reidemeister (1893 – 1971) gab. Im Jahr 1932 schlug er eine Lösung durch die Verwendung von *Knoteninvarianten* vor.

Die Idee, mit Invarianten zu arbeiten, soll zunächst an einem sehr einfachen Beispiel verdeutlicht werden:

> Es geht um ein einfaches „Spiel". Auf dem Tisch liegen 10 Spielsteine, und man darf in jedem Spielzug 7 Spielsteine (aus einem unbegrenzten Vorrat) dazulegen oder 7 Spielsteine entfernen (falls das möglich ist).
>
> *Problem:* Kann man es schaffen, irgendwann einmal genau 22 Spielsteine auf dem Tisch zu haben?
>
> *Die Lösung:* Nein, es geht nicht, und man kann es mit der folgenden Invariantentechnik beweisen. Wir betrachten zu jedem Zeitpunkt den Rest, der beim Teilen der Anzahl der Steine durch 7 übrig bleibt[75]. Dann sind drei Dinge klar:
>
> - Der Rest ist am Anfang gleich 3.
>
> - Durch einen Spielzug ändert sich der Rest nicht, denn die Anzahl vergrößert oder verkleinert sich ja um 7.
>
> - Für die Zahl 22 ist der Rest gleich 1.
>
> Folglich kann die 22 nicht erreicht werden.

---

[75] Das ist, in der Sprache von Beitrag 22, die Anzahl modulo 7.

Reidemeister hatte nun die Idee, für Knoten einen entsprechenden Ansatz zu verwenden. Er definiert zunächst, was ein „einfacher Spielzug" für Knoten ist. Davon gibt er drei verschiedene Typen an, die „Reidemeister-Bewegungen". Es handelt sich dabei um Manipulationen wie etwa „verschiebe ein Teilstück, ohne dabei ein anderes Teilstück zu treffen". Wichtig ist dann zunächst die Beobachtung, dass alles, was man mit Knoten anstellen kann, als Abfolge von derartigen „Spielzügen" darstellbar ist. Und zweitens definiert Reidemeister eine Invariante. Es gibt eine Eigenschaft von Knoten, die sich durch Anwendung eines Spielzugs nicht verändert; hatte der Knoten vor dem Spielzug die Eigenschaft, so auch nachher.

Diese Invariante ist allerdings wesentlich komplizierter als „der Rest, der beim Teilen durch 7 übrig bleibt" aus dem obigen illustrierenden Beispiel. Die Reidemeister-Invariante ist die Möglichkeit, das Abbild des Knotens in der Ebene auf eine ganz spezielle Weise einzufärben.

Die Pointe des Ansatzes besteht dann darin, dass man die folgenden Aussagen beweisen kann:

- Bei den Reidemeister-Bewegungen ändert sich die Invariante nicht.

- Die geschlossene Kreislinie, also der entknotete Knoten, ist nicht färbbar.

- Gewisse Knoten, z.B. der weiter oben abgebildete Kleeblattknoten, sind färbbar.

Und damit folgt, dass der Kleeblattknoten nicht entknotet werden kann.

Es ist zu beachten, dass damit längst noch nicht alle Fragen geklärt sind. *Wenn* ein Knoten färbbar ist, so kann er nicht entknotet werden. Umgekehrt gilt das aber nicht. In vielen Fällen kommt man mit dieser Technik nicht zum Ziel, denn es gibt Knoten, die zwar nicht färbbar sind, die man aber auch nicht entknoten kann. Dann heißt es, neue Invarianten zu finden, mit denen man dann zum Ziel kommt.

Das ist Gegenstand intensiver aktueller Forschung. Fernziel ist das Auffinden einer universellen Invariante, also einer Eigenschaft, die man erstens leicht nachprüfen kann und die zweitens genau dann erfüllt ist, wenn der Knoten entknotet werden kann. Doch davon ist man noch weit entfernt.

77. Wieviel Mathematik braucht der Mensch?

Wieviel Mathematik braucht der Mensch? Wozu quadratische Gleichungen, Kurvendiskussionen und Integrale? Reicht nicht das kleine Einmaleins, um im Supermarkt und beim Restaurantbesuch einschätzen zu können, was man denn gleich zahlen muss? Manche gehen sogar noch weiter, denn das Rechnen kann man ja auch an einen Taschenrechner delegieren, der sicher bald in jedes Handy eingebaut sein wird.

In dieser Radikalität ist das sicher nicht ernst zu nehmen, mit gleichem Recht könnte man Deutsch (Korrekturprogramm!), Erdkunde (Google!) und alle anderen Schulfächer zur Disposition stellen. Trotzdem darf natürlich gefragt werden, welchen Stellenwert die Mathematik in unserem Bildungskanon hat.

Nach meiner Ansicht sind es im Wesentlichen *drei Punkte*, die eine nicht nur oberflächliche Beschäftigung mit diesem Fach rechtfertigen. Erstens ist Mathematik unbestritten *nützlich*, um konkrete Probleme der Welt zu lösen. Das fängt beim Kopfrechnen beim Bäcker an und setzt sich bis in so gut wie alle Wissenschaften fort. Alle, die später einmal eine Natur- oder Ingenieurwissenschaft studieren oder in einer Geisteswissenschaft oder der Medizin mit statistischen Verfahren zu tun haben werden, brauchen ein solides Fundament. Computer helfen da auch nicht viel weiter, egal, wie benutzerfreundlich sie programmiert sind. Wer nicht in der Lage ist, bei einer einfachen Addition abschätzen zu können, was herauskommt, wird nicht bemerken, dass die Kassiererin im Supermarkt bei der Eingabe der Preise versehentlich das Komma an die falsche Stelle gesetzt hat. Und auch das ausgefeilteste Statistikpaket nimmt einem Nutzer nicht die Mühe ab nachzuprüfen, ob die jeweiligen Verfahren auch wirklich anwendbar sind, welche Fragen überhaupt sinnvoll gestellt werden können und wie die Ergebnisse zu interpretieren sind. Ohne Mathematik ist man Panik- und Geschäftemachern hilflos ausgeliefert, und auch die Zukunftsplanung beim Kauf einer Eigentumswohnung wird zu einem Vabanquespiel geraten, wenn man die zu erwartenden Belastungen nicht vernünftig einschätzen kann.

Zweitens kann Mathematik als intellektuelle Beschäftigung äußerst *faszinierend* sein. Problemlösen verlangt Ausdauer und Kreativität, das kann man doch gar nicht intensiv genug trainieren. Personalchefs großer Firmen betonen gern, dass ihnen diese Kompetenz der Mathematiker mindestens genau so wichtig ist wie der fachliche Aspekt. Ein Mathematiker ist es gewohnt, sich so lange in ein Problem zu „verbeißen", bis eine Lösung gefunden ist. Es dürfte unbestritten sein, dass diese Fähigkeit in allen Berufszweigen von Vorteil sein kann.

Und drittens schließlich ist daran zu erinnern, dass *unsere Welt nach mathematischen Prinzipien* aufgebaut ist. Seit Galilei wissen wir, dass das Buch der Natur in der Sprache der Mathematik geschrieben ist. Deswegen brauchen alle, die verstehen wollen, was die Welt „im Innersten zusammenhält", Kenntnisse über Zahlen, geometrische Objekte und Wahrscheinlichkeiten. Entsprechend sollte man ja auch gut über Geschichte Bescheid wissen, wenn man über die gegenwärtige politische Landschaft mitreden möchte.

Die Mathematik spielt deswegen bei allen naturwissenschaftlichen Grundsatzfragen eine wichtige Rolle. Ein Philosoph dürfte kaum sinnvoll über Ontologie reden können, wenn er nicht die mathematischen Voraussetzungen hat, um die Grundzüge von Relativitätstheorie und Wahrscheinlichkeitstheorie zu verstehen.

Im Schulalltag bleibt die Mathematik leider oft im Technischen stecken. Man kann schon dann gute Noten bekommen, wenn man die Kochrezepte anwenden kann. Wer auf diesem Niveau stehen bleibt, hat leider das Wesentliche nicht mitbekommen. Es wäre so, als wenn man sich im Französischunterricht nur mit Grammatik beschäftigt und nie ein Gedicht von Baudelaire gelesen hätte.

Doch das ist eine andere Geschichte[76] . . .

Fundstellen . . .

Die meisten der Beiträge in diesem Buch können als Illustration zu den hier genannten drei Aspekten der Wichtigkeit von Mathematik gelesen werden. Hier einige Beispiele:

- „Mathematik ist nützlich": Beiträge 1, 7, 9, 14, 21, 62, 63, 64, 71, 90, 91, 93, 98.

- „Mathematik ist faszinierend": Beiträge 4, 15, 17, 18, 23, 33, 48, 49, 76, 99.

- „Mathematik ist die Sprache der Natur": Beiträge 38, 47, 51.

---

[76] Siehe Beitrag 31.

78. Groß, größer, am größten

Angenommen, jemand hat zwei Körbe mit Äpfeln vor sich. Es soll entschieden werden, welcher dieser Körbe mehr Früchte enthält. Die naheliegende Lösung: Es wird gezählt, und dann sind nur noch die beiden Ergebnisse zu vergleichen. Was aber, wenn man nicht so weit zählen kann? Dann kann die Entscheidung immer noch getroffen werden. Man entfernt, solange das geht, aus beiden Körben gleichzeitig jeweils einen Apfel. Der Korb, der als erster leer ist, ist sicher der mit der kleineren Anzahl.

Man kann also Größenordnungen von Mengen vergleichen, auch wenn man nicht zählen kann. Diese Idee hat Georg Cantor, der Schöpfer der Mengenlehre, mit großem Erfolg auch für unendliche Mengen angewandt. Man muss nur eine kleine Modifikation am Apfelbeispiel anbringen. Statt sie paarweise aus den Körben zu nehmen, kann man ja auch die Äpfel des ersten Korbes in einer langen Reihe anordnen und dann versuchen, die des anderen – ebenfalls in einer Reihe – daneben zu legen. Das kann genau aufgehen (gleich viele Äpfel), und ein Unterschied der Anzahl wird auch sofort bemerkt.

In diesem Sinn gibt es „genau so viele" gerade wie ungerade Zahlen. Dazu muss man die Zahlen 2, 4, 6, ... und 1, 3, 5, ... so zueinander in Beziehung setzen („nebeneinander legen"), dass die 2 der 1, die 4 der 3, die 6 der 5, ... zugeordnet wird.

Schon von Cantor stammen die ersten überraschenden Entdeckungen über die Phänomene im Zusammenhang mit den Größenordnungen von Zahlenmengen. Betrachten wir zum Beispiel die Menge der rationalen Zahlen, also der Brüche wie etwa $7/9$ oder $1001/4711$. Diese Menge enthält genauso viele Elemente wie die Menge 1, 2, 3, ... der natürlichen Zahlen. Dieses Ergebnis ist alles andere als offensichtlich, naiv hätte man „viel mehr" Brüche als natürliche Zahlen erwartet.

Cantor konnte auch zeigen, dass die Menge der Brüche nur ein Winzling im Vergleich zur Menge aller Zahlen ist. Durch die Hinzunahme der nichtabbrechenden Dezimalzahlen entsteht ein riesiges Gebilde, kein noch so ausgeklügeltes Verfahren gestattet es, sämtliche Elemente dieser Menge den Zahlen 1, 2, 3, ... zuzuordnen.

In manchen Aspekten verhalten sich Unendlichkeiten wie Zahlen: Zum Beispiel kann man sie paarweise vergleichen, d.h. zwei unendliche Mengen sind entweder gleich groß oder die eine ist „unendlicher" als die andere. Das Gebiet ist allerdings mit Fallen gespickt, an vielen Stellen lauern Paradoxien und Fehlschlüsse. Und deswegen bleiben auch die meisten Mathematiker bei den „nicht zu großen" unendlichen Mengen.

Es gibt genau so viele Brüche wie natürliche Zahlen

Die im Beitrag erwähnte überraschende Tatsache, dass es genauso viele Brüche wie natürliche Zahlen gibt, kann man sich durch ein geeignetes Bild klarmachen.

Zunächst muss man sich davon überzeugen, dass die Aussage „Die Menge M hat genau so viele Elemente wie die Menge der natürlichen Zahlen" bedeutet, dass man einen Spaziergang in M finden kann, der jedes Element genau einmal trifft. Das gilt zum Beispiel dann, wenn M die Menge der geraden Zahlen ist: Man besucht im n-ten Schritt die Zahl $2n$. So wird jede gerade Zahl getroffen, die Zahl 4322 etwa im 2161-ten Schritt.

Doch wie soll man in den Brüchen so spazieren gehen, dass man überall vorbeikommt? Cantor hatte dazu die folgende Idee. Die Brüche werden geschickt angeordnet: In die erste Zeile schreibt man alle Brüche mit dem Nenner 1, sie fängt also so an:

$$0, 1, -1, 2, -2, 3, -3, \dots$$

Die Vorzeichen wechseln dabei ab, um auch alle negativen Zahlen zu erfassen.

Dann, in Zeile 2, werden alle Brüche aufgeführt, die (nach Kürzen) den Nenner 2 haben:

$$1/2, -1/2, 3/2, -3/2, 5/2, -5/2, \dots$$

Weiter geht es dann mit dem Nenner 3, dann 4 usw.

In diesem unendlichen quadratischen Schema ist dann jeder Bruch zu finden. $12/1331$ zum Beispiel taucht in der 1331-ten Zeile auf. Es fehlt aber noch ein Spaziergang, der alle Zahlen in diesem Schema besucht. Wenn man sich naiv anstellt, klappt es nicht. Wer also etwa die erste Zeile entlang läuft, wird niemals die Zahl $1/2$ besuchen. Der Trick: Man bewegt sich auf Schlangenlinien, so, wie es im folgenden Bild eingezeichnet ist[77]:

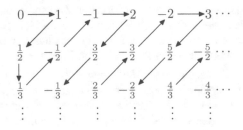

Abbildung 65: Ein „Spaziergang", der alle Brüche trifft

Start ist also bei der Null, die nächsten Schritte sind $1, 1/2, 1/3, -1/2, -1, \dots$ Auch wenn es etwas mühsam wäre, vorauszusagen, wo sich der Spaziergänger zum Beispiel im $10\,000$-ten Schritt aufhält, so ist doch klar, dass er überall einmal vorbeikommen wird. Und deswegen gibt es genau so viele Brüche wie natürliche Zahlen.

---

[77] Dieser Beweis ist unter dem Namen *erstes Cantorsches Diagonalverfahren* bekannt.

79. Das ist wahrscheinlich richtig

In den letzten Jahrzehnten hat sich immer mehr herausgestellt, dass der Zufall nicht nur ein unberechenbarer Störfaktor ist, sondern auch eine produktive Rolle spielen kann. Von Monte-Carlo-Verfahren war hier schon in Beitrag 73 die Rede: Durch sie kann man komplizierte Rechnungen an den Zufall delegieren. Heute geht es um Grundsätzlicheres, denn der Zufall kann sogar beim Auffinden von Wahrheiten helfen.

Zur Erläuterung betrachten wir eine ziemlich große Zahl n, sie sollte schon einige hundert Stellen haben. Manchmal, zum Beispiel für kryptographische Untersuchungen, kann es dann wichtig sein herauszubekommen, ob n eine Primzahl ist. Direkte Verfahren stehen aufgrund der Größe der Zahl nicht zur Verfügung, man muss sich also etwas anderes einfallen lassen.

Nun weiß man aus der Theorie der Zahlen: Wenn n *keine* Primzahl ist, so hat mindestens die Hälfte der Zahlen zwischen 1 und n eine ganz bestimmte, leicht nachprüfbare Eigenschaft E; und bei Primzahlen gibt es überhaupt keine Zahlen mit E. (Die Eigenschaft E ist für unsere Zwecke unwichtig.) Folglich kann man die Primzahleigenschaft dadurch testen, dass man Zahlen x unterhalb n mit einem Zufallsgenerator auswählt und dann untersucht, ob x die Eigenschaft E hat. Sollte das Ergebnis negativ sein, so könnte das daran liegen, dass n wirklich eine Primzahl war oder dass man ein x aus der falschen Abteilung – ohne E – erwischt hat. Es ist ziemlich unwahrscheinlich, dass das bei vielen Versuchen immer wieder passiert. Nach 20 Versuchen wäre die Wahrscheinlichkeit im Fall einer Nicht-Primzahl nur eins zu 2^{20}, also etwa 1 zu einer Million.

Auf diese Weise kommen Mathematiker zu Aussagen des Typs „Diese Zahl ist mit überwältigender Wahrscheinlichkeit eine Primzahl". In manchen Bereichen sind solche Aussagen völlig ausreichend. Und gelegentlich ist man sogar damit zufrieden, das richtige Ergebnis nur mit ein wenig Glück zu finden. Wenn man zum Beispiel einen Geheimcode mit einem speziellen Verfahren nur mit 50 Prozent Wahrscheinlichkeit knacken kann, so wird der Geheimnisträger sicher nicht mehr ruhig schlafen. Genauso wenig wie Sie, wenn vor Ihrer Wohnungstür ein Eimer mit Schlüsseln steht, von denen jeder zweite ins Schloss passt.

Für die meisten Anwendungen bleibt man jedoch lieber bei den klassischen Verfahren. Oder würden Sie auf einen Turm steigen, dessen Statik mit 99.9 Prozent Wahrscheinlichkeit richtig berechnet ist?

Geheimcodes knacken: mit hoher Wahrscheinlichkeit

In diesem Zusammenhang ist auf den Algorithmus von Peter Shor hinzuweisen, mit dem man aus einem Produkt großer Primzahlen die Faktoren ermitteln könnte, wenn man einen Quantencomputer hätte (vgl. Beitrag 43). Es ist zu beachten, dass die Schwierigkeit des Aufspaltens in Faktoren fundamental wichtig für die Sicherheit vieler Verschlüsselungsverfahren ist[78], deswegen schlug das Shorsche Verfahren wie eine Bombe ein.

Es sollen also p und q große Primzahlen sein, mit n bezeichnen wir ihr Produkt. Nun wird eine zufällige Zahl x zwischen 1 und n erzeugt, das kann jeder klassische Computer blitzschnell mit dem Zufallsgenerator. Man weiß, dass man mit Hilfe von x die Faktoren p und q herausbekäme, wenn man nur eine gewisse Kenngröße von x, die *Periode*, kennen würde und die eine gewisse Eigenschaft E hätte, die in mindestens 50 Prozent aller Fälle erfüllt ist. Und ein Quantencomputer könnte so programmiert werden, dass er mit ausreichend hoher Wahrscheinlichkeit die Periode von x ausgibt. Der Algorithmus geht also wie folgt:

1. Erzeuge eine Zufallszahl x zwischen 1 und n. (Das geht auch heute schon schnell.)

2. Berechne mit dem Quantencomputer einen Kandidaten für die Periode von x. (Das ginge auch schnell. Wenn es denn Quantencomputer irgendwann einmal geben sollte.)

3. Wiederhole Schritt 2 so oft, bis die Periode von x wirklich gefunden ist. (Das kann ein klassischer Computer schnell testen.)

4. Prüfe nach, ob die Periode die Eigenschaft E hat. (Auch das könnte man an schon existierende Rechner delegieren.) Wenn der Test negativ ausfällt (nicht E!), fange bei Schritt 1 mit einem neuen x noch einmal von vorn an.

5. Verwende dann x, um p und q zu ermitteln, die Entschlüsselung des Geheimcodes ist dann auch kein Problem mehr.

Es ist zu beachten, dass der Zufall hier *zweimal* eine wichtige Rolle spielt. Erstens wird die Periode nur mit einer gewissen Wahrscheinlichkeit richtig bestimmt, und zweitens ist nur (mindestens) die Hälfte der Zahlen x zum Auffinden der Faktoren geeignet. Für diesen Zweck ist das kein entscheidender Nachteil, denn ob nun ein paar Minuten früher oder später entschlüsselt wird, ist ziemlich egal. Hundertprozentig exakte Lösungen sind von einem Quantencomputer auch gar nicht zu erwarten, aufgrund der von Wahrscheinlichkeiten beherrschten Struktur der Welt im Kleinen sind exaktere Aussagen nicht möglich.

Um die Quantencomputer ist es in den letzten Jahren wieder ziemlich still geworden. Erstens hat niemand eine Idee, wie die gewaltigen technischen Probleme gelöst werden sollen, die bei wirklich interessanten Anwendungen in der Kryptographie überwunden werden müssen. Und zweitens hat sich gezeigt, dass es unerwartet schwierig ist, interessante Fragestellungen für einen Quantencomputer so zu übersetzen, dass er uns – wenigstens mit hoher Wahrscheinlichkeit – die Lösung verrät.

---

[78] Das ist in den Ergänzungen zu Beitrag 23 ausführlich dargestellt.

80. Ist die Welt „krumm"?

Einer der ersten Höhepunkte der Mathematik liegt weit über 2000 Jahre zurück. Damals stellte Euklid die Grundlagen der ebenen Geometrie systematisch zusammen. Wie verhalten sich die Winkel, wenn man eine Gerade mit zwei anderen parallelen Geraden schneidet, welche Winkelsumme hat ein Dreieck, welche ein Trapez, was bedeutet eine Konstruktion „mit Zirkel und Lineal"?

Die Exaktheit seiner Herangehensweise ist beeindruckend, inhaltlich ist sie allerdings alles andere als überraschend. Jeder sieht doch zum Beispiel, dass durch zwei verschiedene Punkte genau eine Gerade geht und dass sich zu jeder Geraden G und jedem nicht darauf liegenden Punkt P genau eine zu G parallele Gerade durch P finden lässt.

Anders ausgedrückt: Euklids Axiome sind nichts weiter als mathematisch präzisierte Lebenserfahrung, und deswegen wurde seine Geometrie auch bis vor etwa hundertachtzig Jahren nicht in Frage gestellt.

Im 19. Jahrhundert dachte man jedoch etwas weiter. Der große Carl Friedrich Gauß[79] zum Beispiel prüfte experimentell an einem sehr großen Dreieck nach, ob die Winkelsumme wirklich gleich 180 Grad ist. Er verwendete das Dreieck, das aus den Gipfeln der Berge Brocken, Inselsberg und Hoher Hagen im Harz gebildet wird. Innerhalb der Messgenauigkeit wurde die euklidische Geometrie bestätigt, es ist aber sehr bemerkenswert, dass Gauß überhaupt die Notwendigkeit sah, die Theorie mit der Wirklichkeit zu vergleichen.

In den dreißiger Jahren des 19. Jahrhunderts entwickelten Bolyai und Lobachewski unabhängig von Gauß (und voneinander) eine Theorie nichteuklidischer Geometrien. Sie sind formal ähnlich aufgebaut wie das euklidische Vorbild, allerdings haben Dreiecke nicht notwendig die Winkelsumme 180 Grad. Durch Bernhard Riemann wurde diese Entwicklung in den fünfziger Jahren des 19. Jahrhunderts fortgesetzt, er präsentierte ein sehr allgemeines Modell für Geometrien.

Für mehrere Jahrzehnte waren diese Überlegungen nur Spezialisten bekannt. Aktuell wurden sie, als sich in der Einsteinschen allgemeinen Relativitätstheorie herausstellte, dass die Struktur der Welt wohl am besten durch eine verallgemeinerte Geometrie à la Riemann beschrieben werden kann. Wäre sie zweidimensional, so könnte man sie sich als gewellte Fläche vorstellen, dabei gibt es einen engen Zusammenhang zwischen der Krümmung an einer Stelle und den dort vorhandenen Massen.

Diese ziemlich verwickelte Theorie ist mittlerweile gut nachgeprüft. Die auftretenden Krümmungen sind extrem klein, die Abweichung konnte ja nicht einmal bei der Präzisionsmessung von Gauß in seinem riesigen Bergdreieck festgestellt werden. Trotzdem ist der Unterschied zur euklidischen Geometrie für Sie und mich manchmal auch im Alltag von Bedeutung. Zum Beispiel werden die Satelliten für

---

[79] Siehe Beitrag 25.

die GPS-Systeme, mit denen eine genaue Positionsbestimmung möglich ist, unter Berücksichtigung der allgemeinen Relativitätstheorie synchronisiert.

Ein Dreieck mit einer Winkelsumme von 270 Grad

Es ist zu betonen, dass es bei den Messungen von Gauß wirklich um ein von geraden Linien begrenztes Dreieck zwischen den Berggipfeln ging. Gemessen wurde „auf Sicht", die Geradlinigkeit der Verbindungsgeraden resultiert dann daraus, dass sich Lichtstrahlen exakt entlang von Geraden ausbreiten.

Bei großen Dreiecken auf der Erde könnte man auch anders messen. Man könnte ja als Dreieck auf der Erdoberfläche auch ein Gebilde auffassen, das durch drei Punkte und die kürzesten Verbindungslinien zwischen ihnen gegeben ist; erlaubt sind dabei nur Wege, die auf der Erdoberfläche bleiben, eine Abkürzung durch das Erdinnere ist verboten.

Die kürzesten Verbindungslinien sind die so genannten *Großkreise*, sie verbinden Punkte auf einer Kreislinie, bei der der Mittelpunkt des Kreises im Erdmittelpunkt liegt. (Vielleicht haben Sie sich schon einmal darüber gewundert, dass Sie bei einer Japanreise über den Nordpol fliegen und nicht über Russland: Die Verbindung über den Großkreis nach Japan führt von uns aus erst einmal in Richtung Nordosten.)

Abbildung 66: Ein rechter Winkel und ein rechtwinkliges Dreieck auf der Erde

Wenn man Geraden so interpretiert, entsteht die *sphärische Trigonometrie*, in der es einige gewöhnungsbedürftige Phänomene gibt. So kann man leicht ein „Dreieck" angeben, in dem alle Winkel gleich 90 Grad sind, die Winkelsumme also ganz anders als in der Geometrie der Ebene den Wert 270 Grad annehmen kann: Man braucht ja nur am Nordpol zu starten, dann einen Großkreisweg Richtung Süden bis zum Äquator zu gehen, die Reise am Äquator eine Weile exakt Richtung Osten (also auf dem Äquator bleibend) fortzusetzen und nach 10 000 Kilometern (einem Viertel des Erdumfangs) scharf nach links abzubiegen und auf dem gerade erreichten Längengrad wieder nach Norden bis zum Nordpol zu reisen.

81. Gibt es eine mathematische DIN-Norm?

Am Anfang war das Wort. Wie in anderen Bereichen des Lebens spielen auch in der Mathematik Bezeichnungen und Vereinbarungen eine wesentliche Rolle. Warum hat die Kreiszahl π einen eigenen Namen, warum ist Zwei hoch Null gleich Eins?

Die Gründe können sehr unterschiedlich sein. Manchmal hat es sich einfach historisch so ergeben, meist ist es purer Pragmatismus. Zum Beispiel ist klar, dass man es beim Arbeiten mit Kreisen oft mit der Kreiszahl π zu tun haben wird, bekanntlich gilt ja: Umfang gleich zwei mal π mal Radius, wobei die ersten Stellen von π durch 3.14... gegeben sind. Es gibt aber keinen vernünftigen Grund dafür, dass ausgerechnet diese Zahl durch einen eigenen Namen geadelt wird. Viel Druckerschwärze wäre im Laufe der Menschheitsgeschichte eingespart worden, wenn das Doppelte vom (klassischen) π, also die Zahl 6.28..., einen eigenen Namen hätte. Wäre diese Zahl etwa auf @ getauft worden, so wäre einfach „Umfang gleich @ mal Radius". Das wäre viel bequemer, zumal auch in der „fortgeschrittenen" Mathematik zwei mal π – also unser neues @ – viel häufiger vorkommt als ein alleinstehendes π. Zu spät, eine Reform wäre unter Mathematikern noch schwerer durchzusetzen als die neue Rechtschreibung in Deutschland.

Etwas einfacher verhält es sich mit pragmatischen Bezeichnungen. Die sind einfach aus Faulheit entstanden. So muss man zum Beispiel für jede Zahl a den Ausdruck „a hoch Null" als Eins definieren, wenn man keine komplizierten Potenz-Rechengesetze lernen, sondern seinen Kopf nur mit einer einzigen Formel belasten möchte.

In diesem Zusammenhang kann auch noch einmal an das *Trapez* erinnert werden: Für Mathematiker ist ein Trapez ein Viereck, in dem mindestens zwei Seiten parallel sind. Beim Laien-Trapez aus den Schulbüchern sind die horizontalen und nicht etwa die vertikalen Linien parallel, und die obere Kante ist wirklich kürzer als die untere. Bei diesem Ansatz müsste man alle Ergebnisse für Trapeze noch einmal neu für Rechtecke beweisen, was ziemlich unökonomisch wäre.

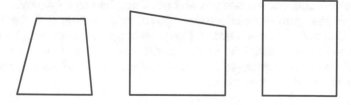

Abbildung 67: Einige Trapeze

Fazit: Es gibt nirgendwo auf der Welt eine Mathematik-Normierungskommission. Neue Begriffe entstehen, werden akzeptiert oder auch nicht, am Ende konzentriert man sich in der Regel auf die wirklich wichtigen Aspekte. Das ist für alle diejenigen gewöhnungsbedürftig, die sich Mathematik als „irgendwie gegeben" vorstellen. In

Wirklichkeit ist aber ein Rechteck ein Trapez aufgrund einer Vereinbarung, und nicht, weil es der liebe Gott oder eine Kommission irgendwann einmal so beschlossen haben.

Warum ist 1 keine Primzahl?

Nach dem Erscheinen des Beitrags wurde darauf hingewiesen, dass es in Deutschland sehr wohl eine Gruppe von Mathematikern gibt, die so etwas wie eine DIN-Norm für die Mathematik einführen möchte. Aber: Obwohl es viele gute Gründe dafür gäbe, hat es sich auch nach Jahren noch nicht bei den Berufsmathematikern herumgesprochen.

Die Gründe sind vielfältig. Zum einen ist es sicher Trägheit, man bleibt halt bei der Bezeichnungsweise, die man als Schüler oder Student gelernt hat. Dann gibt es das Problem „vernünfig oder bequem?". Soll man, wenn A eine Teilmenge von B ist[80], eher $A \subset B$ oder $A \subseteq B$ schreiben? Das zweite wäre vernünftiger, da „Teilmenge" mehr dem „$\leq$" als dem „$<$" bei Zahlen entspricht. Aber, Vernunft hin oder her, das Zeichen kommt so oft vor, dass man das eigentlich konsequentere „$\subseteq$" zugunsten des „$\subset$" opfert und dafür viele Striche an der Tafel einspart. (Die deutsche DIN-Kommission dekretiert – natürlich – $\subseteq$.)

Schließlich gibt es auch noch quasi-ideologische Probleme. Je nachdem, ob man die Null als natürliche Zahl auffasst, bedeutet das Symbol $\mathbb{N}$ etwas anderes. Für manche (etwa die Vertreter der Logik) ist $\mathbb{N}$ die Menge, die aus $0, 1, 2, 3, \ldots$ besteht, die meisten anderen verstehen darunter nur die Zahlen $1, 2, 3, 4, \ldots$

Letztlich ist es egal, man muss nur die ersten Seiten der jeweiligen Bücher etwas aufmerksamer lesen. In der Regel setzt sich das durch, was bei der täglichen Arbeit kürzer formulierbar ist. Für jemanden, der „Primzahl" als natürliche Zahl definiert, die nur durch sich und 1 teilbar ist, wird auch 1 zur Primzahl. Das ist aber äußerst unpraktisch, denn nun kann man nicht mehr sagen, dass die Anzahl der Faktoren, die man braucht, um eine Zahl als Produkt von Primzahlen darzustellen, eindeutig bestimmt ist: Man kann ja, z.B., die 6 als $2 \cdot 3$, aber auch als $1 \cdot 1 \cdot 2 \cdot 3$ schreiben, also einmal mit zwei und ein anderes Mal mit vier „Primzahl"faktoren.

Da man aber gern die Eindeutigkeit garantieren möchte, darf die 1 nicht im Primzahl-Club aufgenommen werden. Die eingebürgerte Festsetzung lautet damit: Eine Primzahl ist eine natürliche Zahl, die größer als 1 ist und die nur durch 1 und sich selbst teilbar ist. Deswegen ist weltweit die Zwei die kleinste Primzahl, und Eindeutigkeit ist dann sichergestellt.

---

[80] Wenn also jedes Element von A auch Element von B ist; zum Beispiel ist die aus den Elementen 1 und 3 gebildete Menge eine Teilmenge der aus 0, 1, 2 und 3 bestehenden Menge.

82. Der überstrapazierte Schmetterling

„Wenn ein Schmetterling in Griechenland mit den Flügeln schlägt, kann das in Florida einen Tornado auslösen." Diese Aussage aus der Chaostheorie dürfte einen bemerkenswert hohen Bekanntheitsgrad haben, wobei für „Griechenland", „Florida" und „Tornado" auch andere Länder bzw. Stürme im Umlauf sind. Was ist dran an dieser Feststellung?

In einem sehr oberflächlichen Sinn ist sie natürlich wahr, denn „irgendwie" hängt ja alles mit allem zusammen. Genauer darf man allerdings nicht nachfragen, denn schon die genaue Beschreibung der Luftzirkulation um einen flatternden Schmetterling entzieht sich der Beschreibung.

Sein Flügelschlag ist als weitere Illustration der aus vielen Lebensbereichen bekannten Tatsache erfunden worden, dass winzigste Änderungen in den Anfangsbedingungen eines Prozesses mitunter gewaltige Auswirkungen auf das Ergebnis haben können. Wer jemals versucht hat, Billard zu spielen, weiß das: Kleinste Variationen des Abstoßwinkels führen zu großen Unterschieden für die Endposition der gestoßenen Kugel.

Die Konsequenzen dieser Feststellung sind eher philosophischer als praktischer Natur. Da wir den Anfangszustand eines Systems immer nur bis auf einen unvermeidbaren Fehler kennen können, werden wir auch nie wirklich bemerkenswerte Erfolge beim Blick in die Zukunft haben. Die optimistische Erwartung des französischen Wissenschaftlers Pierre de Laplace (1749 – 1827), der sich die Welt zu Beginn des 19. Jahrhunderts als große Maschine vorstellte und aus dem jetzigen Zustand alle

vergangenen und zukünftigen Ereignisse berechnen wollte, kommt uns reichlich naiv vor. Die Vorstellung taugt nicht einmal als Gedankenexperiment, denn nach dem heutigen Verständnis der Welt im Kleinen ist die exakte Messung einer Größe immer mit einer unbeeinflussbaren und zufälligen Veränderung einer anderen verbunden.

Manchmal fällt diese „sensible Abhängigkeit vom Anfangszustand" allerdings nicht so auf, die Bewegung der Himmelskörper etwa kann sehr langfristig vorausgesagt werden. Beim Wetter hingegen kommt die Wissenschaft recht bald an die prinzipiellen Grenzen möglicher Vorhersagen. Ob Ihr geplantes Fest im Freien stattfinden kann oder besser doch lieber drinnen vorbereitet werden sollte, wird sich auch in Zukunft immer erst kurz vorher entscheiden lassen. Man weiß ja nie, welche Schmetterlinge ihre Flügel im Spiel haben.

Linearität vs. Nichtlinearität

Die Chaostheorie ist eine günstige Gelegenheit, etwas zu dem Begriff „linear" zu sagen, der in verschiedenen Bereichen und mit unterschiedlicher Bedeutung verwendet wird. Ist von Computerprogrammen die Rede, so bedeutet „linear", dass die auszuführenden Befehle hintereinander verarbeitet werden. Als Alternative gibt es die Parallelverarbeitung, da schließen sich Dutzende bis Tausende Computer zusammen, um sich die Arbeit zu teilen.

Auch war es bis vor einigen Jahrzehnten üblich, Informationen – z.b. aus einem Buch wie diesem – „linear" aufzunehmen: Man liest Zeile für Zeile, und irgendwann ist das Buch ausgelesen. Das ist altmodisch, denn man kann sich seine Kenntnisse auch ganz anders beschaffen. Wer etwa im Internet surft, klickt ein als Link gekennzeichnetes Wort an, informiert sich dort und kehrt dann entweder wieder zum eigentlichen Text zurück oder lässt sich von der Fülle der weltweit angebotenen Informationen zum Weiterreisen verleiten. Diese Herangehensweise scheint der Art, wie wir denken, besonders gut zu entsprechen.

In der Mathematik und in der Physik gibt es eine andere, etwas enger umrissene Bedeutung dises Wortes: „Linear" wird etwas genannt, wenn Superposition der Eingangsgrößen zu einer Superposition der Ausgangsgrößen führt: Antwortet das System bei Eingabe f mit F und bei Eingabe g mit G, so kann man garantieren, dass es bei Eingabe $f + g$ mit $F + G$ antwortet. Ein einfaches Beispiel ist die (nicht zu große) Auslenkung einer Metallspirale. Wenn man weiß, dass sie sich um 5 Zentimeter dehnt, wenn man 3 Kilogramm anbringt, so wird sie sich bei 6 Kilogramm um 10 Zentimeter verlängern. Die folgenden Sachverhalte spielen in den Naturwissenschaften eine große Rolle:

- Im Kleinen sind sehr viele physikalische Vorgänge näherungsweise linear. Das folgt daraus, dass die meisten in der Natur vorkommenden Kurven nicht zu pathologisch sind und daher bei der Betrachtung von kleinen Kurvenstücken durch eine Gerade (die Tangente) angenähert werden dürfen.

- Genau genommen gibt es in der Natur keine im strengen Sinne linearen Prozesse. Wenn man etwa eine Metallspirale zu stark belastet, dann wird sie zerreißen, von Linearität ist dann keine Rede mehr.

- Linearität eines Systems führt zu erheblichen Vereinfachungen. Das liegt daran, dass man sich dann auf besonders einfache Lösungen konzentrieren kann, die noch fehlenden ergeben sich dann durch Superposition. (Ein Beispiel: Der Ton einer Gitarrensaite ist aus einfachen Schwingungen, den Grundfrequenzen, zusammengesetzt. Man kann sie hören, wenn man weiß, wie man die Flageolett-Töne erzeugt.)

„Nichtlineare XXX" sind daher prinzipiell schwieriger als „lineare XXX", wobei für „XXX" in der gegenwärtigen Mathematik zahlreiche Beispiele zu finden wären: nichtlineare Operatoren, nichtlineare partielle Differentialgleichungen, . . . Klar, dass die meisten interessanten Probleme dieser Welt, wie das Wetter, chemische Reaktionen oder die Beschreibung der Entwicklung unseres Kosmos zu nichtlinearen Problemen führen. Und nur dann ist mit wirklich chaotischem Verhalten zu rechnen.

83. Garantiert reich!

Hat bei Ihnen schon einmal ein Traum ein zukünftiges Ereignis vorhergesagt? Sie träumen, dass Tante Trude anruft, und prompt tut sie es am Abend wirklich. Geht das mit rechten Dingen zu oder wirken höhere Mächte? Solche Ereignisse sprengen nicht die moderne Naturwissenschaft, die Erklärung ist ziemlich einfach: Wenn viele Experimente gemacht werden, die mit einer positiven Wahrscheinlichkeit zum Erfolg führen werden, sind auch Treffer zu erwarten.

 Zur Illustration dieser Aussage stellen wir uns einen großen Saal vor. Jeder der vielen Anwesenden soll ganz fest an eine Zahl zwischen Eins und Sechs denken. Und nun wird ein Würfel geworfen. Egal, was er zeigt, etwa ein Sechstel der Anwesenden – nämlich die, die gerade diese Zahl favorisiert haben – könnte das Gefühl haben, das Ergebnis richtig vorausgesehen zu haben. Und mit Tante Trudes Anruf verhält es sich ganz ähnlich. Es ist bei einer genügend großen Anzahl von Träumern unvermeidlich, dass Traum und Wirklichkeit bei einigen übereinstimmen.

So erklärt sich auch, dass man immer wieder Horoskope findet, welche die wirklich eingetretenen Ereignisse „vorhersagen". Wenn nur genügend viele Leute eine (vage) Prognose lesen, ist sie sicher für einige auch zutreffend.

Es folgt noch eine theoretische Nutzanwendung des Phänomens. (Der Autor lehnt allerdings jede moralische oder juristische Verantwortung denen gegenüber ab, die sie konkret umsetzen wollen.) Schreiben Sie eine Karte an 1000 Personen, die sich für Pferdewetten interessieren, auf denen Sie das Ergebnis eines ganz bestimmten Rennens voraussagen. Es sollen zehn Pferde beteiligt sein, Sie sagen auf jeweils 100 Karten eines der Pferde voraus. Egal, was passiert, 100 Empfänger der Karten werden eine richtige Prognose erhalten. Denen schicken Sie Voraussagen für das nächste Rennen, und zwar so, dass auf 10 Karten Pferd Nummer 1, auf 10 Karten Pferd 2 usw. steht. Nach diesem Rennen werden 10 Kartenempfänger eine richtige Prognose erhalten haben. Und für die wird noch eine dritte Runde gespielt: Sie investieren 10 Karten, und einer der Empfänger wird zum dritten Mal das Gefühl haben, dass Sie in die Zukunft sehen können.

Fragen Sie bei ihm an, wie viel ihm ein Tipp für das nächste Rennen wert ist: Ziemlich sicher wird er Ihnen weit mehr bieten, als Sie an Unkosten gehabt haben.

Moral: Wer viele Prognosen geben darf, wird ziemlich sicher auch einige Treffer dabei haben. Und warum sollte von den tausenden Tanten mit dem Namen Trude nicht eine heute Abend ihren Neffen anrufen?

Der Stab an der Autobahn

Das Phänomen, das diesem Beitrag zugrunde liegt, ist ein weiteres Beispiel für die Tatsache, dass wir uns große Zahlen nicht gut vorstellen können. Wie ist es denn zu vereinbaren, dass einerseits die Chancen für einen Sechser im Lotto oder gar einen Jackpot-Gewinn so deprimierend gering sind (1 zu 13 983 816, etwa eins zu 14 Millionen), dass aber trotzdem fast jeden Sonntag von Gewinnern berichtet wird?

Um das etwas besser zu verstehen, soll eine weitere Illustration gegeben werden:

Man stelle sich eine Strecke von 140 Kilometer Länge vor, etwa die Entfernung Berlin-Cottbus. 140 Kilometer sind genau $140 \cdot 1000 \cdot 100$, also gleich 14 Millionen Zentimeter. Einen ganz speziellen, von irgendjemand anderem ausgesuchten Zentimeter durch Raten zu finden, entspricht damit der Hauptgewinnwahrscheinlichkeit im Lotto. Ein Helfer könnte einen ein Zentimeter breiten Stab an der Autobahn postieren, und Sie sollen – natürlich als Beifahrer – mit verbundenen Augen die 140 Kilometer lange Strecke entlanggefahren werden. Treffen Sie den Stab, wenn Sie irgendwann ein Centstück aus dem Fenster werfen? (Wer sich noch den Supergewinn – sechs Richtige plus eine weitere Zahl – vorstellen möchte, muss die Strecke auf 1400 Kilometer verlängern, das ist in etwa die Entfernung von Berlin nach Rom.) Das scheint völlig unmöglich zu sein.

Abbildung 68: Kann man diesen Stab treffen?

In Wirklichkeit tippen aber viele Millionen an jedem Wochenende. Für unsere Veranschaulichung heißt das, dass es auf dem 140 Kilometer langen Autobahnstück für viele Wochen dichten Verkehr gibt, sozusagen Stoßstange an Stoßstange[81]. Es ist dann sicher nicht besonders unwahrscheinlich, dass eines der Centstücke dieses Cent-Regens den Pfahl trifft.

Noch unglaublicher wird es, wenn wir die Wahrscheinlichkeiten für das italienische SuperEnaLotto (Beitrag 1) ähnlich illustrieren wollen. Die Gewinnwahrscheinlichkeit ist dort etwa Eins zu 600 Millionen. Die Strecke, an der der Stab versteckt

---

[81] Bei 20 Millionen Tipps und einer durchschnittlichen Autolänge von 5 Metern geht es um eine Fahrzeugschlange von 100 Millionen Metern, das sind 100 000 Kilometer, zweieinhalb Mal um den Erdball herum.

ist, müsste also 6000 Kilometer lang sein: Man fahre von dazu von Rom über Berlin nach Moskau und wieder zurück. Irgenwo steht der Stab . . .

Ein Film zum Thema

Auch zu dieser Illustration der Lotto-Gewinnwahrscheinlichkeiten gibt es einen kleinen Film. Er ist bei Youtube unter

<http://www.youtube.com/watch?v=ODwm29IItOE>

zu finden und kann mit dem nachstehenden QR-Code aufgerufen werden.

84. Traue keinem über 30

Immer wieder hört man die Meinung, dass mathematische Höchstleistungen nur von ganz jungen Forschern zu erwarten sind. Stimmt das?

Richtig ist, dass die Mathematik quer durch die Jahrhunderte ganz wichtige Impulse von jungen Wissenschaftlern bekam, die nach heutigen Maßstäben noch weit unter der Regelstudienzeit waren. Evariste Galois (1811 bis 1832, siehe Bild) etwa starb im zarten Alter von 20 Jahren bei einem Duell, kurz vorher hatte er eine Entdeckung gemacht, durch die das Gebiet Algebra revolutioniert wurde: Wie kann man einer Gleichung ansehen, ob sie unter Verwendung der jedem bekannten Operationen (Addieren, Multiplizieren, Wurzelziehen) lösbar ist? Oder Niels Henrik Abel, über den man in Beitrag 72 ausführlichere Informationen findet. Dieser norwegische Mathematiker wurde nur 26 Jahre alt. Kurz bevor ihn ein ehrenvoller Ruf an die Berliner Universität erreichte, starb er an Auszehrung. Abel gilt als der mit Abstand bedeutendste Mathematiker Norwegens, er kam vor einigen Jahren zu verspäteten Ehren, als ein mit fast einer Million Euro dotierter Mathematikpreis nach ihm benannt wurde. Dieser Abel-Preis ist als Äquivalent zu einem Nobelpreis konzipiert.

Beispiele lassen sich auch in unserer Zeit finden, auf jedem größeren Kongress überraschen ganz junge Referenten mit sehr ausgereiften Leistungen. Die prestigeträchtigsten Mathematiker-Preise, die Fields-Medaillen, sind auf diese Zielgruppe spezialisiert. Man kann eine Fields-Medaille nur dann bekommen, wenn man bei der Preisverleihung die Vierzig noch nicht überschritten hat. Danach stehen einem die am besten dotierten Lehrstühle in der ganzen Welt offen.

Das Preiskomitee musste sich gewaltige Verrenkungen einfallen lassen, um 1998 beim Weltkongress in Berlin den Mathematiker Andrew Wiles zu ehren. Er hatte die nach allgemeiner Einschätzung größte mathematische Leistung des vergangenen Jahrhunderts vollbracht – den Beweis der Fermat-Vermutung –, er hatte aber die Vierzig schon hinter sich.

Damit dürfte die Theorie nicht aufrecht zu erhalten sein, dass es in der Mathematik wie im Sport schon mitten im Leben mit der Berufstauglichkeit vorbei ist. Es gibt viele berühmte Mathematiker, die bis an ihr Lebensende kreativ waren, dabei ist der sicher bekannteste Name in diesem Zusammenhang Carl-Friedrich Gauß (siehe das nebenstehende Bild), der von 1777 bis 1855 lebte.

Daher vergleichen sich Mathematiker lieber mit Dirigenten: Der Umgang mit einer faszinierenden Materie hält die grauen Zellen bis in die letzten Lebensjahre wirklich fit.

85. Gleichheit in der Mathematik

Was ist wesentlich an einem mathematischen Problem und was gehört eigentlich nicht zur Sache? Um das zu präzisieren, muss man sich erst einmal darüber verständigen, wann zwei Situationen als „gleich" anzusehen sind, um sich in so einem Fall nur einmal anstrengen zu müssen.

Was also bedeutet Gleichheit in der Mathematik? Überraschenderweise ist es wie im täglichen Leben, wo Gleichheit im Sinne von Identität eine weit geringere Rolle spielt als Gleichheit im Sinn von „gleich in Bezug auf ... ".

Um etwas schnell zu notieren, ist ein Notizblock genau so gut wie ein Bierdeckel. Oder: In Hinblick auf das Ziel, heute Abend von zu Hause in die Oper zu kommen, sind ein Kleinwagen, eine Luxuslimousine und ein Taxi gleichwertig. Berücksichtigt man allerdings die Kosten, den voraussichtlichen Zeitaufwand oder den Prestigewert, liegt Gleichheit sicher nicht mehr vor.

Schon in der ganz elementaren Mathematik ist es ähnlich. Wenn Sie Ihrem Kind erklären wollen, was „fünf" ist, können Sie als Anschauungsmaterial 5 Äpfel, aber genauso gut 5 Kinder wählen: Die 5 Äpfel und die 5 Kinder sind nämlich in Bezug auf die Anzahl völlig gleichwertig.

Die ganze Wahrheit ist noch ein bisschen komplizierter. Wenn man nämlich streng erklären möchte, was die Abstraktion „5" eigentlich ist, so geht man heute meist von der „Gleichheit in Bezug auf die Anzahl" aus. Die „Fünf an sich" ist dann die Gesamtheit aller Objekte, die in Bezug auf die Anzahl gleich zur Menge unserer Finger einer Hand (einschließlich Daumen) sind.

Dieses Prinzip durchzieht alle Bereiche der Mathematik. In der Geometrie sind zwei Dreiecke gleich, wenn man das eine durch eine Verschiebung, eine Drehung und eine Spiegelung in das andere überführen kann, und in der Wahrscheinlichkeitstheorie ist es völlig egal, ob man zur Erzeugung einer fairen Zufallsentscheidung eine Münze oder einen Würfel benutzt.

(Wenn man die Entscheidung bei der Münze von „Kopf" oder „Zahl" abhängig macht, muss man beim Würfel auf „gerade Augenzahl" und „ungerade Augenzahl" achten.)

Nur auf diese Weise gibt es eine Chance, Ordnung in die unermessliche Fülle mathematischer Objekte zu bekommen. Genauso dient übrigens jede Sprache dazu, durch die Verständigung über Begriffe Kommunikation erst möglich zu machen. Auch wenn alle eine andere konkrete Vorstellung von „Blume" oder „schön" haben, funktioniert das ganz gut.

86. Zauberhafte Invarianten

Was hat Bestand, worauf kann man sich verlassen? Mathematiker sind seit Jahrhunderten auf der Suche nach Invarianten. Das sind, vereinfacht ausgedrückt, Größen, deren Wert sich bei den gerade betrachteten Handlungen nicht ändert.

Als Beispiel betrachten wir einen Stapel Karten, etwa einige Karten aus einem gewöhnlichen Skatblatt. Wenn man den Stapel mischt, so gibt es recht wenige Invarianten: Die Anzahl der Karten bleibt natürlich unverändert, genauso die Anzahl der Damen, die Anzahl der Buben usw. Anders sieht es aus, wenn man nicht beliebiges Mischen zulässt, sondern nur (beliebig häufiges) Abheben. Bemerkenswerterweise bleibt dabei die relative Reihenfolge unverändert. Wenn Pikass drei Karten nach der Herz Dame liegt, so wird das auch nach dem Abheben genauso sein.

Dabei ist allerdings das Wörtchen „nach" richtig zu interpretieren. Wenn die Herz Dame zufällig die unterste Karte des Stapels sein sollte, so wird Pikass nun die dritte Karte von oben sein. „Nach" ist also so aufzufassen, dass es nach dem Ende des Stapels mit dem Anfang weitergeht.

Das kann man sich für einen kleinen *Zaubertrick* zunutze machen. Suchen Sie alle Damen und Könige aus Ihrem Skatspiel heraus und legen Sie diese acht Karten in eine bunte Reihe. Dabei soll der Abstand zueinander gehöriger Pärchen (also Kreuz Dame zu Kreuz König, Pik Dame zu Pik König usw.) exakt gleich vier sein. Wenn man das so vorbereitete Spiel flüchtig zeigt, sieht es ziemlich zufällig aus. Niemand wird also Verdacht schöpfen, und wenn Sie nun noch einige Male abheben lassen, werden alle denken, dass der Kartenstapel perfekt durchmischt ist.

Abbildung 69: Das vorbereitete Kartenspiel

Sie wissen aber, dass der relative Abstand eine Invariante ist: Vier Karten nach der obersten Karte liegt der Partner (oder die Partnerin). Man kann also problemlos – unter dem Tisch oder unter einem Tuch – ein Pärchen hervorzaubern, wobei man recht angestrengt wirken sollte. Das klappt auch ein zweites (und drittes und viertes) Mal, allerdings sind die Pärchen jetzt im Abstand drei (bzw. zwei und eins).

Grundlage des Tricks war die Tatsache, dass es so etwas wie Ordnung im scheinbaren Chaos gibt: In der Mathematik ist die Suche nach dem Bleibenden sogar so etwas wie ein Leitmotiv der Forschung geworden: Schreibe vor, welche Veränderungen zulässig sind, die Mathematik sucht dann systematisch nach den Größen, die erhalten bleiben. Besonders wichtig war diese Idee als Vereinheitlichung für viele Zweige der Geometrie. Sie wurde schon 1872 von dem Mathematiker Felix Klein vorgeschlagen und hat seitdem die Forschung wesentlich beeinflusst.

Abbildung 70: Das Spiel nach dem Abheben

Der Hintergrund: Der Abstand modulo der Kartenanzahl ist invariant

Mit der im Beitrag 22 erläuterten „modulo"-Schreibweise kann man das diesem Trick zugrunde liegende Prinzip noch etwas mathematischer formulieren:

Liegen n Karten übereinander und haben zwei dieser Karten die Positionen a und b (von oben gezählt), so ist $(b - a) \bmod n$ eine Invariante: Auch nach beliebig häufigem Abheben hat sich – modulo n gerechnet – die Differenz der Positionswerte nicht geändert.

Dazu muss man die modulo-Rechnung allerdings auch für negative Zahlen verwenden. Das ist nicht besonders schwierig, wir wissen ja auch alle, dass *vor* sieben Tagen der gleiche Wochentag war wie heute und dass vor 13 Tagen Dienstag war, wenn heute Montag ist. In diesem Sinn ist etwa -13 modulo 7 gleich 1.

Diese Feinheit muss man kennen, um die vorstehend angegebene Umschreibung richtig zu interpretieren. Ein Beispiel: In einem Kartenstapel von 10 Karten liegen Herz As bzw. Kreuz Bube an den Positionen 2 und 5. Die Differenz ist also 3. Nun wird nach der zweiten Position abgehoben. Herz As liegt dann an Position 10, und der Bube ist nach Position 3 aufgerückt. Die

Differenz (Position der zweiten Karte minus Position der ersten Karte) ist also $3 - 10 = -7$. Und modulo 10 ist diese Zahl wie vorher gleich 3.

Wir zeichnen auf eine dehnbare Zeichenfläche

Die allerwenigsten Invarianten der Mathematik lassen sich für Zaubertricks nutzen. Ihre große Bedeutung liegt darin, dass durch die Invarianten einer Theorie das Unwesentliche vom Wesentlichen getrennt werden kann. Um das an einem etwas unkonventionellen Beispiel zu veranschaulichen, brauchen wir eine aus einem dehnbaren Material hergestellte Zeichenfläche[82].

Darauf zeichnen wir irgendeine Figur: Ein Dreieck, einen Kreis, eine Ansammlung von Rechtecken, was auch immer. Nun wird die Zeichenfläche verzerrt, wir ziehen und stauchen, wie es uns gerade in den Sinn kommt. Unsere Zeichnung wird sich dann wesentlich verändern. Aus einem kleinen Kreis kann ein großer Kreis werden, aus rechten Winkeln können spitze oder stumpfe Winkel werden usw.

Es gibt aber Invarianten. Eine ist die, die mit dem Fachbegriff „Zusammenhang" bezeichnet wird. Wenn die Figur im Original die Eigenschaft hatte, dass man innerhalb der Figur eine Verbindungslinie zwischen je zwei beliebigen Punkten ziehen konnte – wie beim Dreieck und beim Kreis, nicht aber bei der Ansammlung von Rechtecken – so wird das auch bei der verzerrten Figur der Fall sein. Kurz: Zusammenhang ist eine Invariante bei Verzerrungen.

---

[82] Etwa ein Stück eines Trainings-Gummibands.

87. Mathematics go cinema

Hin und wieder kann man Mathematik auch im Kino bewundern. Mathematiker gehen mit gemischten Gefühlen in solche Filme, denn oft werden nur die gängigen Klischees bedient. Interessant ist immerhin, welche Aspekte des Faches von den Regisseuren für die Darstellung ausgesucht wurden.

Betrachten wir als Beispiel den Film „Sneakers - die Lautlosen". Die Guten – angeführt von Robert Redford – versuchen dem Bösen (Ben Kingsley) ein mathematisches Verfahren abzujagen, das ein genialer Mathematiker zur Entschlüsselung aller Geheimcodes dieser Welt entwickelt hat.

Der Mathematiker ist vor seinem gewaltsamen Tod noch auf einem Kongress zu sehen. Das, was er sagt, hätte wirklich auf einer Mathematikkonferenz mitgeschnitten worden sein können, da wurde wirklich ausnahmsweise einmal bemerkenswert sorgfältig recherchiert. Die Leute sprechen da tatsächlich so, nach einem Semester Studium könnte man sogar alles verstehen. Mathematik kommt in dem Film eigentlich ganz gut weg, allerdings werden die Möglichkeiten des Faches beim Decodieren von Geheimnissen maßlos übertrieben.

In eine andere Richtung geht die Übertreibung im Film mit dem schlichten Titel „π". Da wird die Zahlenmystik auf die Spitze getrieben. Die Botschaft ist nämlich, dass in den Ziffern der Kreiszahl viele Geheimnisse verschlüsselt sind. Und wenn man die nur richtig herausliest, scheinen viele Phänomene plötzlich eine Erklärung zu haben. Vielleicht muss man das als Metapher auffassen. Richtig ist nämlich, dass π in quasi allen mathematischen Gebieten eine wichtige Rolle spielt und dass es rund um diese Zahl noch viele Geheimnisse zu entdecken gibt.

Sollten Mathematiker ihren Lieblingsfilm wählen, würde mit hoher Wahrscheinlichkeit „A beautiful mind" mit Russell Crowe in der Hauptrolle gewählt werden. Es ist eine Verfilmung der von Sylvia Nasar verfassten Biografie des Spieltheoretikers John Nash. Bemerkenswert gekonnt wird darin auch der emotionale Aspekt der Mathematik eingefangen. Der unwiderstehliche Drang, ein Problem lösen zu wollen, kann so dominant werden, dass sogar das Privatleben gefährdet ist.

Moral: Wer sich mit dem Gedanken trägt, einen Mathematiker oder eine Mathematikerin zu heiraten, sollte darauf vorbereitet sein, dass er bzw. sie hin und wieder in einer anderen Welt verschwindet. Kaum eine(r) bringt es fertig, das weitere Nachdenken auf den nächsten Arbeitstag zu verschieben.

88. Die liegende Acht: Unendlich

Mathematiker haben täglich mit der Unendlichkeit zu tun. Die tritt in mehreren Varianten auf. Am harmlosesten ist die Unendlichkeit im Sinn einer potenziellen Unendlichkeit beim Zählen. Man beginnt mit 1, kommt dann zur 2, dann zur 3, und es geht immer weiter: Ein Ende wird nie erreicht. Selbst mit den kritischsten Grundlagenvertretern kann man sich darauf verständigen, dass das unproblematisch ist. Heikler wird es schon, wenn unendliche Gesamtheiten als neue Objekte behandelt werden. Darf man wirklich von der Menge der Primzahlen reden? Auch wenn niemand weiß, wie man Zahlen von gigantischer Größenordnung ansehen kann, ob sie Primzahlen sind oder nicht? Inzwischen ist die allgemeine Überzeugung, dass das eine legitime Operation ist, das Häufchen der Kritiker schrumpft immer mehr.

Für Mathematiker, die in erster Linie an Anwendungen interessiert sind, sind derartige Grundsatzfragen eher nebensächlich. Für sie bedeutet „unendlich" einfach, dass eine Größe unvergleichlich viel größer ist als eine andere. Die Masse der Sonne ist unendlich groß im Vergleich zur Masse des Mondes, das Vermögen von Bill Gates ist unendlich groß, wenn Sie es mit Ihrem Kontostand vergleichen, usw.

Nach einiger Gewöhnung kann man mit der Unendlichkeit wie mit endlichen Größen rechnen. Zum Beispiel gilt die Rechenregel „unendlich plus endlich gleich unendlich". Das spiegelt nur adäquat wider, dass Bill Gates eigentlich nicht wirklich reicher wird, wenn Sie ihm Ihr Vermögen schenken. Oder dass ein Schlachtschiff nicht schwerer wird, wenn sich eine Mücke darauf nieder lässt.

Durch diesen Kunstgriff werden viele Rechnungen oft einfacher. Wenn man zum Beispiel berechnen möchte, wie sich die drei Körper Erde, Mond und Sonne umeinander bewegen, ist es eine große Vereinfachung, wenn man die Masse der Sonne als unendlich ansetzt.

Abbildung 71: So stellte man sich im Mittelalter das unendliche Weltall vor

All das ist keine junge Erfindung. Schon vor fast fünfhundert Jahren stand Kopernikus vor einem Problem, das er nur durch die Einführung der Unendlichkeit lösen konnte. Wie soll man erklären, dass die Position der Sterne, von der Erde aus gesehen, beim Umlauf um die Sonne unverändert bleibt? Kopernikus löste das Problem bemerkenswert elegant: Der Abstand zwischen der Erde und den nächsten Sternen ist eben unendlich im Vergleich zum Durchmesser der Erdumlaufbahn. Damit war zwar das Phänomen erklärt, doch gleichzeitig handelte man sich gewaltige theologische Probleme ein. Plötzlich gab es keinen Platz mehr für den lieben Gott im Universum, und die Kirche brauchte einige hundert Jahre, bis auch sie das kopernikanische Weltmodell akzeptierte.

Wie rechnet man mit „∞"?

Mathematiker verwenden das Zeichen ∞ – die liegende Acht – für „unendlich", sie stellen sich „∞" als eine Art Zahl vor. Wenn man sie, ausgehend von der Zahlengeraden für die „üblichen" Zahlen, skizzieren sollte, würde man einen Punkt rechts von der Zahlengeraden machen. Das drückt die Tatsache aus, dass ∞ größer ist als jede „richtige" Zahl.

Man versucht, die bekannten Operationen für Zahlen weitgehend zu übertragen. Dass „plus" so erklärt wird, dass die Summe aus einer beliebigen Zahl und unendlich als unendlich festgelegt wird, wurde schon erwähnt[83]. Auch ist das Produkt von unendlich mit irgendeiner positiven Zahl wieder unendlich, als Formel schreibt man dieses Gesetz als $a \cdot \infty = \infty$ (für positive a) auf. Auch das ist plausibel, denn Bill Gates wird für unsere Verhältnisse immer noch unermesslich reich sein, wenn sich sein Vermögen durch eine ungeschickte Finanztransaktion über Nacht halbieren sollte.

Es ist allerdings etwas Vorsicht geboten, denn man muss auf die Gültigkeit einiger Regeln verzichten, an die man sich gewöhnt hat. Als Beispiel betrachten wird die Kürzungsregel für die „normalen" Zahlen: Aus $a + x = b + x$ folgt $a = b$. (Das klingt sehr abstrakt, die Regel ist aber allen geläufig: Wenn Herr A und Frau B am gleichen Tag ihren 40-ten Geburtstag feiern, so müssen sie auch am gleichen Tag geboren sein.)

Wenn man die Addition auch für ∞ zulässt, so gilt die Kürzungsregel nicht mehr. Es ist zum Beispiel $10 + \infty = 100 + \infty$ (beide Summen ergeben ∞), aber man darf daraus natürlich nicht schließen, dass 10 gleich 100 ist.

---

[83] In Formeln liest man das als $a + \infty = \infty$.

89. Mehr Rand in Büchern!

In dieser Kolumne wurde schon mehrfach darauf hingewiesen, dass Mathematik nicht nur eine in vielen Bereichen nützliche Wissenschaft ist. Sie kann auch dann, wenn keine Anwendungen in Sicht sind, zu fast unglaublichen intellektuellen Leistungen motivieren, wenn nur die Fragestellung faszinierend genug ist.

Ein berühmtes Beispiel ist die Lösung des Fermat-Problems. Vor etwa 350 Jahren übersetzte der französische Mathematiker Bachet das Buch „Arithmetica" des griechischen Mathematikers Diophantus ins Lateinische. Dieser Klassiker inspirierte Pierre de Fermat (1601 bis 1665), sich Gedanken über höherdimensionale Varianten von so genannten pythagoräischen Tripeln zu machen: Solche Tripel sind drei ganze Zahlen a, b, c, für welche die Summe der Quadrate der ersten beiden gleich dem Quadrat der dritten Zahl ist. Beispiele gibt es wie Sand am Meer, die drei Zahlen 3, 4, 5 sind sicher am berühmtesten: Es ist nur zu beachten, dass $9 + 16 = 25$ gilt. Ein Dreieck, bei dem die Seitenlängen ein solches Tripel bilden, ist notwendig rechtwinklig, und diese Tatsache kann man hervorragend zur Konstruktion rechter Winkel heranziehen, etwa im Gartenbau.

Fermat fragte sich nun, ob so etwas auch geht, wenn man „Quadrat" durch „dritte Potenz" (oder eine noch höhere Potenz) ersetzt. Kann es etwa sein, dass für geeignete ganzzahlige a, b, c die Gleichung $a^9 + b^9 = c^9$ gilt? Auch wenn wir von ihm nur für den Fall von sehr speziellen Exponenten (z. B. für den Exponenten 4) einen Beweis für die Unmöglichkeit kennen, eine ganzzahlige Lösung zu finden, kam er doch der Überzeugung, dass es *niemals* gehen kann. Leider hinterließ er nur eine nüchterne Meldung auf dem Rand des Buches, an dem er gerade arbeitete: Ich habe es bewiesen, aber der Platz reicht hier nicht, um es aufzuschreiben.

Über dreihundert Jahre lang versuchten Heerscharen von Mathematikern, Fermats Ergebnis zu verifizieren oder ein Gegenbeispiel zu finden. Es war sicher eines der berühmtesten Probleme der gesamten Mathematikgeschichte. Motiviert wurden diese gewaltigen Anstrengungen einerseits durch so etwas wie sportlichen Ehrgeiz: Wenn so viele schlaue Leute es nicht geschafft haben und ich Erfolg hätte! Andererseits zeigte sich auch, dass die – lange vergebliche – Suche nach einer Lösung zu gewaltigen Fortschritten im Verständnis der Algebra führte.

Abbildung 72: Pierre de Fermat und Andrew Wiles

Seit etwa sechs Jahren weiß man, dass Fermat Recht hatte. Der englische Mathematiker Andrew Wiles vervollständigte seinen Beweis 1998, dem er fast sein ganzes bisheriges akademisches Leben gewidmet hatte. Leider werden wir nie erfahren, ob Fermat schon damals über ein hieb- und stichfestes Argument zur Begründung seiner Aussage verfügte. Die von Wiles und anderen entwickelten Methoden sind derartig komplex, dass es extrem unwahrscheinlich ist, dass Fermat mehrere Jahrhunderte mathematischer Entwicklung überspringen konnte.

Die *descente infinie*

Das Fermat-Problem ist auch ein schönes Beispiel dafür, wie unterschiedlich die Schwierigkeiten beim Beweis einer Aussage und beim Beweis ihres Gegenteils sein können. Das soll am Fall des Exponenten 4 illustriert werden. Mal angenommen, es wäre richtig, dass es drei natürliche Zahlen a, b, c so gibt, dass $a^4 + b^4$ exakt gleich c^4 ist. Dann kann man den Computer anwerfen und hoffen, dass er solche Zahlen irgendwann findet. Wenn es allerdings nach einem Jahr immer noch keine Erfolgsmeldungen gibt, wird es schwierig. Es könnte sein, dass es nur Zahlen von astronomischer Größenordnung gibt, die die entsprechende Eigenschaft haben: Dann ist mit Computern nichts zu machen.

Was aber, wenn man den Verdacht bekommt, dass es *nie* gehen kann: Nicht bei hundertstelligen Zahlen, nicht bei Zahlen, die beim Ausdrucken alle jemals produzierte Druckerschwärze verbrauchen würden, niemals! Das ist prinzipiell viel schwieriger. Die Strategie ist ganz ähnlich wie beim Beweis der Irrationalität der Wurzel aus 2 (Beitrag 56): Man nimmt an, die Wurzel könnte als Bruch geschrieben werden, und dann wird so lange argumentiert, bis sich ein Widerspruch ergibt; also kann es nicht stimmen.

Diese Idee lässt sich beim Fermat-Problem mit dem Exponenten 4 vergleichsweise leicht umsetzen: Wenn man einige Grundlagen der Zahlentheorie verstanden hat, passt der Beweis auf eine Seite. Das Zauberwort heißt „unendlicher Abstieg" oder, im Original, *la descente infinie*, es steht für den folgenden Beweisansatz.

Man zeigt: *Wenn* es natürliche Zahlen a, b, c mit $a^4 + b^4 = c^4$ gibt, dann kann man – nur unter Verwendung dieser Gleichung – auch Zahlen d, e, f so finden, dass ebenfalls $d^4 + e^4 = f^4$ richtig ist, gleichzeitig aber die Zahl f kleiner als die Zahl c ist. Anders ausgedrückt: Egal, was man für ein Beispiel findet, es geht immer mit noch kleineren Zahlen auf der rechten Seite der Gleichung. Das kann aber nicht sein, denn wie groß eine natürliche Zahl auch sein mag, man kann nicht beliebig oft eine echt kleinere finden. (Bei der Zahl 5 zum Beispiel nur die Zahlen $4, 3, 2, 1$; bei $100\,000$ sind es schon mehr Kandidaten, aber auch nur endlich viele usw.)

Leider ist das Verfahren der *descente infinie* nur für ganz wenige Exponenten im Fermat-Problem erfolgreich einzusetzen. Der Beweis von Wiles benutzt wesentlich tiefer liegende Methoden, und es ist wirklich nur eine Handvoll Mathematiker, die von sich behaupten können, alle Einzelheiten verstanden zu haben.

90. Mathematik macht Organe sichtbar

Dass ein Mathematiker manchmal auch als Detektiv arbeitet, lernt man schon in der Schule. Zum Beispiel könnte x eine unbekannte Größe sein, von der man nur weiß, dass $3x + 5 = 26$ ist. Sherlock Holmes, übernehmen Sie! Wenn $3x + 5$ gleich 26 ist, muss $3x = 21$ sein, und damit ist x als die Zahl 7 entlarvt.

In der Computertomographie gibt es auf höherem Niveau ganz ähnliche Probleme. Zur Illustration stellen Sie sich bitte eine ebene Figur vor, etwa einen Kreis, eine Ellipse oder ein Rechteck. Diese Figur lassen wir uns von einem Glaser aus einer einen Zentimeter dicken Glasscheibe ausschneiden.

Betrachten Sie das so entstehende Gebilde von der Seite gegen das Licht. Hatten wir etwa einen Kreis ausschneiden lassen, wird das Licht am Rand einen wesentlich kürzeren Weg durch das Glas zurückzulegen haben als in der Mitte. Also wird es in der Mitte dunkel – meist dunkelgrün – aussehen und am Rand viel heller. Sehen wir dagegen ein Rechteck von der Seite, erscheint ein gleichmäßig dunkel aussehender Streifen.

Nun die Preisfrage: Kann man ganz allgemein allein aus der seitlichen Helligkeitsverteilung beim Anblick aus verschiedenen Richtungen entscheiden, welche Fläche vorliegt? Ja, überraschenderweise geht das, und das ist die Grundlage der Computertomographie (ein Computertomograph ist nebenstehend abgebildet). Das Problem bei dieser medizinischen Diagnosetechnik ist ganz ähnlich: Der menschliche Körper wird aus verschiedenen Richtungen durchleuchtet, es wird gemessen, wie stark die Absorption in diesen Richtungen ist, und aus diesen Werten ist dann ein dreidimensionales Bild des medizinisch interessierenden Körperteils zu ermitteln.

Das geht, aber die Einzelheiten sind hochgradig kompliziert. Eine interessante Mischung aus Ingenieurwissen, Computertechnologie und ziemlich fortgeschrittener Mathematik führt zum Ziel, das Ergebnis gehört heutzutage zu den medizinischen Standards.

Von den Anfängen in den sechziger Jahren bis zur Praxistauglichkeit vergingen nur wenige Jahre. Eine Rolle spielte dabei auch, dass das Problem mathematisch eigentlich bereits gelöst war. Schon vor fast 100 Jahren hatte der Mathematiker Johann Radon (1887 – 1956) ein Verfahren angegeben, mit dem unter alleiniger Verwendung der Intensitätsmessungen die durchleuchteten Objekte rekonstruiert werden können.

Ein Computertomograph ist damit nicht nur „High Tech", sondern sozusagen auch „High Math". Die Forschungen gehen immer noch weiter, denn in Bezug auf Tempo und Detailtreue ist noch viel zu verbessern.

Inverse Probleme

Die bei der Computertomographie auftretende Fragestellung ist der Spezialfall eines *inversen Problems*. Das taucht auch in anderen praktischen Anwendungen auf. Wenn man z.B. an verschiedenen Mess-Stationen die aus dem Erdinneren ankommenden Schwingungen misst, möchte man daraus möglichst exakt berechnen können, wo gerade ein Erdbeben stattgefunden hat und welche Stärke es hatte. Ähnlich versucht man auch, durch die Messung reflektierter Wellen Rückschlüsse auf Menge und Lage von Bodenschätzen zu gewinnen.

Bei allen inversen Problemen können typische Schwierigkeiten auftauchen, die auch im Fall der Computertomographie eine Rolle spielen. Da ist zum Beispiel die empfindliche Abhängigkeit der Lösung von den Messwerten: Wenn die gemessenen Intensitäten nicht ganz exakt sind – und hundertprozentige Genauigkeit ist technisch nicht zu erreichen –, verfälscht das die Prognose.

Für eine Illustration der auftretenden Schwierigkeiten betrachten wir die Gleichung $0.0001 \cdot x = a$; die Zahl a ist dabei bekannt, und x ist die große Unbekannte. Mathematisch ist das keine große Herausforderung, es ist natürlich $x = a/0.0001 = 10\,000 \cdot a$. Wenn es sich aber um ein aus irgendwelchen Anwendungen entstandenes Problem handelt, so wird die Größe a nicht genau bekannt sein. Falls es um Längen geht, könnte a vielleicht nur bis auf einen Fehler von einem Millimeter genau sein. Dann aber ist die das x betreffende Ungenauigkeit $10\,000$ Mal so groß, der gesuchte Wert ist also nur bis auf einen Fehler von 10 Metern bestimmbar.

91. Ein Gehirn im Computer

Der Mathematiker als Frankenstein? Schon seit Jahrhunderten wird versucht, gewisse Aspekte menschlichen Denkens mit Maschinen nachzubilden. Bei den neuronalen Netzen, die seit den sechziger Jahren des vorigen Jahrhunderts untersucht werden, hat man wirklich den Versuch gewagt, Bausteine des Gehirns im Computer zu simulieren, um auf diese Weise so etwas wie „Denken" nachzubilden.

Grundlage der Leistungen des Gehirns sind die Neuronen, das sind spezialisierte Nervenzellen. Jeder Mensch hat etwa 10 Milliarden davon, sie sind durch einige Trillionen Verbindungen miteinander verschaltet. Das Computer-Äquivalent zu einem Neuron ist ein Baustein, der am Eingang angelegte Signale in Abhängigkeit der Zustände von gewissen Steuersignalen verstärkt oder abschwächt. Je nachdem, wie auf die Steuersignale reagiert wird, kann das Verhalten sehr unterschiedlich sein, durch Einstellung der Parameter gibt es eine Fülle von Möglichkeiten. Die Anzahl der Varianten steigt ins Gigantische, wenn man mehrere dieser Bausteine hintereinander schaltet, man spricht dann von einem *neuronalen Netz*.

Doch wie soll man die Parameter wählen? Als Beispiel betrachten wir das Problem, dass ein Kreditinstitut unter Verwendung einer Anzahl verfügbarer Informationen entscheiden möchte, ob ein Kredit gewährt wird: Alter, Einkommen, Vermögen usw. Ideal wäre ein neuronales Netz, das bei Eingabe dieser Informationen die Antwort „ja" oder „nein" auswirft, und zwar so, dass wirklich nur kreditwürdige Antragsteller einen Kredit bekommen.

Dazu gibt man einem solchen Netz zum Trainieren eine Anzahl von Beispielen vor. Das sind Situationen, wo man schon mit anderen Methoden ermittelt hat, ob die Antwort „ja" oder „nein" lauten soll. Es wird nun versucht, die Parameter des neuronalen Netzes so einzustellen, dass es auf der „Trainingsmenge" die richtigen Antworten erzeugt. An dieser Stelle sind – teilweise recht anspruchsvolle – mathematische Verfahren gefragt. Und dann besteht die Hoffnung, dass man sich auch in solchen Situationen auf das neuronale Netz verlassen kann, die für die Bank und den Computer neu sind.

Die „klassische" Mathematik steht solchen Verfahren eher skeptisch gegenüber, denn bei diesem Zurechtbiegen der Modelle der Wirklichkeit bleibt das Verständnis der Zusammenhänge weitgehend auf der Strecke. Doch dabei darf natürlich gefragt werden, ob die Entscheidungen eines Bankangestellten „aus dem Bauch" letztlich viel fundierter sind als die Vorschläge eines gut trainierten neuronalen Netzes.

Das Perzeptron

Wie werden denn Gehirnzellen im Computer simuliert? Einer der frühesten Vorschläge ist das *Perzeptron*, es wurde schon in den sechziger Jahren des vorigen Jahrhunderts untersucht. In der einfachsten Variante kann man sich ein Perzeptron als schwarzen Kasten vorstellen, in den einige Drähte für Eingaben hineingehen und aus dem ein Draht – die Ausgabe – hinausführt.

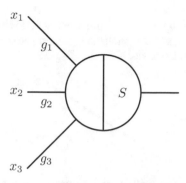

Abbildung 73: Ein Perzeptron

Charakteristisch ist nun, dass die Signale $x_1, x_2, \ldots$ mit Wichtungsfaktoren $g_1, g_2, \ldots$ multipliziert und dann addiert werden. Dann wird geprüft, ob diese Summe – also der Wert $g_1 x_1 + g_2 x_2 + \cdots$ – einen Schwellenwert S überschreitet. Falls ja, wird der Ausgang auf Spannung 1 gesetzt – man sagt, dass das Perzeptron „feuert" –, andernfalls auf Null.

Als Beispiel schauen wir uns einmal den Fall an, in dem es zwei Eingangssignale gibt, die dem Perzeptron durch Anlegen von Spannungen mitgeteilt werden, dass S gleich Eins ist und dass beide Gewichte den Wert 0.7 haben. Wenn dann an *einem* der Eingänge die Spannung 1 liegt (und der andere spannungsfrei ist), ist die Summe aus den Gewichten mal den Spannungen gleich 0.7. Das ist weniger als der Schwellenwert, deswegen bleibt der Ausgang bei Null. Sind dagegen beide Eingänge gleich Eins, erreicht die Summe den Wert 1.4 und das Perzeptron feuert.

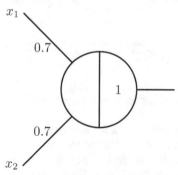

Abbildung 74: Das Perzeptron als UND-Schaltung

Anders ausgedrückt: Bei richtiger Wahl der Gewichte und des Schwellenwertes kann eine UND-Schaltung mit einem Perzeptron realisiert werden.

Das Perzeptron kann aber mehr. Vielleicht erinnern sich manche noch aus der Schule daran, dass die Menge aller Punkte mit den Koordinaten (x, y), für die eine

Gleichung der Form $ax + by = c$ gilt, eine Gerade ist. Diejenigen (x, y), bei denen bei der Berechnung von $ax + by$ mehr als c herauskommt, sind dann genau die Punkte, die auf der einen Seite der Geraden liegen.

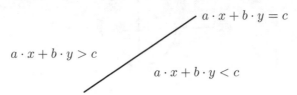

Abbildung 75: Ein Halbraum ist durch „$ax + by < c$" erklärt

Im Fall des Perzeptrons sind x, y die Eingangsspannungen, a, b die Wichtungen und c der Schwellenwert. Ein Perzeptron kann deswegen erkennen, ob ein Punkt auf der einen Seite einer Geraden liegt. Da UND-Verknüpfungen möglich sind, kann man durch Zusammenschalten von Perzeptronen ein Minigehirn modellieren, das immer dann die Spannung 1 ausgibt, wenn ein Punkt in einem Dreieck liegt. Die Koordinaten des Punktes müssen dabei als Spannungen eingegeben werden. Die Idee ist einfach (vgl. das nachfolgende Bild): Ein Punkt liegt genau dann im Dreieck ABC, wenn gilt:

„Er liegt rechts von der $G1$ (der ersten Geraden)" UND „Er liegt links von der $G2$ (der zweiten Geraden)" UND „Er liegt oberhalb von $G3$ (der dritten Geraden)".

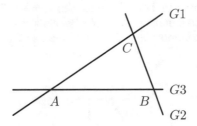

Abbildung 76: So stellt ein Perzeptron fest, ob ein Punkt in einem Dreieck liegt.

Bei ernsthafteren Anwendungen sind mehrere dutzend Perzeptrone zusammengeschaltet, das nennt man dann ein *neuronales Netz*. Die richtige Wahl der Gewichte für die Eingangssignale findet man durch eine intelligente Versuch-und-Irrtum-Strategie. „Richtig" bedeutet dabei, dass Eingangssignale die gewünschte Ausgabe erzeugen. Wenn bei einem Kreditantrag die Eingaben für Gehalt, Grundbesitz, Sicherheit des Arbeitsplatzes usw. günstig sind, so soll das neuronale Netz den Wert Eins ausgeben (kreditwürdig!). Bei wackeligen Kandidaten möchte die Bank aber gewarnt werden.

92. Cogito, ergo sum

René Descartes war eine bemerkenswerte Persönlichkeit. Er beschloss schon in jungen Jahren, sein Leben ganz der Wissenschaft zu widmen. Im „Discours de la méthode" von 1637 findet man nicht nur die Grundlagen seiner Philosophie („Cogito, ergo sum"). Das Werk hat auch drei gewichtige Anhänge, in denen er in vielen konkreten Fallstudien die Fruchtbarkeit seiner neuen Methode demonstrieren wollte.

Abbildung 77: René Descartes, 1596 – 1650

Einer dieser Anhänge widmet sich der Geometrie. Da finden sich einige Gedanken, die für die weitere Entwicklung der Mathematik ganz fundamental sein sollten. Der wichtigste ist zweifellos der, Geometrie und Algebra miteinander in Beziehung zu setzen. Descartes erkannte, dass sich geometrische Fragestellungen in Gleichungen übersetzen lassen und dass das Lösen von Gleichungen in vielen Fällen eine geometrische Interpretation hat. Dieser Ansatz erwies sich als sehr fruchtbar, denn so konnte man hoffen, Probleme durch Übersetzung in ein anderes Gebiet lösen zu können. Als besonders spektakuläres Beispiel, in dem dieses Verfahren angewendet wird, gilt der Beweis von der Unmöglichkeit der Quadratur des Kreises[84]. Da die Kreiszahl π zu den besonders komplizierten Zahlen gehört und nur vergleichsweise einfache Zahlen mit Zirkel und Lineal konstruiert werden können, kann niemand einen Kreis mit geometrischen Konstruktionen in ein flächengleiches Quadrat verwandeln.

Das war zur Zeit von Descartes allerdings noch Zukunftsmusik, man wusste noch viel zu wenig über Zahlen. Selbst negative Größen spielten noch eine Sonderrolle,

---

[84] Vgl. Beitrag 33.

und beim Bearbeiten der auftretenden Gleichungen musste ziemlich schwerfällig zwischen „richtigen" und „falschen" Lösungen unterschieden werden, je nachdem, in welchem Zahlbereich sie zu finden waren.

Die stürmische Entwicklung der Naturwissenschaften im 17. Jahrhundert ist ohne die Vorarbeiten von Descartes undenkbar. Kaum zu glauben, dass er „eigentlich" ein mathematischer Laie war, der sich sein gesamtes Wissen selbst angeeignet hatte.

Übrigens: Das „kartesische Koordinatensystem", das wir alle in der Schule kennen gelernt haben, ist bei Descartes noch nicht zu finden. Es dauerte noch bis zum 18. Jahrhundert, bis man erkannte, dass man die verschiedenen, auf Einzelfälle zugeschnittenen Konstruktionen in der „Géometrie" auf diese Weise einheitlich behandeln kann.

Der Satz des Pythagoras wird „übersetzt"

Als Beispiel für die Kraft der Übersetzung Geometrie-Algebra soll gezeigt werden, wie man den *Satz von Pythagoras* ganz einfach beweisen kann, wenn man ihn in Gleichungen für Zahlen übersetzt.

Es soll also gezeigt werden, dass in einem rechtwinkligen Dreieck mit den Seiten a, b, c die berühmte Gleichung $a^2 + b^2 = c^2$ gilt. Dabei soll, wenn die Seitenlängen a und b verschieden sind, b die größere Zahl sein.

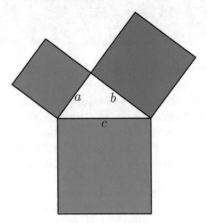

Abbildung 78: Der Satz des Pythagoras: Es ist $a^2 + b^2 = c^2$

Schlüssel zur Lösung ist die Betrachtung eines Quadrats mit der Kantenlänge c, in das vier unserer Dreiecke eingezeichnet sind:

Abbildung 79: Der Satz des Pythagoras: So kann man den Beweis sehen

Die vier Dreiecke lassen in der Mitte ein kleineres, schräg liegendes Quadrat frei. Aus der Zeichnung ist ersichtlich, dass es die Kantenlänge $b - a$ hat. Das bedeutet: Die Fläche des großen Quadrats ist gleich vier mal der Dreiecksfläche plus ein Quadrat mit der Kantenlänge $b - a$. Da ein rechtwinkliges Dreieck mit den Katheten a und b die Fläche $a \cdot b/2$ hat, heißt das in Formeln:

$$c^2 = 4 \cdot \frac{a \cdot b}{2} + (b - a)^2.$$

Damit sind wir in der Algebra angekommen. Erinnert man sich noch daran, dass $(a - b)^2 = a^2 - 2 \cdot a \cdot b + b^2$ gilt, so haben wir wirklich

$$c^2 = 4 \cdot \frac{a \cdot b}{2} + (b - a)^2 = 2 \cdot a \cdot b + b^2 - 2 \cdot a \cdot b + a^2 = a^2 + b^2$$

bewiesen.

Eine kompliziertere geometrische Argumentation wurde damit durch eine einfache Rechnung ersetzt.

Durch das Beispiel sollte nicht der Eindruck entstehen, dass sich Descartes nur mit vergleichsweise einfachen Problemen beschäftigt hätte. Im Gegenteil, die allermeisten der von ihm in der „Géometrie" behandelten Fragen sind so tiefliegend, dass eine Lösung für viele Mathematiker auch heute – nach fast vierhundert Jahren – noch schwierig zu finden wäre.

93. Hat die Welt ein Loch?

Für die Lösung einiger schon lange offener Probleme in der Mathematik hat die Clay Foundation jeweils eine Million Dollar ausgesetzt[85]. Nach allgemeiner Einschätzung gibt es viele Indizien dafür, dass das *Poincaré-Problem* als Erstes gelöst werden wird. Das wäre eine wirkliche Sensation, denn Generationen von Mathematikern haben sich an der Lösung vergeblich die Zähne ausgebissen.

Es geht beim Poincaré-Problem darum, das Phänomen „Raum" zu verstehen. Zur Illustration soll allerdings erst einmal von Flächen die Rede sein, die sind einfacher vorstellbar. Welche wesentlich verschiedenen Flächen gibt es? Man kann sich schnell darauf einigen, was dabei „zwei wesentlich verschiedene Flächen" sein sollen: Sie dürfen nicht durch eine Deformation auseinander hervorgehen.

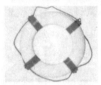

Abbildung 80: Zwei wirklich verschiedene Flächen

In diesem Sinne ist die Oberfläche einer Apfelsine die gleiche Fläche wie die Erdoberfläche, aber die Oberfläche eines Rettungsrings ist etwas ganz anderes. Schon im 19. Jahrhundert gelang es, einen vollständigen Katalog aller Flächen zu erarbeiten, die Klassifizierung der Flächen ist seit dieser Zeit erfolgreich abgeschlossen.

Für die entsprechende Frage in drei Dimensionen, also für den Raum, schien das hoffnungslos. Um das Poincaré-Problem zu schildern, muss eine Vokabel erläutert werden, der „einfache Zusammenhang". Stellen Sie sich Ihre Wohnung ausgeräumt, mit geschlossener Eingangstür und ausgehängten Zimmertüren vor. Nun nehmen Sie einen Faden. Den legen Sie ganz beliebig in der Wohnung aus und verknoten dann Anfang und Ende. Wenn Sie nun am Faden ziehen, kann es sein, dass Sie ihn bald ganz wieder in der Hand haben. Er kann aber auch hängen bleiben, weil Ihre Wohnung einen Rundspaziergang zulässt (wie beim zweiten Grundriss im folgenden Bild).

Eingang   Eingang

Abbildung 81: Ist Ihre Wohnung einfach zusammenhängend?

[85] Siehe Beitrag 57.

Und nun die Vokabel: Ein Raum heißt „einfach zusammenhängend", wenn – wie im links eingezeichneten Grundriss – so ein Faden niemals hängenbleiben kann. (Das kann man sich auch für Flächen vorstellen. Eine Kugeloberfläche ist sicher einfach zusammenhängend, die Oberfläche eines Rettungsrings ist es aber nicht.) Poincaré stellte die Vermutung auf, dass es im Wesentlichen nur einen einzigen Raum gibt, der einfach zusammenhängend und in einem technischen Sinn „nicht zu groß"ist.

Das war um 1900. Seitdem gab es gewaltige Fortschritte beim Verständnis des Raumbegriffs, doch das Poincaré-Problem blieb ungelöst. Die Situation war äußerst unbefriedigend, denn scheinbar weit schwierigere Bereiche waren inzwischen vollständig verstanden. Nun sieht es allerdings so aus, als wenn es bald als gelöst betrachtet werden kann. Diese vorsichtige Formulierung ist deswegen notwendig, weil die von dem russischen Mathematiker Grigori Perelman vorgeschlagene Beweisstrategie noch nicht in allen Einzelheiten ausgeführt ist. Auch glauben Mathematiker erst dann an die Richtigkeit einer Argumentation, wenn jede Einzelheit von den Fachkollegen auf Herz und Nieren geprüft worden ist. Und das kann noch eine Weile dauern, auch wenn die Fachwelt diesmal optimistisch ist.

Das Warten wird sich auch deswegen lohnen, weil – sollten sich Perelmans Ideen verwirklichen lassen – viel mehr auf dem Spiel steht als das Ausgangsproblem. Es gäbe dann einen vollständigen Katalog der Baupläne aller möglichen Räume, man könnte jeden einzelnen wie in einem Baukasten aus acht Grundbausteinen zusammensetzen. Das hatte der amerikanische Mathematiker William Thurston in den siebziger Jahren vorausgesagt, es gab allerdings bis zu Perelman so gut wie keine Fortschritte bei der Verwirklichung des Thurston-Programms.

Es könnte sehr gut sein, dass die Lösung des Poincaré-Problems auch Auswirkungen für unser Wissen von der Struktur der Welt hat. So wie die Einsteinschen Relativitätstheorien wesentlich vom besseren Verständnis der Geometrie profitierten, die von Mathematikern im 19. Jahrhundert ausgearbeitet wurde, so könnte Poincarés Vision eines Tages eine wichtige Rolle bei der Beschreibung des Weltalls als Ganzes spielen. Das ist allerdings noch nicht absehbar. Man weiß zwar, dass die Welt lokal dreidimensional ist, und es gibt Theorien, nach denen das All grenzenlos und gleichzeitig endlich ist, es ist aber noch viel zu tun, bis die noch fehlende Voraussetzung des einfachen Zusammenhangs theoretisch und experimentell untermauert sein wird.

94. Komplexe Zahlen sind gar nicht so kompliziert, wie der Name suggeriert

Wenn man irgendeine der handelsüblichen Zahlen quadriert, so ist das Ergebnis positiv: 3 mal 3 ist 9, aber auch minus 4 mal minus 4 ist positiv, nämlich gleich 16. Deswegen ist nicht so ganz klar, wie man sich eine Zahl vorstellen soll, deren Quadrat negativ ist.

Das war auch für die Mathematiker ein harter Brocken, als sie sich vor einigen Jahrhunderten systematisch mit der Frage beschäftigten, ob man alle Gleichungen lösen kann. Die Lösung bestand aus einem weniger überraschenden und einem spektakulären Teil. So war es wenig verwunderlich, dass man mitunter zu neuen Zahlbereichen übergehen muss, um Gleichungen behandeln zu können, die mit dem bisherigen Wissen nicht lösbar sind.

Das kennen alle aus der Schule. Auch wenn man sogar das große Einmaleins beherrscht, findet man keine Zahl x, für die $x + 3 = 1$ gilt. Die richtige Lösung, nämlich $x = -2$, steht erst dann zur Verfügung, wenn man negative Zahlen kennen gelernt hat. Und die braucht man wirklich: Um auch mit Schulden rechnen zu können, bei negativen Temperaturen und bei vielen anderen Gelegenheiten.

Ganz ähnlich verhält es sich mit den komplexen Zahlen. So, wie man zu den negativen Zahlen kommt, verschafft man sich einen Zahlbereich, in dem das Quadrat mancher Zahlen auch negativ sein kann. Das Ganze hat dann noch die wirklich überraschende Pointe, dass in diesem Bereich alle sinnvoll formulierbaren Probleme gelöst werden können. Es ist also nicht – wie man eigentlich erwarten würde – notwendig, bei immer neuen Problemen immer kompliziertere Zahlbereiche zu erfinden.

Das alles stellte sich im 18. und 19. Jahrhundert heraus. Seit dieser Zeit sind Mathematikern, Physikern und Ingenieuren die komplexen Zahlen so vertraut wie Laien die 3 und die 12. Komplexe Zahlen kann man sich als Punkte der Ebene vorstellen, im Prinzip verhalten sich diese Größen nicht komplizierter als die, mit denen wir alle tagtäglich zu tun haben.

Und wozu? Komplexe Zahlen sind für die Arbeit von Mathematikern, Ingenieuren und Physikern genau so unentbehrlich wie negative Zahlen für Finanzmathematiker.

Richtig ist allerdings, dass das Vertrautwerden mit ihnen nicht ganz einfach ist, da man sie bei den Problemen des Alltagslebens eigentlich nicht braucht. Es war wohl auch nicht glücklich, sie „komplex" oder gar „imaginär" zu nennen. Dadurch bekamen sie ungerechtfertigterweise ein etwas mystisches Image. Wer sich davon verwirren lässt, ist übrigens in guter Gesellschaft. Robert Musil hat in den „Verwirrungen des Zöglings Törleß" diese Irritationen ganz gut beschrieben.

Verwirrungen ...

„Du, hast Du das vorhin verstanden?"

„Was?"

„Die Geschichte mit den imaginären Zahlen?"

„Ja, das ist doch gar nicht so schwer. Man muß nur feststellen, daß die Quadratwurzel aus negativ Eins die Rechnungseinheit ist."

„Das ist es ja gerade: Die gibt es doch gar nicht ... "

„Ganz recht; aber warum sollte man nicht trotzdem versuchen, auch bei einer negativen Zahl die Operation des Quadratwurzelziehens anzuwenden?"

„Wie kann man das aber, wenn man bestimmt, ganz mathematisch bestimmt weiß, daß es unmöglich ist?"

(Aus: „Die Verwirrungen des Zöglings Törleß" von Robert Musil.)

Komplexe Zahlen: Das Wichtigste

Man kommt mit komplexen Zahlen ganz gut klar, wenn man die folgenden Tatsachen kennt:

1. Man kann sie sich in der Ebene vorstellen

Denken wir an einen Punkt in der Ebene, in die die üblichen Koordinatenachsen eingezeichnet sind. In dem nachfolgenden Bild ist der Punkt mit den Koordinaten $(2, 3)$ eingezeichnet.

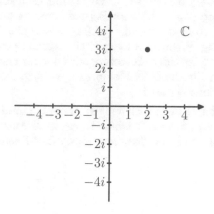

Abbildung 82: Die komplexe Zahlenebene

Und ab sofort sprechen wir nicht mehr von Punkten der Ebene, sondern von komplexen Zahlen. Für einen Punkt mit den Koordinaten (x, y) schreiben wir $x + y \cdot i$, eben ging es um die „Zahl" $2 + 3 \cdot i$. Das ist vielleicht ein bisschen mysteriös, aber es reicht, wenn Sie Punkte wie etwa $(12, 14)$ als Zahlen schreiben können (Ergebnis: $12 + 14 \cdot i$) und umgekehrt auf den Punkt zeigen können, der zu einer komplexen Zahl – etwa zu $3 + 2.5 \cdot i$ – gehört (Ergebnis: $(3, 2.5)$).

2. Man kann prima mit ihnen rechnen

Die *Addition* wird wie folgt erklärt. Um etwa $2 + 3 \cdot i$ und $7 + 15 \cdot i$ zu addieren, muss man nur die Nicht-i-Anteile und die i-Anteile gesondert zusammenzählen. Als Ergebnis erhält man hier $9 + 18 \cdot i$, denn $2 + 7 = 9$ und $3 + 15 = 18$. Genauso ergibt sich $-9 + 5.5 \cdot i$ als Summe aus $-6 + 3 \cdot i$ und $-3 + 2.5 \cdot i$, weitere Beispiele dürften sich erübrigen.

Für die *Multiplikation* muss man sich nur eine Faustregel merken: „Rechne mit den aus der Schule bekannten Regeln, und wenn Du auf einen Ausdruck der Form $i \cdot i$ triffst, ersetze ihn durch -1". Als Beispiel wollen wir $3 + 6 \cdot i$ und $4 - 2 \cdot i$ miteinander multiplizieren. Das „übliche" Ausrechnen führt auf $12 - 6 \cdot i + 24 \cdot i - 12 \cdot i \cdot i$. Wegen des zweiten Teils der Faustregel ist $-12 \cdot i \cdot i$ durch $-12 \cdot (-1)$, also durch 12 zu ersetzen. Zusammen ergibt sich als Wert des Produkts die komplexe Zahl

$$12 - 6 \cdot i + 24 \cdot i + 12 = 24 + 18 \cdot i.$$

Bemerkenswerterweise ist in diesem Zahlbereich das Produkt von i mit sich gleich -1, die Gleichung $z^2 = -1$ hat also nun – anders als im Bereich der aus der Schule bekannten Zahlen – eine Lösung[86].

3. Nun sind alle Gleichungen lösbar: lineare, quadratische, Gleichungen dritten Grades usw.

Das soll Folgendes bedeuten: Egal, was für eine komplizierte Gleichung beliebig hohen Grades wir vorgelegt bekommen, es gibt immer eine komplexe Zahl, die exakt dieser Gleichung genügt. Man weiß zum Beispiel, dass es garantiert eine Zahl der Form $z = x + y \cdot i$ gibt, so dass $z^{10} - 4z^3 + 9.2z - \pi = 0$ gilt. Diese Tatsache ist von überragender Bedeutung. Wenn zum Beispiel ein Ingenieur das Schwingungsverhalten eines Schaltkreises oder einer Riesenradarantenne untersucht, verraten ihm die Lösungen einer solchen Gleichung im Komplexen, ob sich das System aufschaukeln kann oder ob es stabil bleiben wird.

Die allgemeine Lösbarkeit von Gleichungen ist der Hauptgrund für die Bedeutung der komplexen Zahlen. Vor etwa 200 Jahren wurde es vermutet, die ersten hieb- und stichfesten Beweise stammen von dem berühmten Carl-Friedrich Gauß[87].

---

[86] Es ist dabei $z^2 = z \cdot z$, die üblichen Schreibweisen werden auch für komplexe Zahlen verwendet.
[87] Vgl. Beitrag 25.

95. Der Grafiker Maurits Escher und die Unendlichkeit

Die Werke des holländischen Grafikers Maurits Cornelis Escher sind bei Kunstexperten nicht besonders hoch angesehen. Inwieweit das gerechtfertigt ist, kann hier nicht entschieden werden. Eschers Bilder sind aber unter verschiedenen Aspekten für die Mathematik interessant. Alle sind geometrischer Natur.

Der erste bezieht sich auf so genannte *Parkettierungen*. Das sind Zerlegungen der Ebene, bei denen sich ein Grundmuster immer und immer wiederholt. Man kann zum Beispiel ein Quadrat ausmalen und dieses Bild dann – wie auf einem unendlichen Schachbrett – in alle Richtungen verschieben. Damit es interessanter aussieht, könnte man jede zweite Kopie auf den Kopf stellen oder spiegeln. Statt von Quadraten könnte man auch von Rechtecken oder gleichseitigen Dreiecken ausgehen, es scheint eine Menge an Variationsmöglichkeiten zu geben.

Escher hat sich diesem Problem wie ein Mathematiker genähert: Wie viele wirklich verschiedene Möglichkeiten gibt es und wie kann man sie beschreiben? Obwohl er ein mathematischer Laie war, ist ihm eine vollständige Klassifizierung gelungen, alle Beispiele sind auch in seinen Grafiken verwirklicht worden. Die Mathematiker, die sich mit ähnlichen Problemen beschäftigt hatten, waren von seinen Ergebnissen beeindruckt.

Bemerkenswert ist auch Eschers Versuch, die Unendlichkeit darzustellen. Von den Parkettierungen der Ebene kann ja immer – und sei das Bild noch so groß – nur ein Teil dargestellt werden. Escher fand zwei Lösungen des Problems. Die erste besteht darin, von der Ebene zu einer anderen randlosen Fläche überzugehen: Er parkettierte einfach eine Kugeloberfläche, dadurch ergeben sich Muster, die unbegrenzt ineinander übergehen. Bei der zweiten Lösung machte sich Escher eine mathematische Entwicklung des 19. Jahrhunderts zunutze, die er durch den Mathematiker Coxeter kennen gelernt hatte. Gemeint sind nichteuklidische Geometrien, bei denen sich die Unendlichkeit in einer für uns endlichen Fläche modellieren lässt. So sind seine berühmten Schlangen- und Fischmotive entstanden.

Schließlich sind hier auch noch seine „unmöglichen" Bilder zu erwähnen, etwa die Treppen, die in sich geschlossen sind, aber immer nur aufwärts führen. Im Kleinen sehen sie ganz vernünftig aus, der Betrachter ist jedoch nicht in der Lage, aus den lokalen Eindrücken ein sinnvolles dreidimensionales Gebilde zusammenzusetzen.

Auch wenn man das Zusammenspiel von „lokal" und „global" mit mathematischen Methoden beschreiben kann, bleibt ein unerklärlicher Rest, für den die Wahrnehmenspsychologie zuständig ist. Beim Ansehen von Eschers Bildern wird deutlich, dass das Auge heimlich und meist unauffällig als Zensor arbeitet, der nur bereits vorverarbeitete Botschaften an das Bewusstsein schickt.

Escher-Muster zum Selbermachen

Wollen Sie auch Muster à la Escher herstellen? Ein flächenfüllendes Motiv, das z.B. als Tapete oder als Geschenkpapier verwendet werden kann? Es gibt eine unermessliche Fülle von Möglichkeiten, doch es ist seit langem bekannt, dass es genau 28 verschiedene Konstruktionsverfahren gibt (die alle in den Bildern von Escher auch wirklich verwendet wurden).

Hier ist eine relativ einfache Anleitung, im Fachjargon heißt sie der *Grundtyp CCC*. Um sie zu verstehen, muss man wissen, was eine *C-Linie* ist[88]. Das ist eine Verbindungslinie zwischen zwei Punkten A und B, für die der Mittelpunkt M der Strecke von A nach B auf der Linie liegt und die außerdem die Eigenschaft hat, dass eine Drehung der Linie um 180 Grad mit M als Drehpunkt die Linie in sich überführt. Hier sehen sie einige *C*-Linien:

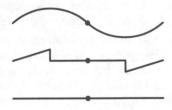

Abbildung 83: Drei *C*-Linien

Nun kommt die Phantasie ins Spiel. Man sucht sich auf einem leeren Blatt Papier drei Punkte P, Q und R aus und verbindet sie durch *C*-Linien: Eine von P nach Q, eine von Q nach R und eine von R nach P. Die Linien dürfen ganz beliebig sein, und beim Ausmalen der durch sie begrenzten Fläche – wir wollen sie F nennen – sind Ihrer Kreativität keine Grenzen gesetzt. Bemerkenswerterweise kann man nun die Ebene lückenlos mit F ausfüllen. Stellen Sie einige Dutzend Kopien von F her und schneiden Sie jeweils F aus. Und dann heißt es: drehen und anlegen. Statt einer Erklärung in Worten gibt es hier ein Beispiel:

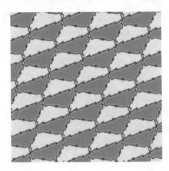

---

[88] Das „*C*" in *C*-Linie soll an „center" erinnern.

Und wenn Sie F mit originellen Engeln, Teufeln, Fischen oder sonstigen Phantasiefiguren versehen haben, kann das schon fast so aussehen wie eine Grafik von Escher.

Wem der Grundtyp CCC zu kompliziert ist, kann es ja zum Üben mit dem Typ TTTT versuchen[89]. Man beginnt mit einem Parallelogramm, die Ecken wollen wir – links unten beginnend, und dann gegen den Uhrzeigersinn – mit A, B, C, D bezeichnen. Suchen Sie sich eine beliebige Verbindungslinie von A nach D und verschieben Sie dann diese Linie nach rechts, um mit der gleichen Linie auch B mit C zu verbinden. Wählen Sie nun eine weitere Linie, um A mit B zu verbinden; durch Verschieben nach oben soll sie dann auch die Lücke zwischen D und C schließen. Auf diese Weise entsteht eine „Masche", die man nun nur noch so oft wie gewünscht nach links, rechts, oben und unten verschieben muss, um die Ebene zu füllen. Aufgrund der Konstruktion passen die verschobenen Bausteine lückenlos aneinander. Hier zwei Beispiele:

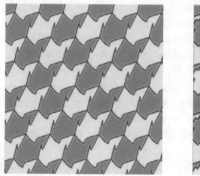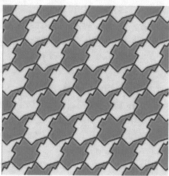

Abbildung 84: Beispiele für den Typ TTTT

---

[89] „T" steht hier für „Translation".

96. Eine Eins am Anfang ist viel wahrscheinlicher als eine Zwei

Ist es Ihnen schon einmal aufgefallen? Wenn man sich Tabellen von Zahlen ansieht, so ist in den meisten Fällen der Gleichheitsgrundsatz verletzt: Eigentlich sollte man doch annehmen, dass als erste Ziffer die „1", die „2" usw. in etwa gleich häufig vertreten sind, doch das ist im Allgemeinen nicht der Fall. Das ist das Benfordsche Gesetz, benannt ist es nach dem Physiker Frank Benford (1883-1948). Dabei darf man das Wort „Gesetz" nicht so wörtlich nehmen, anders als etwa die Newtonschen Gesetze der Mechanik – durch die wirklich von der Natur streng einzuhaltende Regeln beschrieben werden – ist das Benfordsche Gesetz eher ein qualitativer Erklärungsversuch.

Es handelt sich um eine Variation über das Thema „Der Zufall verwischt alle Spuren". Als erste Erläuterung stellen Sie sich bitte ein einfaches Würfelspiel vor. Das „Spielfeld" besteht aus nebeneinander liegenden Feldern, die mit „0", „1", „2" usw. durchnummeriert sind; Sie starten bei „0", und dann geht es immer um so viele Felder weiter, wie vom Würfel angezeigt werden. Sind die ersten Würfelergebnisse etwa eine „1", eine „6" und eine „2", so führt das Spiel zuerst zur „1", dann zur „7" (= 1 + 6) und dann zur „9" (= 7 + 2).

Es ist dann nicht zu entscheiden, ob etwa das Feld „101" mit höherer Wahrscheinlichkeit als das Feld „102" bei einem Spielzug betreten wird, „weit draußen" haben alle Zahlen in etwa die gleiche Chance. Auch wenn der Würfel nicht fair ist, wird es schon nach kurzer Spieldauer fast unmöglich, eine Prognose über die Würfelpositionen abzugeben.

Zurück zum Benfordschen Gesetz. Beim vorstehenden Würfelspiel ging es um additive zufällige Einflüsse. In der Regel aber wirken die Faktoren, die eine Größe beeinflussen, multiplikativ. (Etwa: Doppelt so hohe Niederschläge bewirken eine verdoppelte Bewässerungsleistung: Die „2" muss multipliziert, nicht addiert werden.) Ein kleiner technischer Trick führt das auf die Addition zurück: Durch Übergang zu Logarithmen werden nämlich multiplikative Probleme in additive übergeführt. Das führt zu der Aussage, dass die Logarithmen von Größen, deren Zustandekommen multiplikativ von zufälligen Einflüssen abhängen, gleichmäßig verteilt sein müssen. Für die Größen selbst bedeutet das, dass die Ziffer 1 viel häufiger am Anfang vorkommt als die 2, die wieder häufiger als die 3 usw.

Sind Sie skeptisch? Dann denken Sie sich irgendeine – etwa vierstellige – Zahl und schreiben eine „1" davor. Nach dieser (dann fünfstelligen) Zahl lassen Sie GOOGLE suchen. Machen Sie das auch mit einer „2" am Anfang usw. Die Anzahl der Treffer nimmt immer weiter ab, das sollte auch die letzten Zweifler überzeugen.

Ein GOOGLE-Experiment

Der Ursprung des Benfordschen Gesetzes soll das aufmerksame Betrachten der Logarithmentafeln in der Bibliothek gewesen sein. Damals brauchte man diese Tafeln ja noch, um kompliziertere Multiplikationen durchzuführen[90]. Es war aufgefallen, dass die Seiten, die zu den kleinen Anfangsziffern gehören, viel abgegriffener aussahen als die zu den höheren Anfangsziffern. Benford hat sich dann das Problem systematisch vorgenommen, so entstand sein Gesetz. Es ist, wie schon bemerkt, kein richtiges „Gesetz", und auch der hier angegebene Erklärungsversuch ist nur eine der vielen möglichen Varianten, das Phänomen zu verstehen.

Dass es wirklich existiert, kann eigentlich nicht bezweifelt werden. Hier noch ein GOOGLE-Test aus dem Dezember 2005 mit der zufällig gewählten Ziffernfolge 3972 und den davor gesetzten Anfangsziffern von 1 bis 9. Es sind die Trefferzahlen sowie die theoretischen (prozentualen und absoluten) Werte aufgeführt:

Suche nach	13972	23972	33972	43972	53972
Treffer	389.000	232.000	136.000	117.000	71.400
theoretisch (prozentual)	30.1	17.6	12.5	9.7	7.9
theoretisch (absolut)	346 000	203 000	144 000	112 000	91 000

Suche nach	63972	73972	83972	93972
Treffer	65.300	44.600	54.100	42.300
theoretisch (prozentual)	6.7	5.8	5.1	4.6
theoretisch (absolut)	77 000	68 000	59 000	53 000

Die wirklichen Werte sind am Anfang der Tabelle etwas höher und am Ende etwas niedriger als vom Benfordschen Gesetz vorausgesagt, das beobachtete Ergebnis kann aber als eine gute qualitative Bestätigung der Theorie angesehen werden.

Wurden die Wahlen manipuliert?

Im Juli 2009 gab es den Verdacht, dass bei den Wahlen im Iran geschummelt worden ist, und das sollte mit dem Benfordschen Gesetz aufgedeckt werden. Die Zahlen gaben das allerdings nicht her, es war wohl eher eine Meldung, die das Sommerloch für einige Tage füllen sollte.

---

[90] S.a. Beitrag 36.

97. Das Leipziger Rathaus und die Sonnenblume

Der goldene Schnitt ist eine der wichtigsten Zahlen der Mathematik. Zur Erinnerung: Möchte man die Seiten eines Rechtecks so bestimmen, dass das Verhältnis der längeren Seite zur kürzeren mit dem Verhältnis der Seitensumme zur längeren Seite übereinstimmt, so ergibt sich als Seitenverhältnis der goldene Schnitt. Den genauen Wert kann man dadurch ermitteln, dass man die längere Seite erst einmal x nennt und die kürzere als Eins wählt. Dann muss aufgrund unserer Forderung $x/1 = (1 + x)/x$ gelten. Nach Multiplikation mit x und Sortieren führt das auf die quadratische Gleichung $x \cdot x - x - 1 = 0$, und die p-q-Formel für quadratische Gleichungen liefert als einzige positive Lösung die Zahl $x = 1.6180\ldots$

Manchmal wird behauptet, dass Rechtecke, deren Seiten im Verhältnis des goldenen Schnitts stehen, ästhetisch besonders gelungen wirken. Richtig ist, dass man den goldenen Schnitt in der Architektur häufig antrifft. Er ist bei Grundrissen griechischer Tempel genauso zu finden wie bei moderneren Bauten (so teilt etwa der Turm das alte Leipziger Rathaus im Verhältnis des goldenen Schnitts). Im täglichen Leben haben wir uns wohl allerdings eher an das Din-Format gewöhnt: Dort hat eine in der Mitte gefaltete Seite die gleichen Proportionen wie das Original, die lange Seite verhält sich zur kurzen wie $1.414\ldots$, das ist die Wurzel aus Zwei.

Die Wichtigkeit des goldenen Schnitts wird daran deutlich, dass er in so gut wie allen mathematischen Bereichen eine Rolle spielt. Dass das für die Geometrie gilt, ist sicher nicht verwunderlich, denn die Zahl ist ja über eine geometrische Fragestellung eingeführt worden. Man kann sie aber auch antreffen, wenn man sich über Zahlen Gedanken macht. Als Beispiel betrachten wird die berühmte *Fibonacci-Folge*. Sie beginnt mit $1, 1, \ldots$, und das nächste Folgenglied ist jeweils die Summe der beiden vorangehenden; folglich lauten die nächsten Glieder $2, 3, 5, 8, 13, 21$, usw. Der Quotient aus zwei aufeinander folgenden Gliedern dieser Folge nähert sich immer besser dem goldenen Schnitt: Bereits $21/13 = 1.615\ldots$ ist eine gute Approximation.

Hin und wieder kommen Fibonacci-Zahlen auch in der Natur vor, etwa bei der Anordnung der Kerne einer Sonnenblume. Und wenn Sie zufällig ein Maßband griffbereit haben, können Sie auch bei sich selbst auf Entdeckungsreise nach dem goldenen Schnitt gehen. Das Verhältnis „Abstand Ellenbogen–Fingerspitzen" zu „Abstand Ellenbogen–Handgelenk" ist nur eines unter vielen möglichen Beispielen.

Schnell ist man bei der Suche aber im Bereich der Spekulation. Oder finden Sie es glaubhaft, dass das Verhältnis positiver zu negativer Charaktere in den Grimmschen Märchen dem goldenen Schnitt entsprechen soll?

Kettenbrüche

Der goldene Schnitt ist auch in anderer Hinsicht eine besondere Zahl, diesmal geht es um *Approximationen*. Wenn man mit Zahlen, die eigentlich keine Brüche sind, zu tun hat, so ist es doch sicher bequem, mit Brüchen zu rechnen, die erstens einen kleinen Zähler und einen kleinen Nenner haben und die zweitens eine sehr gute Näherung darstellen. Zum Beispiel kann man die Kreiszahl π ganz gut durch den Bruch $22/7$ ersetzen. Der auf sechs Stellen exakte Wert von π ist 3.14159, und $22/7 = 3.14288\ldots$ Das wussten schon die Ägypter vor 2500 Jahren, viel genauer ist es für die meisten Rechnungen nicht erforderlich.

Die in diesem Sinne besten Näherungen einer Zahl erhält man durch so genannte *Kettenbrüche*. Das sind Brüche, die durch ein etwas verwickeltes Verfahren entstehen, die genaue Vorschrift ist die folgende:

Man schreibt Kettenbrüche als endliche Folge natürlicher Zahlen, die durch eckige Klammern eingeschlossen sind. Dann gilt:

Das Symbol	ist die Abkürzung von
$[a_0]$	a_0
$[a_0, a_1]$	$a_0 + \dfrac{1}{a_1}$
$[a_0, a_1, a_2]$	$a_0 + \dfrac{1}{a_1 + \dfrac{1}{a_2}}$
$[a_0, a_1, a_2, a_3]$	$a_0 + \dfrac{1}{a_1 + \dfrac{1}{a_2 + \dfrac{1}{a_3}}}$
$[a_0, a_1, a_2, a_3, a_4]$	$a_0 + \dfrac{1}{a_1 + \dfrac{1}{a_2 + \dfrac{1}{a_3 + \dfrac{1}{a_4}}}}$
$\ldots$	$\ldots$

Für alle, denen das zu abstrakt ist, folgen einige konkrete Beispiele:

$$[3, 9] = 3 + \frac{1}{9} = \frac{28}{9},$$

$$[2,3,5,7] = 2 + \cfrac{1}{3 + \cfrac{1}{5 + \cfrac{1}{7}}} = \frac{266}{115}.$$

Wenn man nun eine Zahl auf bestmögliche Weise durch einen Kettenbruch approximiert, so wird die Näherung um so besser sein, je größer die Zahlen sind, die im Kettenbruch auftauchen. So verspricht $[10, 20]$ eine bessere Näherung als $[5, 5]$.

Zurück zum goldenen Schnitt. Diese Zahl hat die bemerkenswerte Eigenschaft, dass sie unter den nichtrationalen Zahlen am schlechtesten durch einen Kettenbruch angenähert werden kann. Die bestmöglichen approximierenden Kettenbrüche sind nämlich $[1]$, $[1, 1]$, $[1, 1, 1]$, $[1, 1, 1, 1]$, ... Diese Tatsache spielt eine wichtige Rolle in der so genannten KAM-Theorie[91]. Aus dieser Theorie kann man folgern, dass sich ein schwingendes System, bei dem das Frequenzverhältnis der goldene Schnitt ist, besonders unempfindlich gegen Störungseinflüsse verhält.

Ein Rätsel

Es gibt ein unter Internetsurfern recht bekanntes Rätsel, das indirekt auch mit Fibonacci-Zahlen zu tun hat. In dem folgenden Bild sieht man ein Dreieck, das in vier Teilbereiche aufgeteilt ist. Nach Umsortieren entsteht das gleiche Dreieck noch einmal, aber ein Feld ist plötzlich weggefallen:

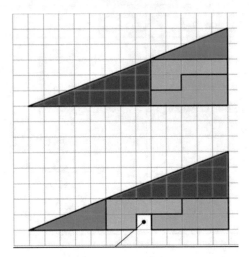

Abbildung 85: Wo ist das Feld geblieben?

Die Lösung des Rätsels findet man am Ende dieses Beitrags.

---

[91] Der Name der Theorie weist auf die drei Mathematiker hin, durch die sie entwickelt wurde: Kolmogoroff, Arnold und Moser.

Der Pacioli-Ikosaeder

Der italienische Mathematiker Luca Pacioli (1445 – 1517) hat einen interessanten Zusammenhang zwischen dem goldenen Schnitt und den platonischen Körpern entdeckt.

Man nehme drei gleiche Rechtecke, deren Seitenlängen im Verhältnis des goldenen Schnitts stehen: Die eine Seite ist also 1.618 Mal so lang wie die andere. Diese Rechtecke sollen sich gegenseitig senkrecht durchdringen; wenn sie aus Holzbrettern gefertigt sind, muss man ein bisschen sägen. Und nun die Überraschung: Wenn man die Ecken der Rechtecke – z.B. durch Fäden – miteinander verbindet, so entsteht einer der platonischen Körper, ein Ikosaeder.

Abbildung 86: Paciolis Ikosaeder

Es handelt wie bei der „schönsten Formel" aus Beitrag 55 um ein eindrucksvolles Beispiel dafür, dass es immer wieder überraschende Beziehungen zwischen verschiedenen mathematischen Teilbereichen gibt.

Die Auflösung des Rätsels:

Die Möglichkeit, beim Umsortieren ein Feld gewinnen oder verlieren zu können, liegt daran, dass es sich gar nicht um ein Dreieck handelt. Im Fall des „vollen", beinahe wie ein Dreieck aussehenden Gebildes ist die „Hypotenuse" leicht nach innen geknickt, im darunter liegenden, umsortierten „Dreieck" ist sie nach oben gebogen.

Davon kann sich jeder überzeugen: Die Steigung des roten Teildreiecks ist $3/8 = 0.375$, die des dunkelgrünen aber $2/5 = 0.4$. Die hier auftretenden Zahlen $2, 3, 5, 8$ gehören zur Fibonacci-Folge, und die Tatsache, das $2/5$ nahe bei $3/8$ liegt, hängt damit zusammen, dass die zur Fibonacci-Folge gehörigen Brüche gegen den goldenen Schnitt konvergieren.

98. Information optimal verpackt

ISBN 0-19-851187-6

Die Notwendigkeit, Informationen an Leute weiterzugeben, die sich für das gleiche Gebiet interessieren, taucht in den verschiedensten Lebensbereichen auf. Wie verständigen sich Jazzmusiker über die Harmonien, über die improvisiert werden soll? Wie tanzt man den Grundschritt beim Tango? Welche Nummer gehört zu dem Artikel, den man gerade an der Kasse bezahlen möchte? In der Mathematik hat sich aus dieser Fragestellung ein eigenes Teilgebiet entwickelt, die Codierungstheorie. Genauer geht es dabei darum, Information „optimal" zu verpacken, wobei die Antwort auf das, was „optimal" bedeuten soll, je nach Situation unterschiedlich ausfallen kann.

Wie kann man zum Beispiel eine Nachricht so versenden, dass sie vom Empfänger auch dann gelesen werden kann, wenn es bei der Übertragung zu einigen Übermittlungsfehlern kommt? Eine sehr naive Lösung des Problems könnte darin bestehen, die gleiche Nachricht mehrfach – etwa fünf Mal – zu versenden. Es ist dann extrem unwahrscheinlich, dass alle fünf Sendungen an der gleichen Stelle unleserlich oder verfälscht sind, und deswegen kann der Empfänger sicher das, was gemeint ist, herauslesen.

Der Nachteil dieses Verfahrens ist allerdings, dass es extrem unökonomisch ist. Man kann es viel eleganter machen. Dazu wird – wie immer beim Arbeiten mit Computern – jedes der zu übertragenden Zeichen in eine Folge aus Nullen und Einsen übersetzt. Wir nehmen einmal an, dass zu jedem Zeichen eine derartige Folge der Länge 10 gehört. Als einfachen Test, ob sie richtig übermittelt wurde, können wir hinten eine Null oder Eins anhängen, je nachdem, ob die Anzahl der Einsen in der Zehnerfolge gerade war oder nicht. Der Empfänger weiß dann, dass etwas nicht stimmen kann, wenn die „Prüfziffer" nicht zur Nachricht passt. Mit nur 10 Prozent Mehraufwand kann damit die Richtigkeit der Übertragung kontrolliert werden. Im Fall einer Fehlermeldung ist allerdings noch nicht klar, wo genau der Fehler liegt und – wenn es einen gibt – wie er zu korrigieren ist. All das lässt sich aber mit verfeinerten Verfahren auch noch erreichen.

Die hohe Kunst der Codierungstheorie besteht darin, Nachrichten auch über sehr stark fehlerbehaftete Übertragungskanäle zuverlässig zu schicken. Die Ergebnisse können sich im wahrsten Sinn des Wortes sehen lassen: Ein typisches Beispiel für erfolgreiche Codierungstheorie sind die Bilder, die von weit entfernten Weltraumstationen – etwa vom Mars – gesendet werden. In viel bescheidenerem Rahmen sind derartige Verfahren aber auch in Ihrem CD-Player verwirklicht. Nur aufgrund der eingebauten Codierungstheorie können Sie Ihre Lieblings-CD auch dann störungsfrei abspielen, wenn sie versehentlich einen dicken Kratzer abbekommen hat.

Fehlerkorrigierende Codes

Durch ein Kontrollzeichen kann nur festgestellt werden, dass irgendwo etwas nicht stimmt. Wenn man etwa bei der vorstehend beschriebenen Methode die Nachricht 01100001011 erhält, muss bei der Übertragung etwas schief gegangen sein. Die Anzahl der Einsen ist nämlich ungerade, in allen 11-er Paketen sollte diese Zahl aber gerade sein.

Solche einfachen Tests reichen manchmal aus, z.B. an der Supermarktkasse. Da merkt das Lesegerät, dass es beim Ablesen des Strichcodes eine Panne gegeben hat, und die Kassiererin muss die Ware noch einmal durchziehen.

Manchmal möchte man aber genauer wissen, welches Bit falsch übertragen wurde. Dann kann man es nämlich korrigieren und die ursprüngliche Nachricht rekonstruieren.

Der erste leicht anwendbare derartige Code wurde von *R. W. Hamming* im Jahr 1948 beschrieben, die Idee der Selbstkorrektur war wirklich revolutionär.

Um Hammings Idee zu beschreiben, betrachten wir eine aus vier Zeichen bestehende 0-1-Folge. Wir wollen sie allgemein $a_1a_2a_3a_4$ nennen; geht es etwa um 0110, so wäre $a_1 = 0, a_2 = 1, a_3 = 1, a_4 = 0$. Es sollen nun *drei Kontrollbits angehängt werden*, sie sollen a_5, a_6, a_7 heißen. Die Vorschrift ist die folgende:

- Ist die Anzahl der Einsen in a_1, a_2, a_4 ungerade, so soll $a_5 = 1$ sein; andernfalls wird $a_5 = 0$ gesetzt.

- Ist die Anzahl der Einsen in a_1, a_3, a_4 ungerade, so soll $a_6 = 1$ sein; andernfalls wird $a_6 = 0$ gesetzt.

- Ist die Anzahl der Einsen in a_2, a_3, a_4 ungerade, so soll $a_7 = 1$ sein; andernfalls wird $a_7 = 0$ gesetzt.

Dann wird die aus 7 Zeichen bestehende Folge verschickt: $a_1a_2a_3a_4a_5a_6a_7$. In unserem Beispiel – zu verschicken ist 0110 – wird die Folge vorher zu 0110110 erweitert. Die letzte Null etwa kam deswegen zustande, weil sich unter den Zahlen a_2, a_3, a_4 (also unter den Zahlen 1, 1, 0) eine gerade Anzahl von Einsen befindet.

Und wozu? Mal angenommen, bei der Übertragung gibt es einen Fehler, eines der Bits wird falsch empfangen. Dann überlegt man sich, dass in den Folgen $a_1a_2a_4a_5$, $a_1a_3a_4a_6$ und $a_2a_3a_4a_7$ jeweils eine gerade Anzahl von Einsen sein müsste, wenn alles fehlerfrei angekommen wäre. Falls nun a_1 falsch empfangen wurde, so hätten $a_1a_2a_4a_5$ und $a_1a_3a_4a_6$ eine ungerade Anzahl von Einsen, und bei $a_2a_3a_4a_7$ wäre alles in Ordnung. Das Muster wäre also ungerade, ungerade, gerade. Wie sieht es bei der fehlerhaften Übertragung anderer Bits aus?

- a_2 fehlerhaft: ungerade, gerade, ungerade.

- a_3 fehlerhaft: gerade, ungerade, ungerade.

- a_4 fehlerhaft: ungerade, ungerade, ungerade.

- a_5 fehlerhaft: ungerade, gerade, gerade.

- a_6 fehlerhaft: gerade, ungerade,gerade.

- a_7 fehlerhaft: gerade, gerade, ungerade.

Man kann also aus der Analyse, wo in $a_1a_2a_4a_5$, $a_1a_3a_4a_6$ und $a_2a_3a_4a_7$ die falschen Einsen-Anzahlen zu finden sind, eindeutig auf das fehlerhafte Bit schließen, es korrigieren und so die Originalfolge in jedem Fall erhalten.

Ein Beispiel: Mal angenommen, die Folge 0110110 wäre unterwegs zu 1110110 verfälscht worden. Wir betrachten die Einsen-Anzahlen in $a_1a_2a_4a_5$, $a_1a_3a_4a_6$ und $a_2a_3a_4a_7$, also in 1101, 1101 und 1100. Die Einsen-Anzahlen sind ungerade, ungerade bzw. gerade. Der Fehler muss also an der ersten Stelle passiert sein.

Dadurch kann sogar erkannt werden, ob eines der eigentlich uninteressanten Bits a_5, a_6, a_7 falsch ankam. Das ist dann nur ein Indiz dafür, dass der Übertragungskanal nicht ganz zuverlässig ist.

Durch diesen Hamming-Code kann nicht festgestellt werden, ob mehr als ein Fehler vorliegt. Durch ausgefeiltere Codierung können aber auch zwei, drei oder noch mehr Irrtümer in beliebig langen 0-1-Folgen repariert werden. Das ist ganz fundamental für das Funktionieren einer CD, denn ein hundertprozentig makelloses Exemplar wäre schlicht unbezahlbar.

99. Vier Farben reichen immer

Nimmt man ein Blatt Papier und skizziert darauf eine Landkarte, so kann man, um es etwas netter aussehen zu lassen, doch versuchen, die einzelnen Länder zu färben. Dabei wird man sicher aus Gründen der Übersichtlichkeit Länder verschieden färben wollen, die eine gemeinsame Grenze haben.

Wie viele Farben braucht man dafür? Sicher hat man keine Probleme, wenn man so viele Farben hat, wie Länder auf der Karte sind. Es reichen aber offensichtlich weniger, da ja nicht alle Länder mit allen anderen eine gemeinsame Grenze haben können. Überraschenderweise wird man bald feststellen, dass es mit vier Farben immer klappt, wenn man sich nur geschickt genug anstellt.

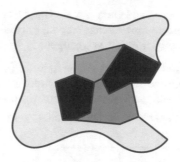

Abbildung 87: Hier braucht man vier Farben (drei reichen nicht)

Das wurde schon im 19. Jahrhundert bemerkt. Mathematiker sind aber mit einem experimentellen Befund nie zufrieden. Es wurde nach einem Beweis gesucht, der garantiert, dass es immer geht: Auch mit noch so vielen und noch so kompliziert ineinander verschachtelten Ländern.

Es wurden große Anstrengungen unternommen, aber das Problem erwies sich als wirklich harte Nuss. Die mathematische Welt musste noch bis in die siebziger Jahre des 20. Jahrhunderts warten, bis das Problem entschieden war: Vier Farben reichen wirklich immer.

Allerdings gibt es mit dem Beweis ein kleines Problem, und deswegen ist das Ganze immer noch in der Diskussion. Er wird zwar nicht angezweifelt, aber wichtige Teile der Argumentation sind an einen Computer delegiert worden. Kein Mensch hätte das bewältigen können, die zugehörigen Rechnungen sind viel zu komplex. Das ist für Mathematiker eine neue und unbefriedigende Situation, an die sie sich (noch) nicht gewöhnen wollen. Auch wenn mehrere Dutzend Computer die Richtigkeit bestätigen, das eigene Aha-Erlebnis hat einen viel höheren Stellenwert.

Für diejenigen, die eher an praktischen Nutzanwendungen interessiert sind, ist das Problem sicher nicht so interessant. Schließlich hält jedes Zeichenprogramm fast beliebig viele Farben bereit. Es gehört eher in die Abteilung „Es gibt unendlich viele Primzahlen" oder „die Kreiszahl π ist transzendent". Die Faszination rührt daher, dass mit dem Vierfarbensatz eine Frage endgültig geklärt ist. Für immer, und für noch so viele Länder. Und früher oder später wird man auch auf Computer verzichten können, um sich darüber ganz sicher zu sein.

Landkarten und Graphen

Am Vierfarbenproblem kann man gut demonstrieren, wie Mathematiker Probleme auf das Wesentliche reduzieren. Es ist für das Färben völlig unwesentlich, wie die Grenzen konkret aussehen, interessant ist nur, ob zwei Länder eine gemeinsame Grenze haben oder nicht. Das Landkartenfärbungsproblem wird daher als Graphenfärbeproblem umgeschrieben:

Zeichne für jedes Land einen Punkt auf ein Blatt Papier. Jedesmal, wenn zwei Länder eine gemeinsame Grenze haben, wird eine Verbindungslinie zwischen den zugehörigen Punkten gezogen.

Ein System von Punkten und Verbindungslinien heißt in der Mathematik ein *Graph*[92]. In Form von Fahrplänen, Ordnerstrukturen im Computer und an vielen anderen Stellen trifft man auch außerhalb der Mathematik auf Graphen.

Für die Bundesländer sieht der zugehörige Graph so aus:

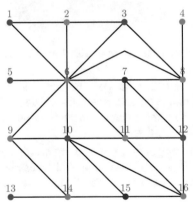

Abbildung 88: Der Deutschland-Graph

Dabei entsprechen die eingezeichneten Zahlen den folgenden Bundesländern:

1:	Hamburg	2:	Schleswig-H.	3:	Mecklenburg-V.	4:	Berlin
5:	Bremen	6:	Niedersachsen	7:	Sachsen-A.	8:	Brandenburg
9:	Nordrhein-W.	10:	Hessen	11:	Thüringen	12:	Sachsen
13:	Saarland	14:	Rheinland-Pf.	15:	Baden-W.	16:	Bayern

---

[92] Achtung: Diese Graphen haben mit den Funktionsgraphen, an die sich manche aus ihrer Schulzeit vielleicht noch erinnern können, nichts zu tun.

Unser Färbungsproblem nimmt dann folgende Form an: Kann man die Punkte mit vier Farben so färben, dass niemals am Anfang und am Ende einer Verbindungslinie die gleiche Farbe zu finden ist?

Für die Bundesländer ist ein Färbungsvorschlag schon in den Graphen eingezeichnet.

Der Bauer: Ziege, Wolf und Kohlkopf

Als weit elementareres Beispiel dafür, dass durch eine geeignete Darstellung durch einen Graphen Probleme ganz leicht werden, soll an das folgende Rätsel erinnert werden:

> Ein Bauer möchte eine Ziege, einen Kohlkopf und einen Wolf[93] mit einem Kahn über einen Fluß bringen. Leider kann er immer nur höchstens einen „Passagier" mitnehmen, und es würde sich aus nahe liegenden Gründen nicht empfehlen, z.B. die Ziege und den Kohlkopf (aber auch den Wolf und die Ziege) alleine am Ufer zurück zu lassen.

Wie sollte er den Transport organisieren?

Man „sieht" die Lösung sofort, wenn man das Problem nur geeignet umformuliert. Wir nennen ab hier die Flußufer das „linke Ufer" und „das rechte Ufer", zurzeit sind alle am linken Ufer und wollen übersetzen, ohne dass der Wolf und die Ziege Unheil anrichten können.

Wir stellen uns die möglichen Situationen beim Transport so vor, dass wir für jede einen dicken Punkt machen und die Anfangsbuchstaben derjenigen „Passagiere" danebenschreiben, die gerade auf dem linken Ufer sind; vgl. das nachfolgende Bild. Das Zeichen „∅" steht dabei (wie in Beitrag 12) für die leere Menge: Da haben alle übergesetzt. Ist der Punkt weiter links (bzw. rechts) eingezeichnet, so ist der Bauer am linken (bzw. rechten) Ufer. Zum Beispiel steht der zweite Punkt von oben in der linken Punkt-Abteilung dafür, dass Ziege und Bauer gerade am linken Ufer − und folglich Kohl und Wolf am rechten Ufer − sind. Und „ZWK" darf natürlich an keinem der rechts stehenden Punkte stehen, denn dann ist nur die Frage, ob zuerst der Kohlkopf oder zuerst die Ziege ein trauriges Ende haben werden.

Nun zu den erlaubten Übergängen. Wir machen jedesmal einen Strich, wenn der Bauer gefahrlos von dem einen in den anderen Zustand überwechseln kann. Den Strich von „ZWK" (links oben) nach „WK" (rechts) darf es zum Beispiel deswegen geben, weil der Bauer die Ziege ohne Risiko übersetzen kann.

In der Sprache der Graphen liest sich das Problem dann so: Gibt es einen Weg über erlaubte Kanten von links oben (= alle links) nach rechts oben (= keiner mehr links)? Dass das möglich ist und welche Zwischenschritte notwendig sind, kann aus dem nachstehend abgebildeten Graphen sofort abgelesen werden.

---

[93] In manchen Varianten ist es ein gefräßiger Hund.

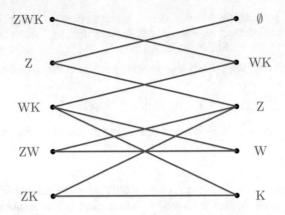

Abbildung 89: Der Graph zum Bauernproblem

100. Mit Mathematik zum Milliardär

Vor einiger Zeit ist GOOGLE an die Börse gegangen, die Gründer Sergej Brin und Lawrence Page gehören seit diesem Tag zu den reichsten Männern der Welt.

Wer es Ihnen nachmachen wollte, müsste sich natürlich zuerst einen riesigen Computer kaufen und dann einen Katalog aller Webseiten dieser Welt erstellen: Es sind so an die 20 Milliarden[94]. Zu jeder Seite sollte es natürlich einen Index derjenigen Begriffe geben, die dort interessant sind. Das ist sicher recht zeitaufwändig, aber für ein Team von begabten Programmierern ist das keine unüberwindliche Herausforderung: Schließlich kann man das Suchen ja auch an Computer delegieren.

Mal angenommen, diese Aufgaben sind zur Zufriedenheit erledigt. Leider kann man damit noch keine attraktive Suchmaschine anbieten. Der Grund ist die gewaltige Größe des Internets. Denn wenn eine konkrete Anfrage kommt (suche nach allen Internetseiten, in denen man „USA" und „Hurrikan" findet), so ist es kein großes Problem, alle Seiten zusammenzustellen, in denen diese beiden Begriffe vorkommen. Die Frage ist jedoch, wie man sie denn präsentieren soll. In der Regel gibt es nämlich Hunderttausende bis mehrere Millionen von Treffern. Niemand hat die Geduld, die alle zu sichten, vielmehr möchte man die „wichtigen" Seiten zum Thema als Erstes angeboten bekommen. Wer hin und wieder „googelt", weiß, dass GOOGLE das Problem bemerkenswert gut löst, denn unter den ersten wenigen dutzend Angeboten findet man in der Regel das, was man sucht.

Das Geheimnis ist die richtige Definition von „wichtig". Bei GOOGLE besteht die Grundidee darin, die Wichtigkeit einer Seite dadurch zu messen, dass viele wichtige Seiten darauf verweisen. Zeichnet man jedesmal einen Pfeil, wenn eine Seite auf eine andere verweist, so kann man sich das Internet als ein Gebilde aus 20 Milliarden Punkten und noch viel mehr Milliarden Pfeilen vorstellen. Ein winziger Ausschnitt könnte dann so aussehen:

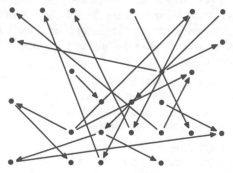

Abbildung 90: So kann man sich die gegenseitigen Verweise vorstellen

---

[94] Um eine Vorstellung von der Größenordnung zu bekommen, kann man sich klarmachen, dass der Nordpol vom Südpol 20 Milliarden Millimeter entfernt ist, wenn man den Abstand über die Erdoberfläche misst.

Seiten, bei denen viele Pfeile enden, sind „wichtig", besonders, wenn die Pfeile von wichtigen Seiten ausgehen. Wenn wir die Seiten mit $1, 2, \ldots$ durchnummerieren und die Wichtigkeit der einzelnen Seiten mit $W_1, W_2, \ldots$ bezeichnen, so soll zwischen diesen Zahlen eine Abhängigkeit bestehen.

Wenn etwa die Seite 5 auf die Seite 2 verlinkt und Seite 5 insgesamt drei weiterführende Links hat, so „erbt" Seite 2 den dritten Teil der Wichtigkeit von Seite 5. Vielleicht verweist auch Seite 7 auf Seite 2, und das liefert (wenn von Seite 7 zehn Links weiterführen) den Anteil „W_7 geteilt durch 10". Mal angenommen, das wäre alles: Niemand anders verweist auf Seite 2. Dann führt das zur Gleichung

$$W_2 = W_5/3 + W_7/10.$$

Für die meisten Webseiten ergeben sich kompliziertere Bedingungen, insgesamt erhält man jedoch ein Gleichungssystem von 20 Milliarden Gleichungen für die 20 Milliarden Unbekannten $W_1, W_2, \ldots$

Schulmathematik hilft da leider nicht weiter, für viele sind schon 2 Gleichungen mit 2 Unbekannten das Schwierigste, was sie jemals kennen gelernt haben. Doch auch für Profis ist das Problem eine Nummer zu groß, auch wenn – wie bei einigen Optimierungsproblemen – Systeme mit einigen Hunderttausend oder gar einigen Millionen Unbekannten vorkommen.

Ein anderer Weg führt aber zum Ziel, das passende Stichwort heißt „Zufallsspaziergang". Man stelle sich einen Internetsüchtigen Surfer vor, der – zum Beispiel – bei www.mathematik.de startet. Dort sucht er sich durch Zufall einen der verfügbaren Links aus und klickt sich auf die entsprechende Seite. Da angekommen, werden wieder die Links gesichtet, einer wird zufällig ausgewählt und – Klick! – geht die Reise weiter. Auf diese Weise ergibt sich ein Streifzug durch die Welt des WWW, bei dem logischerweise die „wichtigen" Seiten häufiger besucht werden als andere. Bemerkenswerterweise ist es sogar so, dass die relativen Häufigkeiten des Besuchs die weiter oben aufgestellten Gleichungen erfüllen. Kurz: Die Wichtigkeit einer Seite kann dadurch gemessen werden, dass man misst, in welchem Prozentsatz seiner Zeit unser Surfer dort anzutreffen ist.

Eine konkrete Berechnung scheint nun aber auch nicht viel leichter als die Lösung des Ausgangsproblems zu sein. Wenn man es ganz genau nimmt, stimmt das auch, aber eine näherungsweise Lösung (bei der die Wichtigkeiten dann bis auf – z.B. – fünf gültige Dezimalen feststehen) ist in einigen Stunden Rechenzeit zu haben.

Damit ist die Suchmaschine voll funktionsfähig, denn wenn man die Wichtigkeiten hat, ist alles einfach: Suche alle Seiten, die „USA" und „Hurrikan" enthalten und gib sie in der Reihenfolge der Wichtigkeit aus.

Das ist die erste Annäherung an das wirkliche Verfahren, die Feinheiten sind kompliziert und so geheim wie das Rezept von Coca-Cola. Als Beispiel für eine notwendige Verfeinerung kann man etwa darauf hinweisen, dass unser Zufalls-Surfer ein Problem bekäme, wenn er auf eine Seite ohne weiterführende Links geraten würde.

Um das zu vermeiden, bekommt er den Rat, bei jedem Surfschritt mit einer gewissen Wahrscheinlichkeit p die gerade vorhandenen Links zu ignorieren und einfach bei irgendeiner zufällig gewählten Seite im Netz weiterzumachen. (Das wäre für unsereinen sicher schwierig zu realisieren, mit einem Verzeichnis aller möglichen Internetseiten ist es aber sogar praktisch machbar.) GOOGLE verwendet, sagt man, die Wahrscheinlichkeit $p = 15$ Prozent: Das scheint ein erfolgreicher Erfahrungswert zu sein. Auch arbeitet GOOGLE ständig daran, etwas gegen das „GOOGLE-bombing" zu unternehmen. Das ist die Strategie, seine eigene Seite dadurch aufzuwerten, dass man die Anzahl der darauf verweisenden Links künstlich erhöht.

Die Konkurrenten sind natürlich auch nicht faul. Es wird fieberhaft daran gearbeitet, neue Ansätze und Berechnungsverfahren für das Problem der „Wichtigkeit" von Webseiten zu finden. Für verschiedene Nutzer und verschiedene Kombinationen von Suchbegriffen kann ja „wichtig" etwas ganz anderes bedeuten. Doch ist es dann fraglich, ob die angeforderte Auswahl auch – wie bei GOOGLE – innerhalb von Sekundenbruchteilen zur Verfügung steht.

Register

Literatur-Empfehlungen

In den letzten Jahren sind zahlreiche populäre Bücher zur Mathematik erschienen. Auf einige ist schon hingewiesen worden, hier folgen weitere Empfehlungen. Es handelt sich um eine kleine Auswahl. Wer einen vollständigeren Überblick haben möchte, der auch in regelmäßigen Abständen aktualisiert wird, findet den in der Abteilung „Rezensionen" von www.mathematik.de.

M. Aigner – E. Behrends: *Alles Mathematik (Von Pythagoras zum CD-Player)*. Vieweg+Teubner Verlag 2009 (3. Auflage).
Dieses Buch enthält eine Sammlung von Ausarbeitungen von Vorträgen, die an der Berliner Urania gehalten wurden. Die Darstellung ist ausführlicher und mathematisch etwas anspruchsvoller als hier in den „Fünf Minuten Mathematik". Inzwischen liegt auch eine englische Übersetzung vor: "Five-minute Mathematics".

M. Aigner – G. Ziegler: *Das BUCH der Beweise*. Springer-Verlag 2010 (3. Auflage).
Hier sind die schönsten Beweise der Mathematik zusammengetragen. Für alle empfehlenswert, die schon ein bisschen Mathematik können.

A. Beutelspacher: *Kryptologie*. Vieweg+Teubner Verlag 2009 (9. Auflage).
Für alle, die das Thema „Kryptographie" etwas systematischer kennen lernen wollen.

A. Beutelspacher: *Mathematik für die Westentasche*. Piper-Verlag 2001.
Dieses Buch ist so ähnlich konzipiert wie die „Fünf Minuten Mathematik": In vielen kurzen Beiträgen gibt es Informationen über verschiedene Aspekte der Mathematik. Man findet überraschend wenige Überschneidungen.

J. Bewersdorff: *Glück, Logik und Bluff*. Springer Spektrum Verlag 2012 (6. Auflage).
In den „Fünf Minuten Mathematik" ging es in verschiedenen Beiträgen um Glück und Glücksspiele. Wer etwas systematischer erfahren möchte, wie sich Mathematiker dem Thema „Spiel" nähern, findet in diesem Buch einen Überblick über die wichtigsten Ansätze.

A. Doxiadis: *Onkel Petros und die Goldbach-Vermutung*. Lübbe-Verlag 2000.
In diesem hervorragend geschriebenen Roman geht es um einen Wissenschaftler, der sich die Lösung der Goldbach-Vermutung vorgenommen hat. Es gibt keine bessere Schilderung der Veränderung einer Persönlichkeit, die der Faszination eines mathematischen Problems verfallen ist.

U. Dudley: *Die Macht der Zahl.*
Birkhäuser-Verlag 1999.
Ein Muss für alle, denen eine Diskussion mit Zahlenmystikern bevorsteht.

G. Glaeser – K. Polthier: *Bilder der Mathematik.*
Spektrum-Verlag 2010 (2. Auflage).
Wohl nie zuvor sind mathematische Sachverhalte durch so eindrucksvolle Bilder illustriert worden.

T. Gowers: *Mathematik.*
Reclam-Verlag 2011.
Gowers, ein Preisträger der Fields-Medaille, setzt sich im englischsprachigen Raum sehr engagiert für die Popularisierung der Mathematik ein. Dieses empfehlenswerte Buch enthält die Übersetzung einiger seiner Beiträge.

P. Gritzmann – R. Brandenberg: *Das Geheimnis des kürzesten Weges.*
Springer-Verlag 2005 (3. Auflage).
Dieses erfolgreiche Buch ist für alle empfehlenswert, die mehr über die Mathematik rund um das „Problem des Handlungsreisenden" erfahren möchten.

H. Heuser: *Die Magie der Zahlen.*
Herder-Spektrum 2004 (2. Auflage).
Ein typischer „Heuser": Sehr informativ, hervorragend geschrieben. Nirgendwo erfährt man mehr zur Zahlenmystik.

R. Kanigel: *Der das Unendliche kannte.*
Vieweg 1995 (2. Auflage).
Hier findet man eine ausführliche Biografie des genialen Mathematikers Ramanujan.

R. Kaplan: *Die Geschichte der Null.*
Campus Verlag 2003.
Wer mehr über die Null erfahren möchte, sollte dieses sehr informative Buch lesen.

G. von Randow: *Das Ziegenproblem.*
Rowohlt 2004 (2. Auflage).
Das Ziegenproblem ist in Beitrag 14 ziemlich ausführlich behandelt worden. Noch weit mehr Informationen rund um Quizmaster, Ziegen und Wahrscheinlichkeiten findet man in Gero von Randows sehr lesenswertem Buch.

P. Ribenboim: *Die Welt der Primzahlen.*
Springer-Verlag 2011 (2. Auflage).
Von Primzahlen war in den „Fünf Minuten Mathematik" oft die Rede. In Ribenboims Buch wird das Ganze etwas systematischer entwickelt.

M. du Sautoy: *Die Musik der Primzahlen*.
C.H. Beck 2004 (4. Auflage), dtv 2006 (Taschenbuch).
... und noch mehr Informationen über Primzahlen.

S. Singh: *Fermats letzter Satz*.
Carl Hanser 1998, dtv 2000 (Taschenbuch).
Dieses Buch gilt als eines der besten populären Mathematikbücher. Man erfährt viel über Mathematik und Mathematiker bei der Darstellung der Probleme, die bei der Lösung des Fermatproblems durch Andrew Wiles zu überwinden waren.

S. Singh: *Geheime Botschaften*.
Hanser 2000, dtv 2001.
Genauso kenntnisreich und detailliert wie im Buch über das Fermatproblem schildert Singh hier die Geschichte der Kryptographie von der Antike bis zur Gegenwart. Klar, dass das RSA-Verfahren ausführlich erklärt wird. Man erfährt aber auch, wie die *Enigma* funktionierte. Und wie ihr Geheimnis von den Engländern geknackt wurde.

G. Szpiro: *Die Keplersche Vermutung*.
Springer-Verlag 2011.
Es geht um eine lange offene berühmte Vermutung: Wie stapelt man Kugeln optimal?

R. Taschner: *Der Zahlen gigantische Schatten*.
Vieweg-Verlag 2005 (3. Auflage).
Viele der in den „Fünf Minuten" behandelten Themen finden sich in Taschners Buch wieder. Der Autor versteht es, sein bewundernswert umfangreiches Wissen in ein spannend zu lesendes Buch umzusetzen. Die wichtigsten großen Themen sind: Zahl und Symbol, Zahl und Musik, Zahl und Zeit, Zahl und Raum, Zahl und Politik, Zahl und Materie, Zahl und Geist.

K. Wendland – A. Werner: *Facettenreiche Mathematik*.
Vieweg+Teubner Verlag 2011.
Ein populäres Buch, in dem verschiedene Aspekte der Mathematik interessant dargestellt werden.